“十一五”国家重点图书出版规划项目

应用生物技术大系

DNA 小分子检测技术及其应用

刘云国 叶乃好 等 编著

科学出版社

北京

内 容 简 介

本书分七章介绍了荧光定量PCR技术、环介导等温扩增技术、焦磷酸测序技术、变性高效液相色谱技术、变性梯度凝胶电泳技术、肽核酸探针技术、基因芯片技术等DNA 小分子检测技术及其应用。概述了每一项DNA 小分子检测技术的产生及其发展，重点阐述了它们的原理、操作流程、应用进展及其发展前景，涵盖了相关领域的最新研究成果。

本书可供生命科学、农业科学、医学领域高等院校教师和学生、科研院所研究人员及相关检测机构人员参考阅读。

图书在版编目（CIP）数据

DNA小分子检测技术及其应用 / 刘云国，叶乃好等编著. —北京：科学出版社，2011.3

ISBN 978-7-03-030120-8

Ⅰ. ①D… Ⅱ. ①刘… ②叶… Ⅲ. ①脱氧核糖核酸-检测-研究 Ⅳ. ①Q523

中国版本图书馆CIP数据核字（2011）第014417号

责任编辑：李 晓 莫结胜 / 责任校对：包志虹

责任印制：吴兆东 / 封面设计：耕者设计工作室

科学出版社 出版

北京东黄城根北街 16 号

邮政编码：100717

http://www.sciencep.com

北京厚诚则铭印刷科技有限公司印刷

科学出版社发行 各地新华书店经销

*

2011年3月第 一 版 开本：787 × 1092 1/ 16

2011年3月第一次印刷 印张：11 1/4

2025年1月第四次印刷 字数：255 000

定价：70.00元

编委会名单

主　编：刘云国　叶乃好

副主编：李正义　吴兴海　孙　涛　杨大伟　张太翔
高　玲　张家松　刘春英

其他参编人员(按姓氏笔画排序)：

马　云　马维兴　方绍庆　尹伟力　王英超
王树峰　王怀训　王建广　王鸿霞　邓明俊
田国华　石启龙　吕　朋　任国艳　刘凌霄
刘帅帅　孙百晔　张　健　张萌萌　张云霞
张晓雯　宋战昀　吴振兴　李明哲　李方正
李　宏　李兆杰　李　杰　李俊峰　林　超
岳志芹　房保海　金　莹　段效辉　郭英慧
姜英辉　祝素珍　赵丽青　贾俊涛　郝　杰
徐　彪　徐云峰　高宏伟　袁　涛　唐　静
栾　晶　梁成珠　程培周　游　奎　雷质文
简慧敏　蔡　阳　阚世红

目 录

第一章　荧光定量PCR技术及其应用

人类对于核酸的研究已经有100多年的历史。20世纪60年代末70年代初，人们致力于研究基因的体外分离技术。但是，由于核酸的含量较少，一定程度上限制了DNA的体外操作。而聚合酶链反应（polymerase chain reaction，PCR）技术的出现有效地解决了这个瓶颈问题，使该技术成为遗传与分子生物学分析的根本性基石。

PCR技术是由美国科学家穆利斯提出的一种体外简化条件下模拟DNA体内复制DNA快速扩增的方法，此技术获得1993年诺贝尔化学奖。在以后的几十年里，PCR方法被不断改进：它从一种定性的分析方法发展到定量测定；从原先只能扩增几千个碱基对的基因到目前已能扩增长达几万个碱基对的DNA片段。到目前为止，PCR技术已有十几种之多，定量PCR是在定性技术基础上发展起来的核酸定量技术。自1985年Saiki等首次描述定量聚合酶链反应技术以来，因其展现了前所未有的敏感性和特异性，受到了人们的高度重视。如今各种各样以PCR为基础的DNA序列的扩增和控制方法得到了迅猛发展，几乎已应用于基础研究的各个领域。但在许多情况下，研究者们已不再满足于得知某一特异DNA序列的存在与否，他们更着眼于对其进行精确的核酸定量。因而，借助PCR对基因快速、敏感、特异而准确的定量成为目前分子生物学技术研究的热点之一。目前已广泛应用于基因表达研究、转基因研究、病原体定量检测、药物疗效考核、疾病分类及其发病机制的研究、新药验证等领域。下面，我们将走进这项“革命性”的生物技术。

第一节　定量PCR技术产生及其发展

一、定量PCR技术产生背景

随着研究工作的进一步深入，在很多情况下我们需要了解样本中基因的表达模式，这就需要了解标本中的DNA原始拷贝数。而传统意义上的PCR技术是将样本中微量的DNA模板放大以便研究模板特性，理论上PCR过程中反应产物是以指数规模增长的，但实际的PCR扩增曲线并不是标准的指数曲线，而是S形曲线——因为随着PCR循环数的增加，扩增规模迅速增大，Taq酶、dNTP、引物，甚至DNA模板等各种PCR要素逐渐不敷需求，导致反应的效率降低，产物生成的速度逐渐减缓，最终进入平台期。由于各种环境因素复杂的相互作用，不同的PCR反应体系进入平台期的时间和平台期的高低都有很大变化，即使是重复实验，各种条件基本一致，最后得到的DNA拷贝数也往往不同。因此经过PCR扩增的DNA产物量不能反映起始模板量的真实情况。通过传统凝胶电泳EB染色或者同位素标记只能定量PCR的终产物量，而不能定量起始DNA模板的拷贝数。而且PCR完毕后，需要对PCR产物进行凝胶电泳分析，不能对PCR的过程进行实时监测，在处理的过程中容易交叉污染。这就需要有一种PCR技术能够定量起始DNA模板的拷贝数，定量PCR技术应运而生。

Wang等首先报道了定量技术用于mRNA的定量检测。因为PCR反应每个循环的产物均为下一个循环的底物，并按指数级扩增，所以可以用方程 $S=S_0\cdot(1+E)^n$ 来推算扩增产物，S_0 是初始模板核苷酸量，E是扩增效率，n是循环次数。但是E只能在有限的循环周期中保持相对恒定，通常是20～30个循环，随后扩增效应减慢直至0，扩增过程到达平台期，此时，PCR产物的积累不再依赖于初始模板核苷酸量。Morrison等（1998）在研究PCR扩增平台期时发现，由于目的基因及引物初始浓度的差异，PCR的平台期可在15～25个循环时出现。因而，达到平台期的PCR循环次数是不能预测的，必须用实验来确定平台期出现的循环数。在PCR扩增的指数增长过程终止前的循环数的多少取决于扩增效率E和起始样本的特异核苷酸序列丰度。对于一个给定的扩增片段，起始样本的含量越大，则指数扩增过程越短。E取决于诸多因素，如引物和扩增序列的特性、组分的浓度及反应温度等。即使同时使用同样的试剂及操作、同等反应条件，PCR管与管间的扩增效率也可能有明显差别，这是因为影响产物量的任何一个因素的微小变化都会显著地改变产物的量。这些因素包括所用仪器反应条件，如聚合酶、温度、底物浓度、Mg^{2+} 浓度、循环次数、抑制物的存在、标本处理及模板降解等。

二、定量PCR技术现状及进展

定量PCR技术的提出不单是PCR技术的飞跃，也是DNA定量技术的一次飞跃。经过不断发展完善，出现了一系列的定量方法，下面针对常见的一些方法做一些介绍。

PCR产物的直接定量法：因为不同样品的PCR产量是可以测定的，由此可推算出每份样品在PCR扩增开始时的靶DNA的相对量。与设定的外源性标准作对照，如先对未知量的靶DNA作系列稀释，两者比较，即可对未知量的靶DNA绝对定量。但是由于上述扩增效率差异，对样品间PCR产量作比较会产生很不准确的结果。而且，对PCR产物的定量必须在指数扩增期进行，因为在平台期扩增产物的累积量并不受初始模板量的影响。必须对单一反应的多个不同时间点的产物量作直线回归分析才能获得可靠的统计学结果。由于此法简单，故被许多学者用作粗糙的定量分析。

有限稀释法：有限稀释法起初是用于细胞生物学的定量方法。对检测样本进行梯度稀释后做PCR，直至检测结果为阴性为止。这样即可以依据PCR检测阳性结果的最大稀释度结合外参照进行定量，扩增产物的检测多采用凝胶电泳。为了增加这种定量方法的可重复性，应使PCR过程最佳化，一个或几个靶分子能被稳定检测出。在每个稀释度均应进行多次反应，结果利用统计学泊松分布原理来计算。必须严格消除污染物，以免假阳性干扰正常结果。这种方法的优点是定量不依赖扩增效率，但需要对每份样品的各个稀释点做多次PCR反应，工作繁琐，系统误差大，现在已经很少有人使用。

外对照定量PCR法：外对照法是最简单的PCR定量方法。外对照通常是质粒，一个已知量的标准稀释系列，与待测样品中的靶序列用相同的引物在两管中分别扩增，由这个标准稀释系列 PCR 产物或起始物量获得标准曲线，即可推测出在同一 PCR 扩增循环中的样品靶序列的起始量。但这个定量过程必须在指数扩增期进行。这种方法甚至可以消除管与管之间的差异，但不能消除样本与样本之间的差异。

内对照定量 PCR 法：内对照 PCR 即在同样的反应条件下，在同一个 PCR 管中扩增来自同一 DNA 的一段靶序列和一段内对照序列。通过比较两种序列的扩增产量可对靶基因定量。只有当靶序列与内对照序列的起始量和扩增效率非常相似时，才能精确地对靶序列定量，这取决于选择不同引物最佳配比的经验。这种扩增效率的差异常发生在 PCR 的终末期，故应在指数扩增期对产物进行分析。由此可见，循环次数和初始模板 DNA 的量对结果的影响很大。内对照 PCR 可以消除管与管之间的变异，并在一定程度上消除样本与样本之间的变异。

而荧光定量 PCR 则是其中的佼佼者，所谓荧光定量技术，是指在 PCR 反应体系中加入荧光基团，利用荧光信号累积实时监测整个 PCR 进程，最后通过标准曲线对未知模板进行定量分析的方法。

荧光定量 PCR 技术最早是在日本人 Higuchi 在 1992 年的一次报告中提出的。他当时的初衷很简单，就是想实时地看到 PCR 反应的整个过程，由于当时 EB（溴化乙啶）的广泛使用，最直接想到的标记染料就是 EB，其插入双链核酸中可受激发光。这样，在普通 PCR 仪的基础上配备一个激发和检测的装置，第一台可实时监测的 PCR 仪就诞生了。在 PCR 反应的复性或延伸时检测掺入到双链核酸中 EB 的含量就能实时监控 PCR 反应的进程，考虑到 PCR 反应的数学函数关系，结合相应的算法，通过加入标准品的方法，就可以定量待测样品中的目标基因。

1996 年当时的 PE 公司（后来的 ABI）推出了世界第一台商品化的荧光定量 PCR 仪。Heid 等（1996）首先就其原理及方法进行了报道。由于该技术不仅实现了 PCR 从定性到定量的飞跃，而且具有特异性更强、有效解决 PCR 污染问题、自动化程度高等特点，目前已在动植物基因工程、微生物和医学等领域中得到广泛应用。标记方法也由最初的染料法，逐渐发展到了特异性更高的 TaqMan 探针法，以及 Molecular Beacon、FRET 等不同方法的标记探针。2002 年，美国应用生物系统公司（Applied Biosystems）推出了一种 TaqMan 荧光探针，此种探针分子在 3′端连接了非荧光猝灭剂及 MGB（minor groove binder），非荧光猝灭剂有效减低了本底，使荧光光谱分辨率得以大大改善；MGB 结合物使得探针的 T_m 值提高，大大增加了探针的杂交稳定性。FRET 复合探针技术很大程度上综合了上述探针的优点。此外，还出现了一种通用模板信号扩增技术 UT-PCR，是在 TaqMan 荧光定量 PCR 基础上建立起来的，主要是使用通用模板与通用荧光探针，实现了快速多基因多位点同时检测，使 PCR 高通量化检测成为可能。UT-PCR 利用了 TaqMan 荧光定量 PCR 的检测原理，特异性强、稳定性好、灵敏度高、污染小而且自动化程度高，同时由于 UT-PCR 使用通用模板与通用探针，较之普通的荧光定量 PCR 假阴性低，准确性高，能实现多基因多位点同时检测。

在荧光定量 PCR 技术的发展中，两个重要的发现起了关键性的作用：首先是在 20

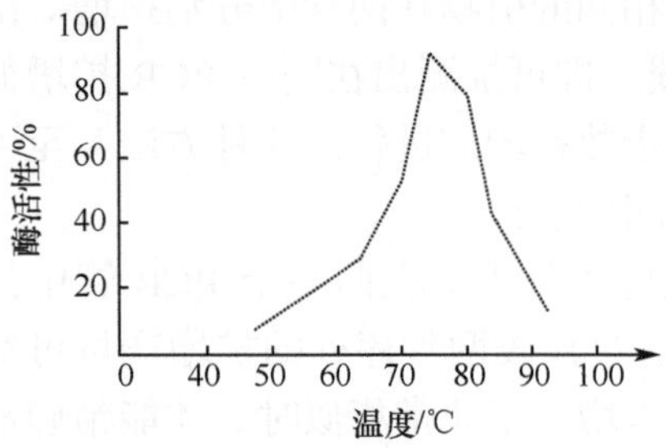

图 1-1　Taq DNA 聚合酶

世纪 90 年代早期，Taq DNA 聚合酶的 5′核酸外切酶活性的发现，它能降解特异性荧光记探针，因此使得间接的检测 PCR 产物成为可能。此后荧光双标记探针的运用使在一密闭的反应管中能实时地监测反应全过程。这两个发现的结合以及相应的仪器和试剂的商品化发展导致实时定量 PCR（real-time quantitative PCR）方法在研究工作中的大量运用（图 1-1）。

在实时定量 PCR 反应体系中，荧光标记物有两种：荧光探针标记和荧光染料标记。目前常见的基于 FRET 技术的荧光杂交探针(引物）主要有 FRET 探针、TaqMan 探针、分子信标及蝎形引物等；荧光染料标记中最为常用的是 SYBR Green 荧光染料。可避免常规 PCR 技术中，在产物扩增后的一系列繁琐操作，如：琼脂糖凝胶电泳、溴化乙啶染色、荧光标记、放射性标记等以及溴化乙啶的致癌作用。杂交技术的特异性较高，理论上 20bp 的序列只有 1/420 的相同概率，因此使用 TaqMan 探针不仅简便、快捷、准确，而且具有特异性强的特点。

三、定量 PCR 技术的展望

荧光定量 PCR 技术是目前发展起来的快速、精确定量核酸的最有效的方法之一，自 1996 年面世以来，短短的几年就被广泛应用到生物学各个领域，涉及的范围包括 DNA、mRNA 和病毒荷载量的定量，核酸多态性分析，基因突变分析等多个领域。但在实时定量 PCR 技术中，无论是相对定量还是标准曲线定量方法仍存在一些 PCR 定量方法均有的问题有待解决。在标准曲线定量中，标准品的制备是一个必不可少的过程。目前由于无一统一标准，各个实验室所用的生成标准曲线的样品各不相同，致使实验结果缺乏可比性。此外，用实时定量 PCR 来研究 mRNA 时，受到不同 RNA 样本存在不同的反转录（RT）效率的限制。在相对定量中，其前提是假设内源控制物不受实验条件的影响的，合理地选择合适的不受实验条件影响的内源控制物也是实验结果可靠与否的关键。

但是荧光定量 PCR 与常规 PCR 相比，具有许多优点，荧光探针的使用，可以通过光电传导系统直接探测 PCR 扩增过程中荧光信号的变化以获得定量结果，所以还具有 DNA 杂交的高特异性和光谱技术的高精确性，进一步提高目的基因检测的特异性。光谱技术与计算机技术的联合应用提高了灵敏度，有效地减少了劳动量。TaqMan PCR 使用氩激光来激发荧光的产生，利用荧光探测仪检测荧光信号的大小，通过计算机的分析软件进行分析，大大提高了灵敏度，可以检测到单拷贝的基因，这是常规 PCR 难以做到的。有效避免了污染。常规的 PCR 在扩增结束后需要琼脂糖凝胶电泳和溴化乙啶染色紫外光下观察结果或通过聚丙烯酰胺凝胶电泳和银染检测，除了有污染外，还对人体产生一定的伤害，而荧光定量 PCR 是在全封闭状态下实现扩增及产物分析，有效地减少了污染及对人体的伤害。能精确定量。由于 PCR 的平台效应，常规的 PCR 不能进行精确的定量，而荧光定量 PCR 由于利用扩增进入指数增长期的 Ct 值来定量起始模板的量，实现了极为精确的核酸定量检测。不过，Real-time PCR 尚有以下不足之处：①由于运用了封闭的检测，减少了扩增后电泳的检测步骤，因此也就不能监测扩增产物的大小；②因为荧光素种类以及检测光源的局限性，从而相对地限制了实时定量 PCR 的复合式（multiplex）检测的应用能力；③目前实时定量 PCR 实验成本比较高，从而也限制了其广泛的应用。

随着科学技术水平的发展，我们相信定量 PCR 将以其独特的优势在分子生物学、生物学和医学的基础研究和应用研究方面发挥更多更大的作用。另外，基因分析的定量化和均相化是未来基因诊断的发展趋势，目前在该领域的研究刚刚开始，仍有许多问题需要解决，如分析灵敏度及重复性问题、自动化仪器和试剂成本、样品处理及多基因同时分析等问题。生物芯片技术与荧光探针定量技术的结合将有助于上述问题的解决，届时将大大推动该技术在生命科学领域的应用普及，特别是临床诊断领域的推广。

第二节　荧光定量 PCR 的原理与特点

荧光定量 PCR 技术，是指在 PCR 反应体系中加入荧光基团，利用荧光信号积累实时监测整个 PCR 进程，最后通过标准曲线对未知模板进行定量分析的方法。

荧光染料能特异性掺入 DNA 双链，发出荧光信号，而不掺入双链中的染料分子不发出荧光信号，从而保证荧光信号的增加与 PCR 产物增加完全同步。荧光探针是将荧光共振能量传递（FRET）技术应用于常规 PCR 中，在探针的 5′端标记一个荧光报告基团（R），3′端标记一个猝灭基团（Q），两者可构成能量传递结构，即 5′端荧光基团所发出的荧光可被猝灭基团吸收或抑制，当两者距离较远时，抑制作用消失，报告基团荧光信号增强，荧光监测系统可接收到荧光信号。利用以上荧光产生原理，在 PCR 过程中可以连续不断地检测反应体系中荧光信号的变化。

当信号增强到某一阈值（PCR 反应的前 15 个循环的荧光信号作为荧光本底信号，阈值的缺省设置为 3～15 个循环的荧光信号的标准偏差的 10 倍）时，Ct 值被记录下来，每个模板的 Ct 值与该模板的起始拷贝数的对数存在线性关系，起始拷贝数越多，Ct 值越小。利用已知起始拷贝数的标准品可作出标准曲线，其中横坐标代表起始拷贝数的对数，纵坐标代表 Ct 值。这样，只要获得未知样品的 Ct 值，即可从标准曲线上计算出该样品的起始拷贝数。

一、荧光定量 PCR 定量的理论模式

特定的待扩增基因片段起始含量越大，则指数扩增过程越短，当扩增速率趋于稳定后，则无论原来样品中起始模板含量多少，最终扩增片段的含量通常是一样的。理想的扩增结果：$Y = X \cdot 2^n$其中 Y 代表扩增产物量，X 代表 PCR 反应体中的原始模板数，n 为扩增次数；理论上 PCR 扩增效率为 100%，PCR 产物随着循环的进行成指数增长，

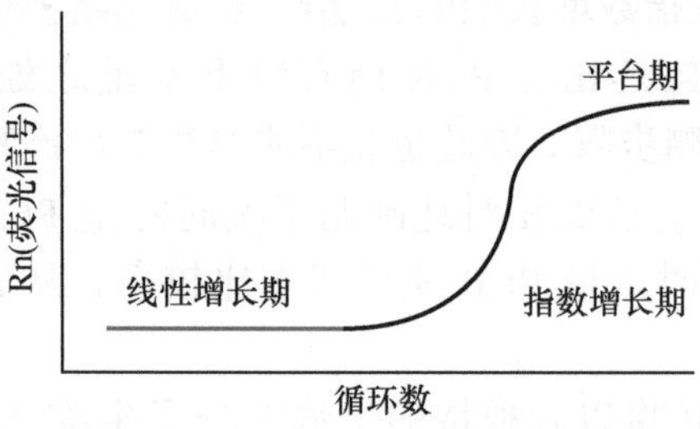

图 1-2　荧光扩增曲线

但实际上 DNA 的每一次复制都不完全，即每一次扩增中，模板都不是呈 2 的倍数增长；实际应为：$Y=X\cdot(1+E)^n$，其中 E 代表扩增效率：E=参与复制的模板/总模板，通常 E≤1，E 在整个 PCR 扩增过程中不是固定不变的。通常 X 在 $1\sim10^5$ 拷贝，循环次数 n≤30 时，E 相对稳定，原始模板以相对固定的指数形式增加，适合定量分析，这也就是所谓的指数期；随着循环次数 n 的增加（>30 次），E 值逐渐减少，Y 呈非固定的指数形式增加，最后进入平台期（图 1-2）。

二、荧光阈值和 Ct 值

（一）荧光阈值的设定

荧光阈值（threshold）是在荧光扩增曲线上人为设定的一个值，它可以设定在荧光信号指数扩增阶段任意位置上，但一般我们将荧光阈值的缺省设置是 3～15 个循环的荧光信号的标准偏差的 10 倍（图 1-3）。

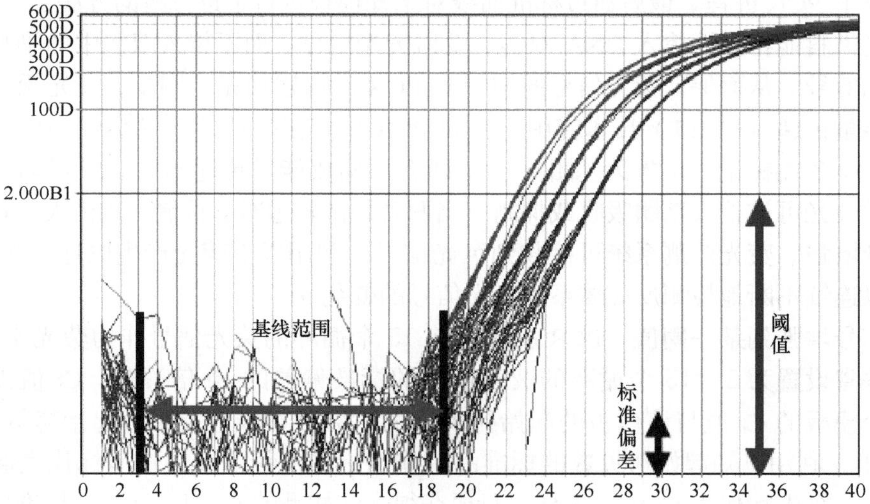

图 1-3　荧光阈值的确定

（二）Ct 值的定义

在荧光定量 PCR 技术中，还有一个很重要的概念——Ct 值。C 代表 cycle，t 代表 threshold，Ct 值的含义是：每个反应管内的荧光信号到达设定的阈值时所经历的循环数（图 1-4）。

Ct 值取决于阈值，阈值取决于基线，基线取决于实验的质量，Ct 值是一个完全客观的参数。研究表明，每个模板的 Ct 值与该模板的起始拷贝数的对数存在线性关系，

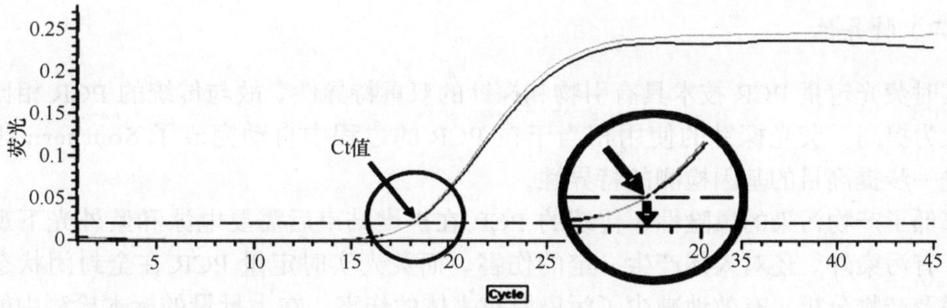

图 1-4　Ct 值的确定

起始拷贝数越多，Ct 值越小。利用已知起始拷贝数的标准品可做出标准曲线。因此，只要获得未知样品的 Ct 值，即可从标准曲线上计算出该样品的起始拷贝数。正常的 Ct 值范围在 18～30 之间，过大和过小都将影响实验数据的精度。

Ct 值与模板 DNA 的起始拷贝数成反比。这一结论可以从数学上严格证明。为使表达式简便，以下推导忽略 PCR 效率等细节。如果考虑这些因素，可以在方程上增加修正项。这些修正项的增加并不改变方程的线性性质。

一般地，我们有 $R_n = RB + X_0(1+EX)nR_S$，也就是说第 n 次 PCR 循环时的荧光信号强度（R_n）等于背景信号强度（RB）加上每个分子的荧光强度（即单位荧光强度，R_S）与分子数目的乘积。当循环次数 n＝Ct 时，则有 $RT = RB + X_0(1+Ex)CtR_S$。两边取对数，得 $\log(RT-RB) = \log X_0 + Ct\log(1+Ex) + \log R_S$。整理此式，$Ct\log(1+Ex) = -\log X_0 + \log(RT-RB) - \log R_S$。

$$Ct = -\frac{\log X_0}{\log(1+Ex)} + \frac{\log(RT-RB) - \log R_S}{\log(1+Ex)}$$

所以对于每一个特定的 PCR 反应来说，Ex、RT、RB 和 R_S 都是常数，所以 Ct 值与 $\log X_0$ 成反比，也就是说，Ct 值与起始模板拷贝数（X_0）的对数成反比，起始 DNA 浓度每增加 1 倍，Ct 值减小 1 个循环。根据 Ct 值的定量是精确和严格的，而传统的终点定量则比较粗放。

三、荧光定量 PCR 技术的特点

（一）敏感性

实时荧光定量 PCR 技术的敏感度通常达 10^2 个/ml，且线性范围很宽，为 0～10^{11} 个/ml。一般来讲临床标本中病原体的数目为 0～10^{10} 个/ml，在此范围内 FQ-PCR 定量较为准确，标本不需稀释。同时实时荧光定量 PCR 应用了光谱技术，与计算机技术相结合有较多的优点，有效地减少了劳动量。如 TaqMan PCR 使用氩激光来激发荧光的产生，利用荧光探测仪检测荧光信号的大小，通过计算机的分析软件进行分析，灵敏度达到了极限，可以检测到单拷贝的基因，这是传统的 PCR 难以做到的，敏感性大大提高。

（二）特异性

实时荧光定量PCR技术具有引物和探针的双重特异性，故与传统的PCR相比，特异性大为提高。荧光探针的使用相当于在PCR的过程中自动完成了Southern印迹杂交，进一步提高目的基因检测的特异性。

降低了产物污染的风险性，传统的PCR在扩增结束后需要电泳和紫外光下观测结果除了有污染外，还对人体产生一定的伤害，而荧光实时定量PCR在全封闭状态下实现扩增及产物分析，有效地减少了污染及对人体的伤害。在大批量的标本检测中能有效地减少劳动量。

（三）可重复性

实时荧光定量PCR技术结果相当稳定，同一标本的Ct值相同，但是其产物的荧光量却相差很大。因为阈值设置在指数扩增期，在此阶段，各反应组分浓度相对稳定，没有副作用，Ct值与荧光信号的对数呈线性关系。而当PCR反应进入平台期后，由于反应体系各组分的耗尽，酶活性的降低及产物的反馈抑制等原因导致产物不再增加。与终点法相比Ct值能更稳定，更精确地反映起始模板的拷贝数。同时，因PCR是对原始待测核酸模板的一个扩增过程，任何干扰PCR指数扩增的因素都会影响扩增产物的量，如扩增孔间温度差异、标本中DNA聚合酶抑制剂的存在、加样的差异和待测标本中核酸模板的量等。因此，在扩增产物的数量与起始模板数量之间没有一个固定的比例关系，通过检测核酸产物很难对原始模板准确定量。

（四）其他优点

TaqMan技术的优点还在于由于全程的闭管操作，没有PCR的后处理过程，因此污染率降低，克服了常规PCR污染率高造成假阳性的致命弱点。又由于其标准曲线的动力学范围广，为精确定量提供了较大的可信区间。TaqMan技术采用的是外标准曲线的定量方法，它比内标法和半定量法要准确得多，而且，荧光探针高度重现性的特点保证了定量检测的稳定性。另外，定量过程的全自动化、高效率为其商品化提供了可行办法。

实时荧光定量PCR技术使用了“内对照”系统，可校正PCR效率获得定量结果。实时荧光定量PCR技术使用即时法，有效地解决了传统定量只能终点检测的局限，实现了每一轮循环均检测一次荧光信号的强度，并记录在电脑软件中，Ct值代表样品的浓度，通过对每个样品Ct值的计算，常规法须在PCR完成后测出全部的PCR产物量，再确定原样品浓度。实时荧光定量PCR技术无需内标而采用外标准曲线定量，其原理根据Ct值的重现性以及Ct值与起始模板的线性关系。用实时荧光定量PCR技术检测，循环数约20～24个，而常规PCR法需使用34个循环。

第三节　荧光定量 PCR 的类型

实时荧光定量 PCR，通过荧光染料或荧光标记的特异性的探针，对 PCR 产物进行标记跟踪，实时在线监控反应过程，对样品扩增的整个过程进行实时监控，实时地观察到产物的增加，直观地看到反应的对数期，结合相应的软件可以对结果进行分析，计算待测样品的初始模板量。

荧光定量 PCR 主要包括荧光内参染料法和序列特异性探针法两大类。

一、荧光内参染料法

SYBR Green I 是一种结合于小沟中的双链 DNA 结合染料，这一性质使其用于扩增产物的检测非常理想。SYBR Green I 与 dsDNA 结合荧光信号可增强 800～1000 倍。在 PCR 反应体系中，加入过量 SYBR Green I 荧光染料，SYBR 荧光染料特异性地掺入 DNA 双链后，荧光信号增强，而不掺入链中的 SYBR Green I 染料分子荧光不变，从而保证荧光信号的增加与 PCR 产物的增加完全同步。荧光可以在复性阶段或者延伸阶段测定（图 1-5）。

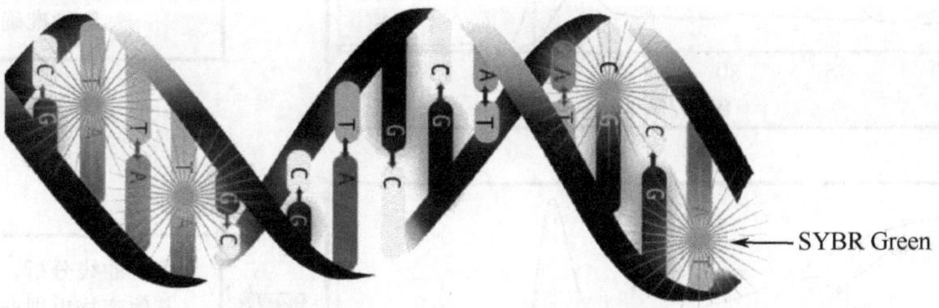

图 1-5　SYBR Green I 能结合到双链 DNA 的小沟部位

SYBR Green I 的最大吸收波长约为 497nm，发射波长最大约为 520nm。在 PCR 反应体系中，加入过量 SYBR 荧光染料，SYBR 荧光染料特异性地掺入 DNA 双链后，发射荧光信号，而不掺入链中的 SYBR 染料分子不会发射任何荧光信号，从而保证荧光信号的增加与 PCR 产物的增加完全同步（图 1-6）。

SYBR Green I 在核酸的实时检测方面有很多优点，由于它与所有的双链 DNA 相结合，不必因为模板不同而特别定制，因此设计的程序通用性好，且价格相对较低。利用荧光染料可以指示双链 DNA 熔点的性质，通过熔解曲线分析可以识别扩增产物和引物二聚体，因而可以区分非特异扩增，进一步地还可以实现单色多重测定。此外，由于一个 PCR 产物可以与多分子的染料结合，因此 SYBR Green I 的灵敏度很高。但是，由于 SYBR Green I 与所有的双链 DNA 相结合，因此由引物二聚体、单链二级结构以及错误的扩增产物引起的假阳性会影响定量的精确性。通过测量升高温度后荧光的变化可以帮助降低非特异产物的影响。由解链曲线来分析产物的均一性有助于分析由 SYBR

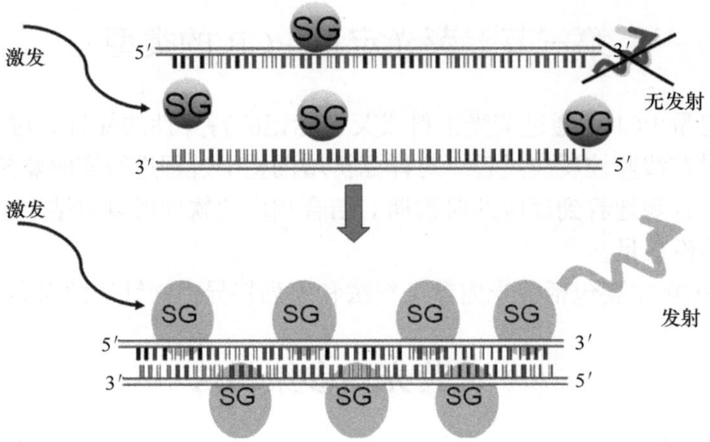

图 1-6　SYBR Green I 工作原理

Green I 得到定量结果（图 1-7）。

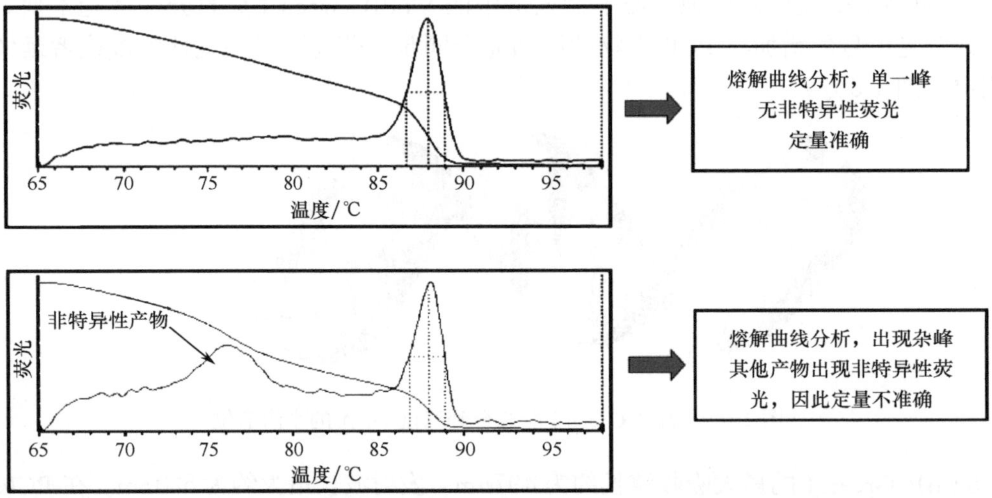

图 1-7　熔解曲线（melting curve）分析

SYBR Green I 可能影响到结果准确性的一些因素如下。

（一）染料使用浓度的影响

SYBR Green I 荧光定量 PCR 的试验成功有很多因素，但是 SYBR Green I 的使用浓度是非常关键的因素，如果 SYBR Green I 的浓度过低会使荧光信号的变化降低。这就意味着低拷贝的样品可能无法检出；而在高浓度时，将会抑制 PCR 反应。降低 PCR 反应效率。所以一般在使用 SYBR Green I 时应根据实际情况优化使用浓度，反应的终浓度为 1×到 0.2×之间。

（二）镁离子浓度对荧光 PCR 结果的影响

提高镁离子（Mg^{2+}）浓度可以降低 SYBR Green I 对 PCR 反应的抑制作用。我们建议在用 SYBR Green I 进行荧光 PCR 反应时，镁离子浓度要比无 SYBR Green I 的普通 PCR 反应高出 0.5～3mmol/L。同时可以降低镁离子浓度到 1.5mmol/L，以减少非特异性产物的形成。

二、序列特异性探针

提到荧光探针，有一个基础概念需要首先明确，那就是荧光共振能量转移（fluorescence resonance energy transfer，FRET），它是指一对合适的荧光物质可以构成一个能量供体（donor）和能量受体（acceptor）对，其中供体的发射光谱与受体的吸收光谱重叠，当它们在空间上相互接近到一定距离（1～10nm）时，激发供体而产生的荧光能量正好被附近的受体吸收，使得供体发射的荧光强度衰减，受体荧光分子的荧光强度增强。能量传递的效率和供体的发射光谱与受体的吸收光谱的重叠程度、供体与受体的跃迁偶极的相对取向、供体与受体之间的距离等有关。定量 PCR 所涉及的荧光探针和荧光引物的检测都与这个 FRET 原理相关。

（一）TaqMan 探针

TaqMan 探针是多人拥有的专利技术。TaqMan 探针是一种寡核苷酸探针，它的荧光与目的序列的扩增相关。它设计为与目标序列上游引物和下游引物之间的序列配对。

荧光报告基团连接在探针的 5′端，而荧光猝灭基团则在 3′端。当完整的探针与目标序列配对时，由于发生能量传递作用，报告基团不能发出荧光，但随着扩增反应的进行，聚合酶的 5′外切酶活性将探针进行酶切，5′端的报告基团随着探针的水解而脱落下来，不再与猝灭基团发生能量传递作用，从而能发出荧光，被信号探测器所捕获（图 1-8）。

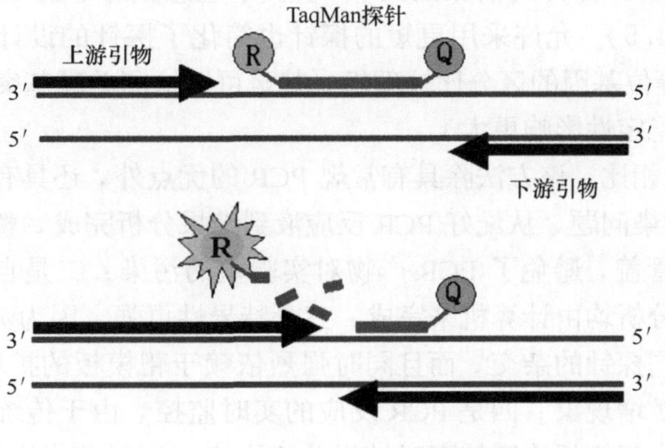

图 1-8　TaqMan 探针工作原理

TaqMan 探针适合于各种耐热的聚合酶。随着扩增循环数的增加，释放出来的荧光基团不断积累。因此荧光强度与扩增产物的数量呈正比关系。

常用的荧光基团如 FAM，TET，VIC，HET，而荧光猝灭基团如 TAMRA。常用探针 5′端相结合的基团有 FAM（6-羧基荧光素），TET（四氯-6-羧基荧光素），JOE（2,7-二甲基-4,5-二氯-6-羧基荧光素），HEX（六氯-6-甲基荧光素）或 VIC，常与 3′端相结合的荧光猝灭基团常为 TAMRA（6-羧基四甲基若丹明）或 DABCYL（4-（4′-噁烷氨基苯偶氮）苯甲酸）。相较之于 TAMRA，使用 DABCYL 可以更有效地减少自发荧光信号。目前，水解探针已被用于基因检测、病毒定量、癌细胞基因微突变检测、细胞因子基因定量等，其结果都具有高特异性与高敏感性。

（二）TagMan MGB 探针

MGB 是个三肽，其英文全称为 minor groove binder（小型的凹槽结合物），它可以结合在 DNA 双螺旋的小沟里，从而起到稳定 DNA 双螺旋的作用。如图 1-9 所示。

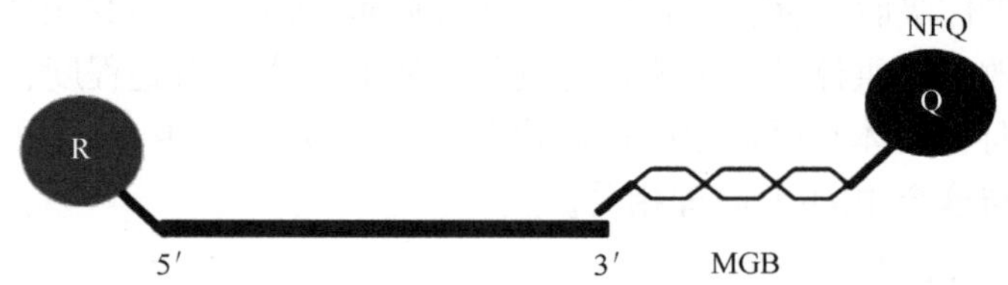

图 1-9　MGB 示意图

针对 TaqMan 探针荧光猝灭不彻底的问题，2000 年美国 ABI 公司推出了一种新 TaqMan 探针——MGB 探针，3′端采用了非荧光性的猝灭基因——猝灭基团吸收报告基团的能量后并不发光，大大降低了本底信号的干扰。此外，MGB 探针的 3′端还连接了一个二氢环化吲哚卟啉-三肽（dehydrocyclopyrroindole tripeptide，DPI3），可以大大稳定探针与模板的杂交，升高探针 T_m，使较短的探针同样能达到较高 T_m——而短探针的荧光报告基团和猝灭基团的距离更近，猝灭效果更好，荧光背景更低，使得信噪比更高：一个 15bp 的 MGB 探针的信噪比大于 6，优于理想状态下的 25bp 的普通 TaqMan 探针（信噪比约为 1.5）。允许采用更短的探针也简化了探针的设计和成本。有实验证明 MGB 探针对于等位基因的区分比较理想，甚至可以检测单碱基突变（因为碱基错配对较短探针的杂交稳定性影响更大）。

同常规 PCR 法相比，该方法除具有常规 PCR 的优点外，还具有以下几个优点：一是有效解决 PCR 污染问题，从配好 PCR 反应液到结果分析完成，整个过程均在单管中进行，且无需打开管盖，避免了 PCR 产物对实验室的污染；二是自动化程度高，PCR 反应及其后的结果分析均由计算机来完成；三是特异性更强，因为荧光信号的产生不仅强烈依赖于靶模板同探针的杂交，而且同时强烈依赖于靶模板的扩增，二者缺一不可，故不存在非特异性扩增现象；四是 PCR 反应的实时监控，由于传统定量方法都是终点检测，而终点检测在靶模板浓度较高时结果并不真实，实时荧光定量 PCR 技术有效地解决了传统定量只能终点检测的局限，实现了每一轮循环均检测一次荧光信号的强度，并记录在电脑软件之中，通过对每个样品 Ct 值的计算，根据标准曲线获得定量结果；五是绝对定量，由于 Ct 值与起始模板的对数存在线性关系，可利用标准曲线对未知样品进行绝对定量测定。

（三）杂交探针法

1996 年，Sanjay 等设计了一种可以特异识别核酸序列的新型荧光探针，这种荧光探针通过与核酸靶分子进行杂交后发生构象的变化而发出荧光，他们将其命名为分子信标（molecular beacon）。

分子信标的原理是一种荧光标记的寡核苷酸链，一般含有 25～35 个核苷酸。在结构上，分子信标大体上可以分为三部分：环状区：一般由 15～30 个核苷酸组成，可以与靶分子特异结合；茎干区：一般由 5～8 个碱基对组成，在分子信标与靶分子结合过程中可发生可逆性解离。荧光基团和猝灭基团：荧光基团一般连接在 5′端；猝灭基团一般连接在 3′端，常用 4-（4-二甲基氨基偶氮苯基）苯甲酸（DABCYL）作为猝灭基团。根据 Foerster 理论，中心荧光能量转移效率与两者距离的 6 次方成反比。所以只有荧光基团与猝灭基团之间达到一定的距离时才会产生荧光（图 1-10）。

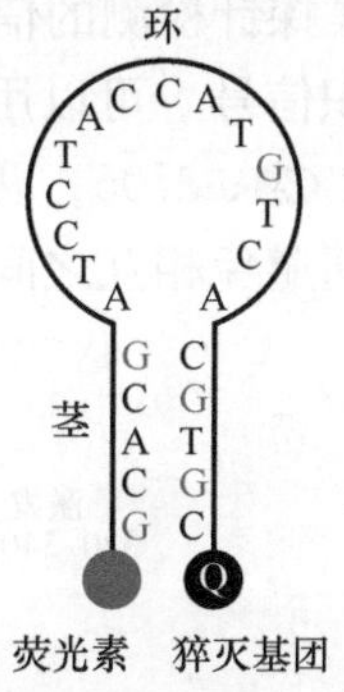

图 1-10 发夹型杂交探针

自由状态时，分子信标呈发卡式结构，从而荧光基团和猝灭基团相距较近（约 7～10nm）。此时发生荧光共振能量转移，使荧光基团发出的荧光被猝灭基团吸收并以热的形式散发，荧光几乎完全被猝灭，荧光本底极低。当分子信标与靶分子结合时，荧光基团和猝灭基团之间的距离加大，从而分子信标的荧光几乎 100% 恢复。而且所检测到的荧光强度与溶液中靶标量成正比（图 1-11）。

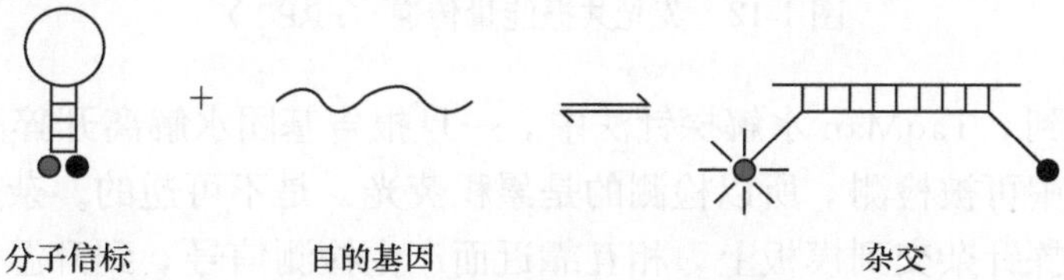

图 1-11 分子信标工作原理

最初设计的分子信标只能在均相溶液中检测靶分子，因而极大地限制了它在生物医学及 DNA 生物传感器上的应用。为了解决这一问题，Fang 等设计了一种生物素化的 DNA 分子信标，采用生物素-抗生物素蛋白这种常用的生物分子固定方法将分子信标固定于固体表面上。在生物素化的分子信标的合成上，考虑到要选择引入生物素的合适位置，使生物素-抗生物素蛋白桥键对分子信标杂交的影响降到最低。因此，生物素基团被连接到部分带猝灭基团的一侧。他们用这种可固定化的分子信标进行了 DNA 杂交的动力学研究，并发现其对 DNA 的检测灵敏度可以达到 nmol 级。另一种将分子信标的猝灭基团连接到一个 CPG（controlled pore glass）球上的方法也可以实现分子信标在

CPG 上的固定。固定分子信标的方法为分子信标生物传感器及分子信标生物芯片的研究奠定了基础，也使分子信标更广泛地应用于生物体系。

（四）FRET 探针

罗氏专利的 FRET 探针又称为双杂交探针，又称 LightCycle 探针（图 1-12）。FRET 探针由两条和模板互补且相邻的特异探针组成（距离 1～5bp），上游探针的 3′端标记供体荧光基团，相邻下游探针的 5′端标记 Red640 受体荧光基团。当复性时，两探针同时结合在模板上，供体基团和 Red640 受体基团紧密相邻（距离 1～5bp），激发供体产生的荧光能量被 Red640 基团吸收，使得检测探头可以检测到 Red640 发出波长为 640nm 的荧光。当变性时，两探针游离，两基团距离远，不能检测到 640 波长的荧光。FRET 探针检测的信号是复性时的实时信号，每次检测信号始终严格对应模板的数量，非累积信号，可以用于做 T_m 曲线和 SNP 检测。常用的受体荧光基团除了 LC-Red640 还有 LC-Red705。两个单标记探针间的距离通常为 1～5bp，虽然越短越好，还是要留点空间避免相互之间的反应。

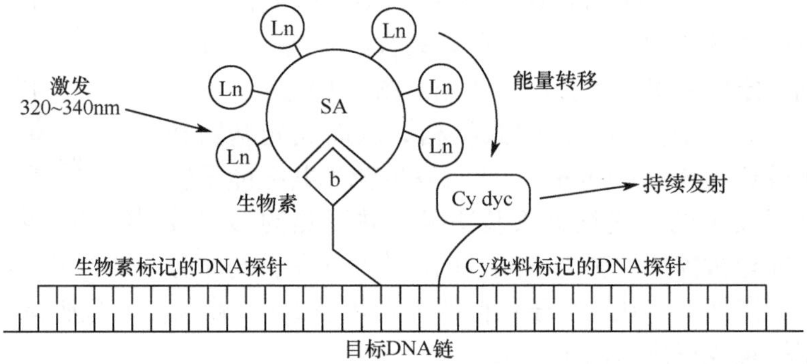

图 1-12 荧光共振能量传递（FRET）

我们前面提到，TaqMan 水解探针法中，一旦报告基团水解离开猝灭基团，就一直游离于反应体系中可被检测，所以检测的是累积荧光，是不可逆的。杂交探针不同，是复性时两条特异探针杂交到模板上，相互靠近而产生检测信号，到升温变性探针远离模板就没有信号，所以检测的是实时信号，是可逆的，所以可以进行熔解曲线的分析，还可以用于进行突变分析，SNP 基因分型以及产物鉴别。如一旦探针位置上出现有点突变，通过熔解曲线就可以很快分析出来，这也是 TaqMan 法无法做到的。另外，由于采用两条模板特异的探针，杂交探针法的专一性无疑更高于其他方法，不受非特异产物的影响。

FRET 探针法由于需要合成两条探针，探针的末端要封闭以避免反应，所以合成的成本会比较高，也比较麻烦。但实际上，FRET 探针的设计其实比 TaqMan 探针容易，因为 TaqMan 探针要求一定的长度以保证探针的特异性和结合模板的能力，但是长度会导致两末端的荧光基团距离远而使得荧光共振能量传递的效率降低，猝灭不彻底。FRET 探针就不受这个限制。不管怎么说，多数人还是习惯认为单探针比合成两条探针要简单。

三、绝对定量与相对定量

荧光定量按照定量可分为绝对定量与相对定量，绝对定量：利用已知起始拷贝数的标准品可作出标准曲线，其中纵坐标代表起始拷贝数的对数，横坐标代表 Ct 值。因此，只要获得未知样品的 Ct 值，即可从标准曲线上计算出该样品的起始拷贝数。相对定量：主要针对样本间基因表达的差异，比如说经过处理的样本和未经处理的对照。因为不要做标准曲线，基因表达的相对变化分析比绝对定量的方法更省时，应用更广泛。需要内标基因做归一化处理。标准的看家基因一般都可被用作内标基因，如 GAPDH，β-actin，β-2-microglobulin 以及 rRNA 等。在应用某一基因作为内标之前首先确证该基因表达不会受实验处理的影响。

（一）标准曲线法的绝对定量

用一系列已知浓度的标准品制作标准曲线，在相同的条件下目的基因测得的荧光信号量同标准曲线进行比较，从而得到目的基因的量。该标准品可以是纯化的质粒 DNA，体外转录的 RNA，或者是体外合成的 ssDNA。标准品的量可根据 260nm 的吸光度值并用 DNA 或 RNA 的分子质量来转换成其拷贝数来确定。目的基因与标准品在不同的反应管内同时进行扩增。

标准样品的种类：

- 含有和待测样品相同扩增片段的克隆质粒
- 含有和待测样品相同扩增片段的 cDNA
- PCR 的产物

含有已知数目的与待测样品相同的扩增片段的细胞

以 Lightcycler480 的操作为例：

(1) 自动法（2nd Derivative Maximum 二次最大导数法）点击“Calculate”查看结果：

(2) 手动法（Fit Points）

① 选定分析范围，默认为第一个至最后一个循环。

② 点击“Noise Band”，调整噪音线位置，推荐采用“Noiseband（Fluro）”方法以上下移动噪音线位置的方式调整，调整时遵循以下四条原则：a. 在阴性线之上；b. 与所有曲线相交；c. 相交在平滑区；d. 符合上述三条原则的情况下，噪音线的位置尽可能地低。

③ 点击“Analysis”进行结果分析。

④ 点击“Calculate”进行 Cp 值及标准曲线计算。

（二）标准曲线法的相对定量

相对定量实验有两种方法：标准曲线法和 Ct 值比较法。由于在此方法中对于目的基因是相对某个参照物的量而言的，因此相对定量的标准曲线就比较容易制备，对于所用的标准品只要知道其相对稀释度即可。在整个实验中样本的靶序列的量来自于标准曲线，最终必须除以参照物的量。在实验中为了标准化加入反应体系的 RNA 或 DNA 的量，往往在反应中同时扩增一内源控制物，如在基因表达研究中，内源控制物常为一些看家基因（如 beta-actin，GAPDH 等）。因此，在做基因表达调控分析时至少要做两个基因，目的基因和一个看家基因。我们分别来看看以上两种相对定量分析方法的特点和应用。

1. Delta-delta Ct 法（Ct 值比较法）

公式：

$$\text{ratio}=\frac{(E_{\text{target}})^{\Delta \text{Ct target(control-treated)}}}{(E_{\text{ref}})^{\Delta \text{Ct ref(control-treated)}}}$$

通过公式可以看出，该方法直接利用看家基因来校正样品初始量，但同时默认两个基因扩增效率一致。

该方法的前提：目标序列和内参序列的扩增效率接近 100% 且偏差在 5% 以内。

（1）用内参基因的 Ct 值归一目标基因的 Ct 值：

ΔCt(test)=Ct(target,test)−Ct(ref,test)

ΔCt(calibrator)=Ct(target,calibrator)−Ct(ref,calibrator)

（2）用校准样本的 ΔCt 值归一试验样本的 ΔCt 值：

$\Delta\Delta$Ct=ΔCt(test)−ΔCt(calibrator)

（3）计算表达水平比率：

2−$\Delta\Delta$Ct=表达量的比值

2. 双标准曲线法

公式：

$$R=\frac{(E_{\text{target}})^{\Delta \text{Ct target(MEAN control}-\text{MEAN sample)}}}{(E_{\text{ref}})^{\Delta \text{Ct ref(MEAN control}-\text{MEAN sample)}}}$$

双标准曲线法考虑到了不同基因扩增效率的差异，一般用标准曲线来校正扩增率。

（三）绝对定量与相对定量的区别

绝对定量的目的是测定目的基因在样本中的分子数目，即通常所说的拷贝数。相对定量的目的是测定目的基因在两个或多个样本中的含量的相对比例，而不需要知道它们在每个样本中的拷贝数。举例来说，如果研究项目中包括处理过的和未经处理的对照样本，通常可以将未经处理的样本指定为基准，规定其目的基因浓度为 100%，将经处理的样本的定量结果除以对照样品的定量结果，就可以计算各个处理样本的基因含量相对于未处理样品的百分比。

绝对定量实验必须使用已知拷贝数的绝对标准品，必须做标准曲线。相对定量可以做标准曲线，也可以不做标准曲线。

无论绝对定量还是相对定量，在得到实验结果后，还要考虑数据之间的可比性问题。在实验操作中，取样都是以体积或重量为单位的，但是同样体积或重量的样本所来源的细胞数目并不一样，所以个/μL 或个/ng 的定量数据相互之间实际上并不可比。只有将这些数据归一到以个/细胞或个/基因组为单位后，才可进行严格意义上的比较。这种校正可以通过适当的参比来完成。参比一般选用 β-actin、GAPDH、rRNA 基因等看家基因。由于它们在细胞中的表达量或在基因组中的拷贝数是恒定的，受环境因素影响较小，其定量结果代表了样本中所含细胞或基因组的数量。校正方法为：[DNA] 样本/[DNA] IPC，或者 DCT＝Ct。因为 Ct 值与起始 DNA 拷贝数的对数是反比关系，可以证明，这两种计算方法在数学上是等价的。

为了减少误差，目标基因和参比基因最好在同一反应管内同时进行定量测定，所以这种对照称为阳性内对照（internal positive control，IPC）。要进行 IPC 归一化校正，定量 PCR 仪必须具备多色检测能力，最好是 4 色。否则，目标基因和参比基因只能分两管作定量，就不成其为“内”标了。

四、标准曲线的制作

用已知浓度的标准品绘制标准曲线来对未知样品定量，首先要有一组稳定的标准品。标准品可以是含有目的基因的线性化的质粒 DNA，也可以是比扩增片段长的纯化后的 PCR 产物，当然也可以是 DNA，甚至 cDNA，但前提是所有的作为标准品的核酸都必须保证稳定。一般一条标准曲线取 4～5 个点，浓度范围要能覆盖样品的浓度区间，以保证定量的准确性。一般一个点重复 3～5 次，对于长期稳定使用的标准品可以适当减少重复的次数。

利用已知起始拷贝数的标准品可作出标准曲线，其中横坐标代表起始 DNA 的对数，纵坐标代 Ct 值（图 1-13）。

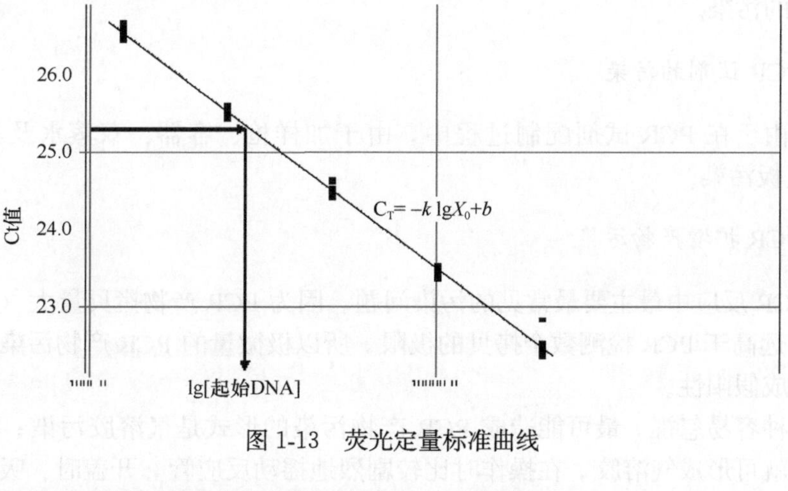

图 1-13　荧光定量标准曲线

另外，做标准曲线样品检测时需要注意的几个问题：

(1) 样品的浓度等指标是根据标准曲线计算出来的，所以首先要把做标准曲线看做比做正式实验还要重要的一件事，否则后面的实验结果无从谈起。

（2）设置标准曲线样品的标准浓度范围要有一个比较大的跨度，并且要能涵盖你所要检测实验样品的浓度，即样品的浓度要在标准曲线浓度范围之内，包括上限和下限。而对于呈S型的标准曲线，尽量要使实验样品的浓度在中间坡度最陡段，即曲线几乎成直线的范围内。

（3）最好采用倍比稀释法配制标准曲线中的标准样品浓度，这样就能够保证标准样品的浓度不会出现较大的偏离。

（4）检测标准样品时，应按浓度递增顺序进行，以减少高浓度对低浓度的影响，提高准确性。

（5）标准曲线的样品数一般为7个点，但至少要保证有5个点。

（6）做出的标准曲线相关系数因实验要求不同而有所变动，但一般来说，相关系数R至少要大于0.98，对于有些实验，至少要0.99甚至是0.999。

第四节　防污染的控制策略

PCR反应的最大特点是具有较大扩增能力与极高的灵敏性，但令人头痛的问题是易污染，极其微量的PCR污染即可造成假阳性的产生。

一、PCR污染的原因

（一）标本间交叉污染

标本污染主要有收集标本的容器被污染，或标本放置时，由于密封不严溢于容器外，或容器外粘有标本而造成相互间交叉污染；标本核酸模板在提取过程中，由于吸样枪污染导致标本间污染；有些微生物标本尤其是病毒可随气溶胶或形成气溶胶而扩散，导致彼此间的污染。

（二）PCR试剂的污染

主要是由于在PCR试剂配制过程中，由于加样枪、容器、双蒸水及其他溶液被PCR核酸模板污染。

（三）PCR扩增产物污染

这是PCR反应中最主要最常见的污染问题。因为PCR产物拷贝量大（一般为10^{13}个/ml），远远高于PCR检测数个拷贝的极限，所以极微量的PCR产物污染，就可造成假阳就可形成假阳性。

还有一种容易忽视，最可能造成PCR产物污染的形式是气溶胶污染；在空气与液体面摩擦时就可形成气溶胶，在操作时比较剧烈地摇动反应管，开盖时、吸样时及污染进样枪的反复吸样都可形成气溶胶而污染。据计算一个气溶胶颗粒可含48 000拷贝，因而由其造成的污染是一个值得特别重视的问题。

（四）实验室中克隆质粒的污染

在分子生物学实验室及某些用克隆质粒做阳性对照的检验室，这个问题也比较常见。因为克隆质粒在单位容积内含量相当高，另外在纯化过程中需用较多的用具及试剂，而且在活细胞内的质粒，由于活细胞的生长繁殖的简便性及具有很强的生命力，其污染可能性也很大。

二、污染的监测

一个好的实验室，要时刻注意污染的监测，考虑有无污染，是什么原因造成的污染，以便采取措施，防止和消除污染。

（1）阳性对照：在建立 PCR 反应实验室及一般的检验单位都应设有 PCR 阳性对照，它是 PCR 反应是否成功、产物条带位置及大小是否合乎理论要求的一个重要的参考标志。阳性对照要选择扩增度中等、重复性好，经各种鉴定是该产物的标本，如以重组质粒为阳性对照，其含量宜低不宜高（100 个拷贝以下）。但阳性对照尤其是重组质粒及高浓度阳性标本，其对检测或扩增样品污染的可能性很大。因而当某一 PCR 试剂经自己使用稳定，检验人员心中有数时，在以后的实验中可免设阳性对照。

（2）阴性对照：每次 PCR 实验务必做阴性对照。它包括①标本对照：被检的标本是血清就用鉴定后的正常血清作对照；被检的标本是组织细胞就用相应的组织细胞作对照。②试剂对照：在 PCR 试剂中不加模板 DNA 或 RNA，进行 PCR 扩增，以监测试剂是否污染。

（3）重复性试验。

（4）选择不同区域的引物进行 PCR 扩增。

三、防范污染的方法

（1）合理分隔实验室：将样品的处理、配制 PCR 反应液、PCR 循环扩增及 PCR 产物的鉴定等步骤分区或分室进行，特别注意样本处理及 PCR 产物的鉴定应与其他步骤严格分开。最好能划分标本处理区；PCR 反应液制备区；PCR 循环扩增区；PCR 产物鉴定区。其实验用品及吸样枪应专用。实验前应将实验室用紫外线消毒以破坏残留的 DNA 或 RNA。

（2）吸样枪：吸样枪污染是一个值得注意的问题。由于操作时不慎将样品或模板核酸吸入枪内或粘上枪头是一个严重的污染源，因而加样或吸取模板核酸时要十分小心，吸样要慢，吸样时尽量一次性完成，忌多次抽吸，以免交叉污染或产生气溶胶污染。

（3）预混和分装 PCR 试剂：所有的 PCR 试剂都应小量分装，如有可能，PCR 反应液应预先配制好，然后小量分装，−20℃保存，以减少重复加样次数，避免污染机会。另外 PCR 试剂，PCR 反应液应与样品及 PCR 产物分开保存，不应放于同一冰盒或同一冰箱。

（4）防止操作人员污染，使用一次性手套、吸头、小离心管应一次性使用。

（5）设立适当的阳性对照和阴性对照，阳性对照以能出现扩增条带的最低量的标准病原体核酸为宜，并注意交叉污染的可能性，每次反应都应有一管不加模板的试剂对照及相应不含有被扩增核酸的样品作阴性对照。

（6）减少 PCR 循环次数，只要 PCR 产物达到检测水平就适可而止。

（7）选择质量好的 Eppendorf 管，以避免样本外溢及外来核酸的进入，打开离心管前应先离心，将管壁及管盖上的液体甩至管底部。开管动作要轻，以防管内液体溅出。

第五节 荧光定量 PCR 技术的应用

实时定量 PCR（real-time quantitative PCR）技术实现了 PCR 从定性到定量的飞跃，而且与常规 PCR 相比具有特异性更强、污染较小的优势，已广泛用于生物检测及临床医学等多个领域。

一、肿瘤相关基因的检测

目前 TaqMan 技术在医学和分子生物学领域主要应用于病原检测和基因表达，而在干细胞与肿瘤研究方面主要用于干细胞的移植治疗、定向分化与肿瘤的诊断及相关基因的检测等。

（一）干细胞的移植治疗

造血干细胞移植后，腺病毒病的早期诊断和控制是必不可少的。Teramura 等应用 real-time PCR 技术检测了干细胞移植治疗前后病人（n=7）血清和尿液样本中的腺病毒基因表达水平，其中 2 例患者在移植治疗前血清中腺病毒基因拷贝＞10^3，在移植治疗后发展为腺病毒病，3 例腺病毒病患者在移植治疗后 4～6 周期间尿液中腺病毒基因拷贝数＞10^3 在移植治疗后发展为腺病毒病，3 例腺病毒病患者在移植治疗后 4～6 周期间尿液中腺病毒基因拷贝数＞10^5。所有患者在移植治疗前尿液中没有检测到腺病毒基因，在移植治疗后 1～2 周尿液中检测到腺病毒基因的 3 例患者发展为腺病毒病。结果说明荧光定量 PCR 是一种监测腺病毒病高发人群的可靠方式。Ortiz 等用 real-time PCR 技术检测了博来霉素（bleomycin）诱导损伤雌性小鼠肺部移植骨髓间质干细胞（MSC）后基因表达情况，博来霉素诱导损伤小鼠在移植了博来霉素耐受的雄性小鼠的 MSC 后，受体小鼠表达供体小鼠 MSC DNA 基因明显增加（约 20 倍）。证实了 MSC 移植在肺部疾病治疗中的有效作用。

（二）干细胞的定向分化

Janderove 为证实人体干细胞向脂肪细胞的分化，研究人体干细胞在胰岛素、地塞米松和 32 异丁基 212 甲基磺嘌呤作用下的分化潜能。并用 real-time PCR 技术研究了分化过程中的基因表达情况，结果显示在不同的实验环境中分化的程度也大小不一。Bai

研究人 GFAP 阳性神经祖细胞（SVZ）向神经元分化，应用 real-time PCR 检测了用视黄酸诱导分化前后神经祖细胞和神经元分子标志的表达。结果表明诱导后，神经元的特异标志物表达水平上升，神经祖细胞的标志物表达下降。证实了 GFAP 阳性神经祖细胞在体内外都能诱导分化为神经元。骨髓间质干细胞（MSC）具有多向分化潜能，是组织工程重要的种子细胞之一。最近，Xu 等用 real-time PCR 观察骨髓间质干细胞定向分化为心肌细胞时心肌相关基因如肌动蛋白、肌球蛋白的主链及清蛋白等表达情况，证明心肌细胞可由干细胞定向分化而来。

（三）血液系统肿瘤

Tanya 等用 PML/PAR 融合基因的转录表达水平来诊断急性早幼粒细胞白血病及监测治疗反应。采用 real-time PCR 技术监测 10 例患者和 1 例 7 年以上病史的患者，转录表达水平的监测结果有效反映了患者的疾病过程并且在 1 个病例复发 4～6 月检测到转录表达水平增高。说明 real-time PCR 技术在急性早幼粒细胞白血病和微小残留病诊断及复发监测上有很大帮助。

（四）肝胆胃肠肿瘤

Wong 等用 real-time PCR 技术检测肝细胞癌（HCC）病人体内肿瘤抑制基因 DLC21 表达水平，发现 DLC21 蛋白在病人肝细胞内含量显著小于非肿瘤细胞（$P<0.01$），提出了过甲基化可能是 DLC21 表达降低的原因。Miura 等用该方法检测癌细胞向淋巴结、腹水和循环系统扩散的残留癌的微小转移。检测到结肠癌 DukespD 期病人血中 CEA 表达水平显著高于其他各期，证实了 CEA，mRNA 的定量检测在结肠癌的进展评估中的作用以及术后 CEA，mRNA 表达的增加是发生残留癌微小转移的预测性标志。Baeumler 用实时荧光定量 PCR 的方法检测结肠癌组织中人类垂体瘤改变基因 1（HPTTG1）的表达，用该方法对 60 例结肠癌样本和非癌组织样本定量检测 HPTTG1 的表达水平。结果结肠癌组织中的 HPTTG1 的 mRNA 水平高于非癌组织样本中的 HPTTG1 的 mRNA 水平，表明 HPTTG1 在结肠癌组织中的过表达与结肠癌的进程有关，有助于对结肠癌患者愈后。

（五）肺部肿瘤

Kao 等研究肺癌细胞的肿瘤相关抗原 L6（TAL6）表达与癌细胞侵袭力的相关性。用该技术检测建立的细胞系 CL120 到 CL125 中 TAL6 的表达情况，发现 TAL6 的表达与体外肺癌细胞的侵袭力呈相关性，并且与肺癌术后早期复发和肺鳞状细胞癌病人的存活时间缩短有关。Hayes 等建立用实时荧光定量 PCR 的方法从肺癌患者的外周血中检测肿瘤因子 CLCA2、HMGEB3、L587S 和 ASH 的方法。结果用该方法检测 22/24 的腺癌组织，18/18 的鳞状上皮癌组织，4/5 的大细胞肺癌组织，2/2 小细胞肺癌组织样品为阳性，而在肺癌患者的外周血中检测到肿瘤细胞的阳性率为 49/108。表明该方法可以通过检测肿瘤患者的外周血中的肿瘤因子对肿瘤进行诊断。Mavrogiannou 等建立了用实时荧光定量 PCR 的方法从肺癌肿瘤细胞系和非小细胞肺癌细胞中检测 4 种独特的人类端粒酶反转录酶，结果表明通过对肿瘤患者的4种人类独特的端粒酶反转录酶的检测对非小细胞肺癌患者的预后做出判断。

二、转基因检测

自20世纪80年代以来，生物技术以前所未有的速度迅猛发展。人们利用现代生物技术，将某些生物的基因转移到其他物种中去，成功制造出转基因产品，如转基因大豆、玉米等，并实现商品化生产，自1993年转基因延熟番茄实现商品化以来，动物来源的、植物来源的和微生物来源的转基因产品迅速发展，各种类型转基因产品应运而生。与转基因产品迅猛发展的速度相比，其安全性评价工作则明显滞后，因此，加强对转基因产品的定性、定量检测，已成为各国政府实现其对转基因产品进行有效监督、监测和管理的重要技术支持平台。

对转基因产品进行分子生物学方法的鉴定是目前主要的检测鉴定方法，定性的检测转基因产品的分子生物学方法很多，定量的检测转基因产品的方法包括传统的杂交印迹法、化学发光法、分子光谱分子法、普通PCR及毛细管电泳法等，但这些方法都存在一定的缺陷，如不能对微量样品进行定量、灵敏度低、操作复杂、操作费时费力、易污染、定量准确度差等，已不能满足如今飞速发展的转基因产品的要求。实时荧光定量PCR技术的出现，可改善上述试验方法的缺点，它具有灵敏性高、特异性强、操作简便、高通量检测、定量准确、速度快、全封闭反应等优点，实时荧光定量PCR技术现在已广泛应用于医学和生命科学的各个研究领域。本节就实时荧光定量PCR在转基因产品检测研究领域的应用，目前存在的问题及发展前景进行简要概述。

（一）实时荧光定量PCR在转基因植物产品上的应用

世界上第1例转基因作物于1983年在美国诞生，第1个转基因农作物产品——转基因延迟成熟番茄1993年在美国市场上销售。转基因成分一般包括启动子（promotor），报告基因（reporter gene），目的基因（target gene）和终止子（terminator）。转基因农作物广泛应用的启动子为来源于花椰菜花叶病毒的CaMV35S启动子、根瘤农杆菌的胭脂碱合酶nos启动子及玄参花叶病毒的FMV35S启动子；广泛应用的终止子为来源于根瘤农杆菌的nos终止子、花椰菜花叶病毒的CaMV终止子以及新霉素磷酸转移酶NptⅡ终止子。检测上述基因构件即可涵盖95%的现有的转基因农作物的需要。另外由于35S启动子来源于花椰菜花叶病毒，十字花科的植物如油菜易自然感染CaMV，故对转基因油菜针进行35S的检测，则可能将非转基因油菜判定为转基因产品，所以对这类产品及采用其他遗传修饰元件的转基因农作物可进行目的基因的检测。

PCR方法用于检测转基因植物产品是目前应用最为广泛的方法，PCR法定量检测转基因植物最早是由瑞士的Meyer等年报道的，主要检测了转基因马铃薯（Flavr-Savr™）中的CaMV35S启动子、nptⅡ标记基因，转基因成分的含量。陈颖等建立了商业化转基因玉米Mon810和Event176的TaqMan实时荧光定量检测技术，该技术的检测灵敏度小于0.01%，是国际上设定的转基因最低限量的100倍。Engel等（2006）

以转基因油菜籽为检测对象建立了一种新型标准物的合成方法，为提高荧光定量检测的标准化程度指明了方向。刘光明等（2006）选择了内源基因大豆植物凝集素（lectin）、玉米转化酶（invertase）和外源基因花椰菜花叶病毒 35S（CaMV 35S）启动子的分子信标探针，确定了探针浓度和镁离子浓度等反应条件，分别对转基因大豆和转基因玉米系列标准品进行内源基因和外源基因的荧光 PCR 扩增，在 PCR 反应过程中分别以两种荧光通道信号分别追踪同一样品 DNA 内源基因和外源基因的扩增动力学变化，并依此绘制了循环阈值与转基因食品百分比含量之间的标准曲线，建立了转基因大豆和转基因玉米的分子信标探针——荧光定量 PCR 检测方法。王育花等（2007）利用高通量、快速、灵敏的 SYBR Green Ⅰ 荧光定量实时 PCR 法，检测了转大麦烟酰胺合成酶基因（NAS1）水稻中外源基因拷贝数。以蔗糖磷酸合成酶基因（SPS）作为水稻的内源参照基因，通过梯度稀释法，分别获得了 NAS1 和 SPS 基因的 Ct 值与起始模板数的相关性标准曲线，相关系数分别为 0.99976 和 0.99571，相关性高，通过目的基因 NAS1 和水稻内源参照基因 SPS 起始模板数的比较，获得了目的基因在转基因水稻中的拷贝数。在 8 株转基因株系中，1 株为假阳性，1 株拷贝数为 1，3 株拷贝数为 2，其余 3 株拷贝数分别为 3、4 和 7，而阴性对照拷贝数为 0，这种方法快速、简便、准确，满足了转基因育种工作中对后代优良株系的选择。

Yi 等建立了 TaqMan 实时定量检测转基因棉花的拷贝数的方法，他们选用了一个单拷贝的内源基因作为参照，以此估计 GFP 基因的相对拷贝数，他们发现他们建立的实时定量检测系统比传统的 Southern 杂交更精确，并能有效筛选子代中的纯合子和杂合子，所以比较适合于更早的筛选转基因幼苗和传代后的纯合子。Baeumler 等在 2006 年建立了用实时荧光定量 PCR 的方法检测转基因棉花的方法。通过提取棉花籽中的 DNA，针对棉花的内参照基因 SAH7 和目标基因 281-24-236，3600-210-23 设计特异性引物，建立相应的 PCR 体系，对该体系进行特异性、敏感性。准确度和精确度的检测。结果表明棉花 DNA 的检测范围为 0.04%～5%，最低检测度大于 0.04%～0.09%/100ng DNA 样品。Quirasco 等用实时定量 PCR 的方法对来自墨西哥和美国的大米样品检测转基因成分 CaMV35S 的启动子序列（35SP），所检测的样品中阳性率占 35%。进一步的调查发现，含有 35S 的样品占 43%，而在 16 份阳性样品中，美国大米占 14 份。此后的研究发现在转基因大米中检测到了大豆的成分，但是没有检测到玉米的成分。黄俊明等建立了 TaqMan 探针法检测转基因大豆含量的实时定量 PCR 方法并应用于市售转基因食品含量的检测。方法以 0、0.1%、0.5%、2.0%、5.0% 的转基因大豆 RoundUp Ready™ 为标准品，采用特异 TaqMan 探针序列用实时荧光定量 PCR 方法扩增转基因大豆外源基因 CP4EPSPS 基因，建立定量转基因大豆检测的标准曲线，并对市场抽检的豆奶粉、素鸡、热狗肠、黄豆等 12 种豆类食品及制品进行含量分析。结果得到 D 值对转基因食品百分含量对数值的标准曲线方程式为 Y＝8194X＋27.1855，相关系数值 R_2 为 0.9994。12 种市售大豆及制品中五香茶干、豆奶粉、素鸡、热狗肠、薄白叶检测出转基因成分含量分别为 2.46%、6.26%、13.95%、0.48%、0.66%，其余 7 份样品为阴性。所以实时定量 PCR 的方法是检测转基因作物的一种很实用的方法，值得在全球推广。

此后有不少学者陆续报道了利用实时荧光定量法检测转基因农作物。实时荧光定量PCR方法已成为国外进行转基因农作物成分含量检测的常用方法。国家质量监督检验检疫总局和国家标准化管理委员会也于2004年4月13日联合发布了《转基因产品检测核酸定量PCR检测方法》，其中明确给出了转基因大豆GTS2402322 \ 转基因玉米MON810 \ Bt176 \ Bt11 \ GA21 \ T25 \ 转基因油菜RT73的实时荧光定量PCR检测方法。

（二）实时荧光定量PCR在转基因动物产品上的应用

转基因动物产品主要是将外源基因导入动物体内，以期改善动物肉质、建立疾病模型、生产作为医用或食用蛋白的生物反应器、提供人体器官移植和动物器官移植等。但是出于对转基因植物产品的谨慎和担忧，目前人们应用的转基因动物产品还只是少数。

1982年Palmiter等研制出转基因“超级小鼠”以后，含人的生长激素基因的、携带小鼠抗流感基因的转基因猪等转基因动物先后被研制成功。随着转基因动物技术的不断发展，转基因动物产品也越来越受人们关注，目前转基因动物产品可分为两类，一是对人和环境可能不会造成危害的产品，例如美国约克镇技术公司研制的会发光斑马鱼，这种转基因斑马鱼可以监测环境污染和当宠物养，已获得FDA（美国食品和药物管理局）的批准，2004年公开上市销售，成为第一种上市的转基因动物；另一类能提供特殊功能的转基因动物产品，用于抗病育种、提供药用蛋白，替代组织器官等，如抗凝血酶Ⅲ（AT2Ⅲ），葡萄糖苷酶以及Ⅷ凝血因子（F2Ⅷ）等是国际上首批转基因动物乳腺表达产品。

转基因动物产品的定量检测一般从调控序列、标志基因、目的基因三方面进行检测。可以用实时定量检测巨细胞病毒（CMV）启动子、磷酸甘油酸激酶（PGK）启动子、猿猴病毒SV40的早期启动子以鉴定转基因是否成功，也可通过设计特殊的引物检测标记基因以确定转基因是否成功，还可以通过目的引物、特异探针的设计来定量检测目的基因的表达或拷贝数。当转基因动物产品用于精确鉴定、表达功能分析、市场准入等情况时，应对目的基因进行实时定量检测。PCR技术最早在1995年就被Chatelain等报道用来鉴定转基因动物的基因型，但是由于不能确定达到平台期时PCR的有效扩增数，外标的选择，标准化DNA量的确定等因素，使得每次研究转基因拷贝数的结果不同，定量结果不精确，阻碍了PCR技术对转基因动物基因型的研究。实时定量技术的出现改变了传统PCR技术的不足状况，王晓建等（2007）以TG-CARK转基因为研究对象，选取小鼠的高度保守基因Fabpi为内参，利用绝对定量的实时荧光PCR法鉴定转基因小鼠拷贝数，并与传统的Southern blot方法的定量结果进行比较。结果表明实时定量PCR鉴定的转基因拷贝数与Southern blot法完全一致。同年Chandler等（2007）用Taq杂交探针的方法定量检测BAC作为载体的转基因的整合和表达情况，结果表明，BAC作为载体的转基因的整合和表达呈正相关，他们建立的定量方法可靠性高、结果精确，对于用BAC作为转基因载体的研究者帮助很大。与Southern杂交、斑点杂交，荧光原位杂交等技术比较，FQ-PCR具有快速、灵敏、高通量、结果精确可信等优点，应用领域非常广泛，对于转基因动物产品的检测是非常重要的定量检测手段。

Schmidt 等用实时定量鉴定了转基因动物的基因型，基因型为纯合子还是杂合子对于繁育转基因群体十分重要，对于转基因表达所产生功能的鉴定也很重要。Mar 等用实时定量分析转基因小鼠肾脏里细胞生长因子 223 的表达情况，结果显示实时定量的分析的表达结果与微点阵检测到的表达结果是一致的，用实时定量法检测转基因的表达更方便、快捷。

FQ-PCR 技术现在已成为研究转基因核酸定量的主要工具，所具有的操作简便、特异性高、定量精确、结果可靠等优点使它具有非常广泛的应用前景，随着实时定量相关染料、试剂和方法学的不断发展，FQ-PCR 技术一定会为更多的转基因产品的鉴定和推广做出应有的贡献。

三、基因突变检测

基因突变是指 DNA 序列上发生的单个核苷酸碱基之间的变异，在人群中这种变异的发生频率至少大于 1%，它是基因组中存在的一种数量非常丰富的变异形式，占人类基因组中遗传多态性的 90% 以上。针对不同人种基因组的测序结果表明，在人类群体中存在大约 1000 万个 SNP 位点，在公共数据库中至少有 500 多万个 SNP 已被报道，SNP 在基因组的分布密度达到每 300～500 个碱基就存在一个 SNP。

随着生物信息学的快速发展，我们进入了功能基因组时代。各大生物信息数据库存在的基因组全序列信息为 SNP 的研究提供了极大的便利，通过再测序手段对 SNP 的存在及频率信息进行确定，对不同人群进行 SNP 的基因分型都需借助这些序列信息才能得以进行；同时，针对 SNP 进行连锁分析、单体型构建以及标签 SNP 寻找的生物信息软件也不断推出；而且功能基因组学的发展甚至开始尝试对 SNP 进行功能学预测，比如预测启动子 SNP 位点与转录因子结合的改变，编码区 SNP 对蛋白质的空间结构，生物功能的影响等，这对我们在浩繁的人类 SNP 中选择潜在功能性的 SNP 位点进行研究具有极大的帮助。这就不断地促使新的 SNP 基因分型技术和方法的出现。虽然经典的一些检测 SNP 的技术，如限制性片段长度多态性（restriction fragment length polymorphism，RFLP）和单链构象多态性（single-strand conformation polymorphism，SSCP）等技术仍在实践中广泛使用，但一些高灵敏度、高通量的基因分型方法日益受到重视，这些检测技术包括：荧光定量 PCR 法、SNPlex 基因分型法、焦磷酸测序法、DNA 芯片阵列分析法、微球法（Illumina），以及质谱分析和温控高效液相色谱法，可以满足大样本及多 SNP 位点的基因分型要求。目前国外普遍采用荧光定量 PCR 技术结合 DNA 直接测序技术对基因进行突变检测。

荧光定量 PCR 技术是一种通过检测 PCR 过程中和 PCR 之后产生的荧光信号来区分等位基因类型的 SNP 检测技术，同时基于荧光能量转移原理（FRET）。其主要包括 TaqMan 探针技术，分子信标技术，Scorpion 探针。利用 TaqMan 探针技术，每检测一个 SNP 位点需要一条探针，其 3′端连有猝灭剂基团，5′端连有荧光剂基团，最终与 SNP 位点完全匹配时探针结构被破坏，从而发出荧光而被检测。其中 Scorpion 探针的

3′端通过一段称为PCR stopper（或PCR blocker）的寡核苷酸和PCR引物的5′端相连接而构成，其作用是在PCR过程中阻止对探针部分的扩增，避免环状探针部分在无待检测片段是通过扩增被打开而产生错误的荧光信号，确保准确分型的难点在于探针的设计。

这种技术问世以来，很多学者利用该技术检测人类基因的SNP。王琦光等2006年通过聚合酶链反应-单链构象多态性分析结合银染后胶回收、DNA测序和限制性酶切分析方法检测112例明确冠心病诊断患者的AB-CA1基因全部编码区50个外显子的SNP。结果我国冠心病病人群中存在着国内外均已报道的R219K和M883I两个位点SNP的改变，并在外显子7中发现了国内外均未见报道的A1092G新碱基位点的改变并导致氨基酸改变为M233V，通过108例正常人限制性酶切分析方法证实其为SNP。结论我国冠心病病人群中不仅存在着已报道的R219K、M883I位点SNP，并首次发现存在新的M233V位点SNP。刘亚洋等2006年选择确诊的冠心病患者112例和同地区正常人108例，以引物引入限制性酶切分析聚合酶链反应（PIRA-PCR）方法对AB-CA1的R1587K多态性进行检测，并进行血脂水平检测。结果全部检测人群中RR型占49.1%，RK型占44.1%，KK型占6.8%。等位基因频率符合Hardy-Weinberg平衡，冠心病及正常人中R携带者HDL-C水平均明显高于非携带者（$P<0.01$）。在ABCA1的RR、RK和KK3种基因型中，HDL-C水平依次下降（分别1.35±0.29、1.24±0.27、0.77±0.21mmol/L，$P<0.01$）。多重回归分析提示，R1587K基因型与HDL-C水平有显著相关（$P=0.000$）。冠心病患者与正常人等位基因频率、基因型频率差异无显著性（$P>0.05$）。K基因型携带者与非携带者患冠心病的风险无显著性差异（OR=0.889，95% CI=0.49－1.61，$P>0.05$）。结论ABCA1基因编码区R1587K携带情况与人群血浆HDL-C水平密切相关，K携带者血浆HDL-C水平明显下降，但与冠心病患病风险无明显相关性。刘清等2007年利用该技术分析大肠癌发生过程中p53基因突变，评估外周血p53基因突变分析作为大肠癌高危对象筛查指标的实际应用价值。用LDR-PCR技术对100例大肠癌家系成员和100例健康人（对照组）的外周血p53基因第5～8外显子进行单核苷酸多态性（SNP）检测。结果大肠癌家系成员和对照组的外周血p53基因的突变率为分别为24%和0，差异有显著性（$P<0.05$）。结论p53基因突变在大肠癌的发生过程中起重要作用，外周血p53基因SNP突变分析可望成为大肠癌高危对象的早期诊断手段。李晓莉等2008年探讨一种目前较为新颖的通过Rotor Gene-3000荧光定量PCR仪进行T_m-shifting荧光定量PCR扩增测定单核苷酸多态性（SNP）的可行性。方法是以913份乳腺肿物患者成纤维细胞生长因子受体2（FGFR2）基因rs2981582位点（T→C）作为研究对象，用荧光染料SYBR Green标记DNA，并在设计引物时在所研究基因的特异性引物5′端连接上不同长度的尾，使不同基因型标本的PCR融解曲线的高峰出现在不同位置，最终可通过对PCR融解曲线的分析进行SNP分型测定。结果纯合子C/C基因型融解曲线峰出现在≤84.6℃处，特殊情况下稍向右偏移，但不超过85.1℃，峰型较尖。纯合子T/T基因型融解曲线峰出现在≥87.5℃处，特殊情况下稍向左偏移，但不小于87℃，峰型较尖。杂合子T/C基因型融解曲线峰出现在前两者之间，峰型较平。实验结果表明，用本方法检测大批量人群标本

的 SNP 结果符合遗传平衡定律，且操作简便，检测耗时短，结果特异且费用低。

基因是 DNA 分子上携带有遗传信息的功能片段，是生物传递遗传信息的物质，基因突变的检测可以解码疾病的内因；可以做到疾病的早知道、早预防、早治疗；从而可以有效避免临床误诊。

四、病毒检测

荧光定量 PCR 技术具有快速、准确、特异性高、可实时监测、定量以及自动化程度高等其他方法无法比拟的优点，可用于人类及动物病毒性疾病的快速诊断及定量检测，对某些烈性传染病病原体的诊断尤为安全。但是由于所需仪器、试剂价格昂贵，限制了该技术的普及，目前常用于肝炎、鸡新城疫、禽流感、鸡马立克氏病、传染性法氏囊病毒、鸭乙型肝炎、鸭瘟、伪狂犬病、猪瘟及口蹄疫等病毒病的诊断。

（一）在肝炎病毒的检测中的应用

1. 荧光定量 PCR 对乙型肝炎病毒的检测

乙型肝炎病毒是一种具有独特结构的嗜肝病毒，目前全世界有超过 2.5 亿人口成为慢性携带者。以前，对乙肝病毒的检测主要依靠乙肝表面标志物这种间接指标。但在临床实际运用中，仅仅根据 HBsAg 阳性或阴性很难判断该患者体内病毒是否处于复制期，病毒复制的程度又如何，以及患者是否具有传染性。荧光定量 PCR 的出现，可及时、准确地检测出标本中 HBV 的拷贝数。研究证实，HBV e 抗原阳性的乙肝患者有 97% HBV DNA 阳性，HBV e 抗体阳性的患者有 37% HBV-DNA 阳性。结果表明 e 抗原阳性患者体内大多有乙肝病毒存在，而 e 抗体阳性患者有 37% 左右体内存在乙肝病毒复制情况，即此类患者有传染性，需注意与家人的隔离。HBV-DNA 结果为 10^1～10^5 个/ml 时，表明病毒复制水平较低，传染性较弱，而当 HBV-DNA 大于 10^5 个/ml 时，表明病毒复制水平高，传染性强。另外 HBV-DNA 定量检测可及时灵敏地监测患者药物治疗的效果。研究结果显示，对于低拷贝量（小于 10^5 个/ml）的乙肝患者，干扰素治疗效果尚可，而对于高拷贝量感染的患者，干扰素疗效较差。因此通过检测 HBV-DNA 水平来决定是否选用干扰素，可大大提高治疗的成功率。

刘敬忠等（2001）通过试验对普通的 PCR 和荧光定量 PCR 进行了比较，用定量及定性 PCR 两种方法检测 698 例血清标本的结果表明，用荧光定量 PCR 技术共检测出 204 例为阳性，阳性率 29.2%；用定性 PCR 观察到 193 例有阳性特异带，阳性检出率为 27.65%；黄艳萍等（2001）也对普通的 PCR 和荧光定量 PCR 两种方法进行了比较，对 117 份血清标本用两种方法同时进行检测，分析其相关性，比较其差异，结果显示荧光定量 PCR 不仅能几乎 100% 检测出普通 PCR 阳性的标本，还能在其阴性的 76 份标本中检测出 36 份阳性，其拷贝数均在较低水平；雷建华等对 105 份乙型肝炎患者血清用常规 PCR 和荧光定量 PCR 两种方法检测 HBV，结果显示：常规 PCR 对 10^6～10^9、10^4～10^5 和≤10^3 个/ml 的血清检测结果有统计学差异。常规 PCR 检测 10^6～10^9 个

/ml 的血清假阴性率仅 5.0%，10^4～10^5 个/ml 时假阴性率达 36.8%，10^3 个/ml 主要为阴性结果，但有 6 例为阳性或弱阳性（24.0%），可见常规 PCR 对≤10^5 个/ml 的血清有较高的假阴性率，比荧光定量 PCR 灵敏度低 10～100 倍；鲁军（2008）对 386 例以荧光定量 PCR 法检测 HBV-DNA，同时血清标本以酶免法检测乙肝两对半，结果表明：大三阳模式中 HBV-DNA 定量阳性率为 95.5%，拷贝数为（4.32±1.63）×10^6 /ml；小三阳模式中 HBV-DNA 定量阳性率为 55.5%，拷贝数为（2.45±2.23）×10^5 /ml；HBsAg、HBcAb 阳性模式中 HBV-DNA 定量阳性率为 35.7%，拷贝数为（6.74±1.18）×10^4 /ml；HbsAg HBeAg 阴性模式中 HBV-DNA 定量阳性率为 3.84%，拷贝数为（2.14±1.11）×10^4 /ml。可见荧光定量 PCR 法检测 HBV-DNA 可以直接反映体内乙肝病毒（HBV）感染状态及病毒载量情况，有利于判断疾病的严重程度和传染性，更有利于临床治疗的药物选择和疗效观察。

2. 荧光定量 PCR 对丙型肝炎病毒（HCV）检测中的应用

丙型肝炎病毒感染的诊断主要依据血清中 HCV-RNA 的检测，HCV-RNA 定量试验可精确检测血清中 HCV-RNA 载量，是预测和观察抗病毒效果的重要指标。近年的许多研究表明，应用荧光定量聚合酶链反应（FQ-PCR）技术检测丙型肝炎病毒 HCV-RNA 具有快速、特异、灵敏度高等优点。余辉用反转录 PCR 结合荧光探针的体外 RNA 扩增技术对 315 例怀疑丙型肝炎的临床血清标本进行检测，结果 315 份标本中有 225 份 HCV-RNA 含量高于 80 个/ml，250 份抗 HCV 阳性，145 例 ALT 异常，HCV-RNA 含量与抗 HCV 阳性率间有显著的相关性（r=0.682，P=0.002）；HCV-RNA 含量与 ALT 异常率间也有显著的相关性（r=0.923，P=0.032）。隗荣华等（2008）通过与荧光半定量 PCR 及传统反转录 PCR 比较，探讨了荧光定量 PCR 在丙型肝炎病毒核糖核酸（HCV RNA）检测中的应用价值。

3. 荧光定量 PCR 对戊型肝炎病毒检测中的应用

戊型肝炎病毒（HEV）是 1982 年发现的一种新型肝炎病毒，可经粪口途径传播引起急性病毒性肝炎，是发展中国家发生急性肝炎的主要病因之一。目前，用于戊型肝炎感染检测的实验室方法有病原学诊断方法和血清学诊断方法。由于 HEV 的感染可能并不产生抗 HEV 的 IgG 和 IgM 抗体，所以病原学诊断就十分重要，常用的方法有免疫电镜法和传统 PCR 技术。这些方法在应用中均存在灵敏度低、不能定量的缺陷，难以满足在潜伏感染期和急性感染早期病毒的检测，另外目前为止，对戊型肝炎尚没有有效的疫苗用于预防，采取的控制措施主要是及早发现，并随时监测疫区的流行情况以阻断该病的传播。这就需要建立一种通用的、高度敏感的、特异和快速的检测方法，而荧光 RT-PCR 恰能克服这些缺陷，不仅有着更高的特异性和灵敏度，而且大大缩短了检测用时，有效避免了因操作导致的交叉污染。乔彩霞等利用 Taqman 技术建立了戊型肝炎病毒荧光 RT-PCR 快速检测技术，所建立的 TaqMan 荧光定量 RT-PCR 灵敏度可达 2.0×10^1 拷贝反应，相比于巢式 RT-PCR 方法，其灵敏度高 10～100 倍以上。在对 54 份临床样品的检测中，进一步证实了该方法快速、灵敏且重复性好，可满足戊型肝炎病毒早期快速诊断的需要。

（二）在动物病毒性传染病检测中的应用

1. 新城疫病毒（NDV）的检测

新城疫病毒属于副黏病毒，根据毒株的致病力可分为强毒力型、中等毒力型及弱毒力型。OIE推荐检测新城疫病毒的方法是鸡胚病毒分离方法，需要21d。深圳匹基生物工程公司与北京出入境检验检疫局研制出了NDV荧光RT-PCR检测试剂盒，其中NDV检测不受弱毒苗影响。张鹤晓等根据新城疫病毒F基因序列，选择能够反应裂解位点特性且缺乏二级结构的保守区设计多对引物和探针，从中筛选出最佳引物与探针配对，建立了中强毒力新城疫病毒（NDV）荧光RT-PCR检测方法；Tan等利用SYBR Green技术对新城疫病毒进行定性和定量分析，最后通过融解曲线分析对PCR产物进行定性分析；Mark（2004）等建立荧光RT-PCR方法检测NDV-Mgene与F基因在动物体内的表达情况。杨德胜利用荧光RT-PCR方法对910份样品进行新城疫病毒检测，阳性30份，并用鸡胚分离部分检测样品，结果完全一致。

2. 禽流感病毒（AIV）的检测

国内外检测禽流感病毒的方法是OIE推荐的鸡胚病毒分离方法，该方法约需要耗时21d，不适合禽类进出口的检疫和发生疫情时的及时诊断。英国科学家Schwartz报道应用荧光PCR法对呼吸道标本中禽流感病毒进行型别、亚型鉴定。朱文斯等根据禽流感病毒H5亚型的RNA4节段设计了检测禽流感病毒H5亚型的引物和探针，其敏感性最高能达到10^{-7}，该方法特异性强，与传染性法氏囊病毒中等毒力及弱毒疫苗、新城疫弱毒疫苗、传染性支气管炎弱毒疫苗、鸭瘟弱毒疫苗、鸭病毒性肝炎弱毒疫苗极有可能感染的禽流感病毒H9亚型、新城疫强毒、鸡传染性贫血病毒均不反应。张鹤晓等根据A型流感病毒的核酸保守区共有序列，开发、设计多条引物和探针序列，从中筛选敏感、特异的引物和探针，在循环参数、病毒核酸的提取方法、反转录条件的基础上，建立了快速的通用型“一步法”检测所有A型流感病毒的通用型荧光RT-PCR。该方法与鸡胚病毒分离相比，敏感性基本一致，可直接用来检测泄殖腔、咽喉拭子和禽肉，将检测时间从原来的21d缩短为4h。2007年深圳匹基生物工程公司与北京出入境检验检疫局研制出了AIV荧光RT-PCR检测试剂盒，其中AIV荧光RT-PCR检测试剂盒可用于AIV五种亚型的分型，并适用于组织、脏器、咽喉拭子等多种样本检测。

3. 鸡马立克氏病病毒（MDV）的检测

目前，在鸡群中广泛使用MD活苗免疫，加上多种病原感染、MD亚临床感染，使发病鸡群中免疫及感染背景相当复杂，给MD的诊断带来很大的困难，因此能够定量检测的方法在病原监测、鉴别诊断方面显得尤为重要。TaqMan实时FQ-PCR技术具有速度快、灵敏度高、特异性强、尤其是可以精确测定病毒载量的优点为检测MDV提供了很好的方法。Bumstead（1997）等用荧光定量PCR检测鸡马立克氏病病毒，即可检测到组织样品中 MDV 的存在，而且可准确定量，比蚀斑测定省时省力。Kaiser 等（2003）将 Meq基因克隆到质粒上做标准曲线，检测在脾细胞 DNA 中 MDV 的实际拷贝数；Islam 等（2004）用鸡的 α2 胶原蛋白作为内参照，将检测样品倍比稀释做相关标准曲线，来定量其他待检样品的细胞数；张颖等（2007）建立了鸡马立克氏病血清 1 型病毒（MDV1）绝对定量检测方法，其选择 MDV1 特有的 Meq基因的一段保守序列作为检测对象，将其克隆到质粒载体中，作为阳性标准品；同时将管家基因-鸡卵铁转蛋白（Ovo）特异性基因片段克隆到质粒载体上作为内参照的标准品。经荧光定量 PCR（FQ-PCR）法扩增获得 MDV1 的 FQ-PCR 两条标准曲线，建立了 MDV1 双重荧光定量 PCR检测方法，并用该方法绝对定量检测了实验攻毒鸡及某地发病鸡只的羽髓、淋巴细胞等组织样本中单位细胞病毒拷贝数，并与琼脂扩散（AGP）、常规 PCR 等检测方法进行了比较，结果表明，荧光定量 PCR 检测 MD 发病鸡只的阳性率高于 AGP，达 100%，荧光定量 PCR 方法的灵敏度比常规 PCR 检测高 10～100 倍，在单位细胞内可灵敏地检测到 2.78 个拷贝的病毒，可以在不同的样品中有效地绝对定量检测 MDV1。

4. 传染性法氏囊病病毒（IBDV）的检测

IBD的实验室常规诊断方法有琼脂糖凝胶扩散实验、酶联免疫吸附实验（ELISA）、病毒中和实验（VNT）、PCR等这些方法在敏感性、特异性和时效性等方面存在着不足，在病毒的早期诊断中体现得尤为明显。随着分子生物学技术的发展和对 IBDV研究的深入，新的诊断方法不断涌现，尤其是荧光定量 PCR（fluorescent quantitative PCR，FQ-PCR）技术以其快速灵敏特异性强等优点在基因表达水平的分析、病原体的定性和定量检测等方面得到了广泛的应用。Raue 等（2003）设计了基于基因组 B 节段的荧光定量 RT-PCR检测方法；Peters 等（2005）在 IBDV 基因组 A 节段 VP4 部分设计了 1 对通用引物和 3 条分别针对经典毒、变异株以及超强毒的特异性探针，实现了对 IBDV 毒株的分类检测；Sreedevi 等（2007）利用此方法，通过在 VP2 高变区或第二亲水区设计突变探针和配套锚定探针，通过计算 T_m，对待检毒株进行分类。王永强（2006）根据 GenBank 中鸡传染性法氏囊病病毒（IBDV）基因组设计一对针对病毒 vp5 基因的引物和一条特异性 TaqMan 探针，建立了一种快速检测 IBDV 核酸载量的 TaqMan 荧光定量 RT-PCR方法条件和反应体系的优化，该方法能够灵敏地检测初始模板中 30 个拷贝的病毒核酸，其灵敏度是常规 RT-PCR 检测方法的 100 倍，且不与其他的禽源病毒发生非特异性反应，具有良好的重复性，为 IBDV 的定性定量检测提供了有效的工具。

5. 鸭乙型肝炎病毒（DHBV）的检测

鸭乙型肝炎病毒是造成鸭发病的重要病原之一，与人乙型肝炎病毒有许多相似点。陈压西等（2003）建立了鸭乙型肝炎病毒核酸荧光定量 PCR 方法，并用于鸭血清中病毒核酸的定量检测，以分析病毒在体内的复制活动情况，为研究病毒性肝炎的发病机制、评价和预测抗病毒药物的疗效提供了重要依据。邹文（2004）等利用 SYBR Green 实时荧光定量聚合酶链反应检测鸭乙型肝炎病毒，其研究结果初步表明，SYBR Green

实时荧光定量 PCR 是一种简便、敏感、特异、准确检测 DHBV 的新方法。

6. 鸭瘟病毒（DEV）的检测

杨发龙等建立了检测 DEV 的荧光定量 PCR 技术，该方法可对 DEV 进行准确、迅速的定性和定量检测。

7. 伪狂犬病毒（PRV）的检测

Thiery 等建立了检测 PRV 急性和潜伏感染猪三叉神经节中 DNA 的荧光定量 PCR 方法，其灵敏度达到 5 个 PRV 基因组拷贝数/10^6 宿主细胞，且更适合于诊断低感染量的潜伏感染猪的 PRV，比其他方法更加敏感、特异。

8. 猪瘟病毒（HCV）的检测

猪瘟对养猪业的危害十分严重，被 OIE 列为 A 类传染病。陈玉栋等建立一种快速定量检测猪瘟兔化弱毒苗的荧光定量 PCR 技术，在猪瘟兔化弱毒疫苗株的 5′端非编码区设计一对引物和一条荧光探针，利用 LightCycler 检测系统，首次建立了定量检测猪瘟兔化弱毒疫苗的方法，结果表明，该方法的灵敏度为 100 拷贝数，与兔体定型热反应有很好的相关性，整个检测过程仅需 4h。该法可望取代传统的兔体定型热反应用于疫苗生产过程中的效价测定及指导疫苗的配制也为猪瘟病毒分子生物学研究提供了一种新的、简捷有效的工具；温国元等以猪瘟病毒高度保守的 5′端非编码区作为扩增靶区，设计并合成了两对引物和一条 TaqMan 探针，建立了快速检测猪瘟病毒的荧光定量 PCR 技术，并与 PCR 和套式 PCR 方法进行比较，结果表明该方法检测灵敏度比 PCR 高 100 倍，与套式 PCR 方法具有相同的灵敏度，能够快速、灵敏、准确地检测猪瘟病毒。

9. 口蹄疫病毒的检测

口蹄疫是一种引起偶蹄类动物高度传染病的病毒性疾病，已给世界畜牧业造成了严重危害，被世界动物卫生组织（OIE）定为 A 类传染病。虽然我国目前诊断口蹄疫病的方法很多，先后建立了许多血清学的诊断方法，如中和试验，反向间接血凝试验、补体结合试验，琼脂扩散试验，乳胶凝集试验等。实践证明，上述这些传统方法敏感性差，结果客观程度低，不适合应用于现代贸易的检测工作中。Rasmussen 等根据口蹄疫病毒 3D 基因序列设计引物，建立了快速检测口蹄疫病毒的荧光定量 PCR 方法，该方法对样品中口蹄疫病毒基因组 RNA 的检测灵敏度可达 10 个基因拷贝，可用于口蹄疫病毒各血清型的检测；罗长保利用分子生物学技术（RT-PCR）和荧光标记技术结合起来用于口蹄疫病毒的检测，建立了荧光 RT-PCR 技术检测口蹄疫病毒的方法。所以荧光 RT-PCR 技术检测口蹄疫病毒的方法，具有更加快速、准确、客观等优点。荧光定量 PCR 技术对动物病毒性疾病的快速诊断及定量检测已经被广大临床诊断实验室所接受。随着该技术的不断发展，相信会有越来越多的动物病毒病可以利用该技术得到快速诊断及定量检测。

10. 猪呼吸与繁殖障碍综合征病毒的检测

从1987年猪呼吸与繁殖障碍综合征（PRRS）首次在美国被发现以来，现已迅速传播至全世界各个养猪发达的国家和地区，给世界养猪业造成了巨大经济损失。建立快速诊断方法是有效防制PRRS发生的前提。Christoph等报道了一种基于TaqMan技术的实时荧光定量PCR方法，对PRRSV的最低检出量为1$TCID_{50}$，该方法比先前广泛应用的巢式PCR（nPCR）更为敏感、快捷。宋志军等以高度保守的PRRS病毒ORF7作为扩增靶区，设计引物和TaqMan探针，建立了快速检测PRRS病毒的荧光定量RT-PCR检测方法。该方法检测灵敏度比常规RT-PCR高100倍，并且具有良好的重复性，可满足当前PRRS的诊断和进出口肉类检疫的需要。徐辉等针对猪繁殖与呼吸综合征毒v基因保守序列设计引物与TaqMan探针，设计并优化了TaqMan荧光定量PCR方法用于PRRSV核酸的检测。应用新建立的荧光定量PCR方法检测其他主要猪病病原，无任何非特异性反应，针对PRBSV阳性克隆质粒的检测灵敏度可以达到1.2×10^1个/ml，比常规PCR高100倍。

五、病原菌检测

荧光定量PCR技术是近年来发展起来的一种核酸定量技术。该技术在PCR反应体系中引入了荧光标记的探针，具有高度的灵敏性、特异性和精确性等特点。常规的PCR技术的应用有许多局限，不能准确定量，假阳性率太高，只要有微量病原体存在就可以得到阳性结果，这不能完全作为诊断依据，只有当一定数量的病原体存在时才有临床意义，荧光定量PCR技术实现了PCR从定性到定量的飞跃，有效解决PCR污染和对模板定量不准确等问题，因此目前该技术已广泛应用于炭疽芽孢杆菌、霍乱弧菌、结核分枝杆菌、食品中沙门氏菌、植物病原真菌等生物检测领域。

（一）荧光定量PCR技术在检测和鉴定炭疽杆菌上的应用

炭疽杆菌作为人兽共患病的病原，同时炭疽杆菌的芽孢还可作为生物武器的病原，是一种重要的生物战剂之一，建立一种简单快速的炭疽杆菌检测方法是非常必要的。炭疽杆菌与其他同源性很高的蜡样杆菌的区别在于两个毒性质粒即编码炭疽热毒素的pX01质粒（174kb）和编码荚膜的pX02质粒（95kb），毒素由3个因子组成：pa8基因编码保护性抗原，lef基因编码致命因子，cya基因编码水肿因子，荚膜为D-谷氨酸聚合物，其合成酶由capA、capB、capC基因编码，这4个基因都可被用做PCR法鉴定炭疽的标志物。陈苏红等采用DNA嵌入荧光染料SYBR Green，以pX01质粒上的paB基因pX02质粒上的ca基因为靶，建立了一种简便而特异的炭疽定量方法，该法检测炭疽的灵敏度达10^3拷贝，并能区分炭疽杆菌与其他蜡样杆菌，能简便、快速准确、特异地对炭疽进行定量分析；王梁燕等在100L纯化空气中加入炭疽杆菌芽孢，进行荧光定量PCR检测，1h内炭疽杆菌的单个芽孢就被检测到。

（二）荧光定量 PCR 技术在检测霍乱弧菌上的应用

霍乱弧菌的检测一直是困扰微生物检验工作的一个难点，尤其是外环境水质和食品中霍乱弧菌的检测，常常由于菌量少、菌株变异大以及霍乱弧菌越冬机制不明了，往往使得常规培养法、血清学检测法无法检出。荧光定量 PCR 不仅提高了常规检测方法的灵敏度，而且避免了常规 PCR 方法由于后处理过程引发污染所带来的假阳性，对临床检验及卫生检测有较大的指导意义。张政等（2008）利用荧光定量 PCR 技术，建立了一种快速、准确、特异检测 0139 群霍乱弧菌的定量方法，选取 0139 群霍乱弧菌糖基转移酶基因作为检测的靶基因，设计引物和 TaqMan 探针，探针的两端均进行荧光标记，同时对 PCR 扩增体系进行优化，进一步评价实时荧光定量 PCR 方法的特异性、灵敏度、重复性后，对收集的临床样本进行鉴定，结果表明：建立的荧光定量 PCR 方法可准确、特异地检测和鉴定 0139 群霍乱弧菌，其他菌株均无阳性结果产生，该方法的灵敏度可达到 10cfu/ml，这与 Debretsion 用荧光定量 PCR 检测其他菌时的灵敏度新近，定量检测的批间和批内的变异系数均小于 5%，对 85 例临床样本进行评价，结果获得 9 例 0139 群霍乱弧菌阳性，与常规培养法结果完全一致。

（三）荧光定量 PCR 技术在检测结核分枝杆菌上的应用

结核病是严重危及全球的公共卫生问题之一，自 1985 年以来结核病疫情在全球范围内急剧上升，据世界卫生组织估计，目前全世界约有 20 亿人受结核分枝杆菌感染，5000 万人感染耐药结核杆菌，每年有 800 万人新感染结核杆菌，300 万人死于结核病。结核病的细菌学检测是发现传染源的主要途径和手段，是确定结核病诊断的治疗依据，在结核病防治工作中起着不可缺少的重要作用。通过检验痰液中结核分枝杆菌一直是临床诊断肺结核的主要依据，传统的涂片法简单易行，但阳性率较低；罗氏培养虽然是金标准，但周期长，难以满足临床需要。近年来，随着结核分子生物学诊断技术诞生，其快速、敏感、特异性高等优点，其中，荧光定量 PCR 技术具有较高的敏感性和特异性，已逐步应用到临床结核病的细菌学检测，该方法能将诊断的时间从几周缩短到几天，荧光定量 PCR 是发现传染源的主要途径和手段，是结核病诊治的重要依据。李洪敏等探讨了荧光定量 PCR 技术在检测临床标本中结核分枝杆菌的应用价值，其通过荧光定量 PCR 技术鉴定了 350 株临床分离株，进行了结核分枝杆菌的菌种鉴定和定量分析，同时进行抗酸染色和培养法，结果表明荧光定量 PCR、染色和培养法阳性检出率分别为 38.8%（128/330），21.8%（72/330），29.7%（98/330），提高阳性检出率 16.97%（56/330），菌种鉴定特异性实验符合率为 100%。胡荣盛等采用荧光定量 PCR 法和抗酸染色法同时检测 231 例结核患者体液标本（121 例痰标本、67 例胸腹水及 43 例尿液标本），对检测结果进行了比较，结果表明荧光定量 PCR 法的检测灵敏度为 10^2 个/ml，是抗酸染色法方法检测灵敏度 100 倍，且对除结核杆菌外的其他呼吸道病原体检测结果均为阴性，另外该研究痰标本、胸腹水标本及尿液标本的荧光定量 PCR 法阳性率均要高于抗酸染色法阳性率，比较差异均有显著性（$P<0.01$）。朱玉兰等根据结核分枝杆菌基因保守序列设计引物和探针，构建了标准品，并对 102 例培养涂阳的结核痰液标本

和 45 例非结核感染者的痰标本，应用荧光定量 PCR 法、痰涂片抗酸染色法检测结核分枝杆菌，结果表明荧光定量 PCR、抗酸染色法检测结核分枝杆菌的特异性分别为 100％、30％。可见荧光定量 PCR 方法检测结核杆菌具有特异性强、灵敏度高、简便、快速的特点，明显优于抗酸染色法，可作为结核病诊断的常规方法。

（四）荧光定量 PCR 技术在沙门氏菌检测中的应用

沙门菌是一种常见的重要人兽共患病原菌，在自然界中分布广泛，对营养要求不高，耐胆盐，对外界的抵抗力较强，还能使人类发生伤寒、副伤寒、败血症、胃肠炎和食物中毒。在世界各地的食物中毒中沙门菌引起的中毒病例占首位或第二位，因而它始终是医疗卫生、食品卫生和检验检疫部门的重点检验对象之一。目前国内外对该菌的快速检测主要集中在免疫酶试验、免疫扩散法、乳胶凝集试验和免疫荧光法及酶联免疫吸附试验（ELISA）、聚合酶链反应（PCR）技术等方法上，但以上方法都不能同时具备快速、灵敏度高、特异性强、适用范围广以及操作简单等特点，很难满足当前快速检测要求。而荧光 PCR 是近几年兴起的分子生物学检测技术，其检测灵敏性高，特异性好且操作简便，出结果快，在众多现代检测技术中脱颖而出，成为检测领域中越来越重要的一种快速检测手段。

徐德顺等（2008）针对沙门菌的重要属特异性基因 fimY 基因作为靶序列，设计一对引物和探针，以沙门菌菌株提取核酸 DNA 作为模板，优化引物和探针的浓度比和 Mg^{2+} 浓度，以沙门菌和 10 种相关细菌考核检测体系的灵敏性、稳定性和特异性，并初步应用于样品的检测，结果表明该研究所建立的反应体系在引物和探针的浓度为 0.8μmol/L，1.0μmol/L，Mg^{2+} 浓度为 3mmol/L 时，具有良好的特异性和敏感性，在 10 株相关菌株的检测中，除沙门菌出现很好的阳性外，其余菌株均为阴性，在纯菌条件下，定量检测低限 33 cfu/ml，稳定性分析表明：同一样品重复检测 3 次 Ct 值的变异系数均小于 5％，检测样品结果显示荧光定量 PCR 方法较传统方法敏感、快捷、简便。

（五）荧光定量 PCR 技术在检测植物病原真菌上的应用

植物病原真菌是指能够造成植物病害、利用柯赫法则可以加以鉴定的一类病原物。该类真菌以多种机制影响植物生长发育，造成植物出现不同程度的病害。准确、快速地鉴定和检测这些病原物是进行检疫、监测及防治等工作的重要基础。传统鉴定方法如形态观察、症状判断、生物学特性检测等在植物病原真菌识别、鉴定方面发挥了一定的作用，在有些病原检测中是最有效、最廉价、最恰当的方法。然而由于其时效性等问题，存在着很大的局限性。一些植物病原真菌，其外部形态十分相像，仅靠形态观察难以区分。同时真菌的形态特征复杂，少数形态特征和生理生化指标随着环境的变化而不稳定，对其形态鉴定具有较大难度，而近几年来荧光定量 PCR 技术在植物病原真菌检测方面发挥了巨大作用。

近 10 年来，国内外已有大量利用荧光定量 PCR 反应鉴定植物病原真菌如菜豆间座壳（*Diaporthe phaseolorum*）及茎点霉（*Phomopsis longicolla*）、马铃薯晚疫霉（*P. infestans*）及柑橘生疫霉（*P. citricola*）、豆薯层锈菌（*Phakopsora pachyrhizi*）、

小麦印度腥黑穗病菌（Tilletia indica）和黑麦草腥黑穗病菌（r walked）019、大丽轮枝菌（Verticillium dahliae）、灰霉病菌（Botrytis spp.）等的报道。Lievens 等利用待测病原菌 ITS 区设计特异性引物，应用实时荧光 SYBR Green 法准确检测和定量造成番茄枯萎的 Fusarium solani R. solani 和 Verticillium albo-atrum，V. dahliae，V. tricorpus 以及 P. Uhimum. Suarez 等使用 TaqMan 技术，根据灰葡萄孢菌（Botrytis cinerea）β微管蛋白、rDNA 上 IGS 区以及特征性片段扩增区域（SCAR）标记序列设计引物和探针，并与前人报道的基于该菌角质酶基因的 SYBR Green 检测法进行了比较，结果表明在相同条件下基于 IGS 的引物和探针最为灵敏，在有 20fg 的 B. cinerea DNA 模板存在情况下即可成功检测并定量，其 Ct 值范围为 14.1～22.0，基于β微管蛋白的 Ct 为 19.9～30.4，基于 SCAR 的 Ct 为 17.3～26.4，角质酶基因 SYBR Green 检测法与基于 B 微管蛋白的 TaqMan 法相当。易建平等根据小麦印度腥黑穗病菌（Tilletiaindica）和黑麦草腥黑穗病菌（T. walkeri）的 ITS 序列中一个碱基的差异，且这种差异在 20 个菌株里均非常稳定的特点，设计了两对通用引物和两条特异性探针，建立了小麦印度腥黑穗病菌和黑麦草腥黑穗病菌的实时荧光 PCR TaqMan-MGB 探针检测方法，检测的灵敏度为 1 个冬孢子。章桂明等进一步建立了小麦印度腥黑穗病菌和黑麦草腥黑穗病菌实时荧光双重 PCR 检测方法，仅用 5μl 反应体系，进行 1 次 PCR 反应就能特异性检测出小麦印度腥黑穗病菌或黑麦草腥黑穗病菌。可见实时荧光 PCR 法克服了以往检测植物病原物的各种分子生物学方法需要进行 PCR 后处理的弊端，整个检测过程完全闭管，消除了 PCR 产物的污染，减少了检测步骤，大大节省了检测所需时间，具有广阔的应用前景。

（六）荧光定量 PCR 在食品中致病菌检测中的应用

实时荧光定量 PCR 技术的一个显著特性就是可以同时对多个样品进行分析，因此适合于检测食品中微生物在时间和空间上的动态变化；同时检测的灵敏度、特异性和快速便捷性也很高，因而在致病原分析检测中有很好的发展前景，近年来许多研究者对实时荧光定量 PCR 技术检测食品中常见致病菌进行了一系列探讨。例如，阳成波等以 LightCycler 为平台，先后建立一种基于 TaqMan 探针的荧光定量 PCR 和 SYBR Green I，能与双链 DNA 结合而发出荧光的特性来定量检测空肠弯曲菌，检测限度为 5cfu，整个检测过程在 60min 内完成。可见荧光定量 PCR 方法特异性强，稳定性高，操作简便快捷，适应食品致病菌检验发展需要，具有较大的推广及应用价值。金大智等（2003）研究结论与其基本相同，并且还建立了食品中单增李氏菌实时荧光 PCR 检测鉴定方法。Fu 等研究发现：采用将免疫磁珠法和实时荧光定量 PCR 技术结合的方法不经富集培养阶段即可准确、快速地检测出大肠杆菌 O157：H7；Rueckert 等（2005）利用特异性 16S rRNA 引物的一部分基因片段定量检测出了奶粉中的嗜热细菌（Anoxybacillus、flavithermus、Geobacillus 和 Bacillus licheniformis）；Berrada 等定量检测出了色拉中的李斯特菌。翁文川等用荧光定量 PCR 技术在对 31 株不同菌株的检测中发现有 8 株副溶血弧菌结果均为阳性，而其他 23 株弧菌科及其他菌属的菌株均为阴性；分别得出了模拟样本和经培养增菌后的检测低限，并认为该方法在检测食品中副溶血弧菌时具有特异性强、敏感性高，操作简便快速，检验周期短的优势，具有很好的应用前景。

六、寄生虫检测

荧光定量PCR已用于寄生虫的检测和鉴别，其敏感性、稳定性是以往其他检测技术无法比拟的，并且由于实行完全闭管式操作，能大大减少扩增产物污染的机会，提高检测的特异性，并可通过电脑自动读数对扩增产物进行精确定量。实践表明，荧光定量PCR方法较常规PCR技术更为简单、快速、准确，在寄生虫检测方面有很好的应用前景和研究价值。

Woo等以LightCycler™为平台，利用SYBR Green Ⅰ作为荧光染料，建立了一种鉴定钩端螺旋体的实时PCR方法，目标片段为16S rRNA，利用熔点曲线分析来区别特异产物、引物二聚体和非特异性产物，不需要电泳来鉴定，该方法快速而敏感，整个过程在20min内完成。James等用以ABIPrism7700SDS为平台，应用TaqMan探针建立了从小牛腹泻粪便中定量检测小隐孢子虫cp11基因和18SrRNA的实时荧光PCR方法。江晓玲等将荧光定量PCR技术用于疟原虫的检测，根据恶性疟原虫SSUrRN基因序列，设计并合成引物和荧光标记探针。将PCR扩增的恶性疟原虫SSUrRN片段克隆人载体，重组质粒经筛选、鉴定后，作为阳性模板，用于标准曲线的制定和样品检测。结果是应用重组质粒制作的定量曲线循环阑值与模板浓度具有良好的线性关系，相关系数为0.998，检测恶性疟血释26份、间日疟血样20份及混合感染血样5份均阳性，正常血样36份均阴性；罗文等应用荧光定量PCR及ELISA法检测弓形虫感染分析，发现荧光定量PCR在诊断和鉴别中显示出独特的优势；Premanandh等用荧光定量PCR检测了马生殖泰勒虫，并用此法区别驴生殖道泰勒虫。荧光定量PCR在对有些寄生虫病的诊断和鉴别中显示出独特的优势。王频佳等利用扩增的弓形虫529bp重复序列，经TA克隆后转化入大肠杆菌DH5α中，提取重组质粒鉴定后，作为模板建立荧光定量PCR标准曲线，并做重复性试验和临床标本检测，用重组质粒制作的标准曲线循环阈值与模板浓度有良好的线性关系，相关系数为0.995，试验间变异系数平均为3.28%，无非特异性扩增，样品检测阳性率为43.3%，建立了检测弓形虫基因的荧光定量方法，具有快速、灵敏、特异的特点。张晶波等依据查菲埃立克体16S rRNA基因序列设计特异性引物和TaqMan-MGB探针，以克隆的查菲埃立克体16S rRNA基因片段作DNA模板，建立实时荧光定量PCR检测方法，与套式PCR相比较，荧光定量PCR检测的灵敏度是其30倍。刘世国等采用荧光定量PCR动态观察感染弓形虫的家兔血液中的虫体；周立等根据日本血吸虫18S小亚基单位核糖体核酸（18S rRNA）基因设计特异性引物，PCR扩增出1450bp序列，经TA克隆后转入大肠杆菌DH5α，提取重组质粒，鉴定后作为模板制作荧光定量PCR标准曲线，用初始循环数（Ct，个/反应）进行标准差分析，并计算变异系数（CV），进行方法重现性评价，结果制作的标准曲线循环阈值与模板浓度具有良好的线性关系，相关系数为0.9987。方法重现性评价：在1.05×10^7～1.05×10^3个拷贝范围内，对应的Ct平均值分别为17.55、20.93、24.32、27.59和

30.95，CV 值分别为 1.31%、1.53%、0.90%、1.85% 及 0.90%，在重复性试验中试验间数据平均变异系数为 1.27%，无非特异性扩增，在试验检测范围内（Ct≤30.95），可检测的日本血吸虫基因组浓度为 6.15pg，3h 内完成。

七、基因表达的相对定量分析

（一）人类基因的表达分析

程超等 2007 年建立 TaqMan 实时荧光定量反转录聚合酶链反应（RT-PCR）法检测肝细胞再生磷酸酯酶 2（PRL-2）mRNA 表达水平，并应用该法检测原发性肝细胞癌中 PRL-2 基因的表达。PRL-2 在所有的门脉癌栓及 10 例肝癌组织表达，仅在 4 例癌旁组织中表达。门脉癌栓 PRL-2mRNA 表达水平显著高于肝癌及癌旁组织（$P<0.01$），肝癌组织表达显著高于癌旁组织（$P<0.01$）。李琳等 2007 年建立实时荧光定量 PCR 检测 WT1 基因表达技术，并分析 65 例白血病患者 WT1 基因的表达水平及与临床预后的关系。结果建立的实时荧光定量 PCR 方法的标准曲线相关系数>0.99。急性髓性白血病（AML）和急性淋巴细胞白血病（ALL）患者 WT1 基因表达水平较正常对照组均显著升高（$P=0.001$）。慢性髓性白血病（CML）急变期患者 WT1 基因表达水平显著高于慢性期。WT1 表达量与急性白血病发病时外周血白细胞计数、血红蛋白、血小板无明显相关关系。AML 和 ALL 患者中 WT1 基因高表达患者与低表达病例 CR 率差异无显著性。急性白血病患者治疗缓解后 WT1 的表达量较治疗前显著下降（$P=0.032$）。随访显示 WT1 持续高表达或下降后又上升的患者呈现难治及复发。结论实时荧光定量 PCR 技术检测急性白血病患者 WT1 基因表达量可预测难治复发及用于 MRD 的检测。吴慧平等 2007 年通过 RT-PCR 反转录得到正常胎儿和五种病理性舌苔黏膜组织的cDNA，再经实时荧光定量 PCR，测定 PLOD1 基因在不同舌苔黏膜组织的定量表达，观察其表达量的变化趋势。结果检测发现 PLOD1 基因在病理性舌黏膜组织中表达量递减趋势为：白薄苔组>黄薄苔组>黄厚苔组>白厚苔组>无苔组>正常组；其中再与无苔组 PLOD1 基因拷贝比值倍比分别呈 2.97、2.68、2.21、1.50 倍。结论 PLOD1 基因在病理性舌苔黏膜组织表达量的改变，影响舌苔性质。董嵩等 2007 年建立了检测非小细胞肺癌患者肿瘤组织及外周血 RRM1 mRNA 表达水平的实时定量荧光 PCR 方法，比较不同标本的检测方法及效果，为临床应用该基因表达水平预测药物疗效提供方法基础。严昕等 2007 年提取手术切除人原发性 HCC 肝癌和癌旁肝组织总 RNA 并反转录为cDNA，在 hNTKL-BP1 基因的高保守区设计相应引物和 Taqman 荧光探针，实时检测 PCR 产物的荧光强度，采用 $2^{-\Delta\Delta Ct}$ 方法分析比较该基因在人类肝癌组织和癌旁肝组织中的表达差异。结果是 44 例原发性 HCC 肝癌组织中 hNTKL-BP1 基因表达水平显著高于癌旁肝组织（$t=2.69$，$P<0.01$），肝癌组织与癌旁肝组织 hNTKL-BP1 基因表达差异和肿瘤大小有一定的相关性（$P=0.028$），hNTKL-BP1 基因可能与肝癌的发生、发展有一定相关性。

李红艺等 2008 年运用实时荧光定量 RT-PCR 方法检测 BAALC 基因在 48 例 NC-AML患者中的表达。结果以 48 例 NC-AML 患者骨髓 BAALC基因中位表达为界，分为高表达（n=26）和低表达（n=22）组。BAALC 高表达组与低表达组相比，患者的年龄、性别、血红蛋白量、血小板计数、外周血及骨髓中原始细胞比例差异无显著性；BAALC高表达组外周血高白细胞、FAB 分型中 M0 和 M1 及 CD34 表达率较低表达组高；BAALC高表达组完全缓解率（CR）58% 较低表达组 CR87% 差异有显著性（$P<0.05$）；BAALC高表达组复发率 42% 较低表达组复发率 19% 差异有显著性（$P<0.05$）。证明 BAALC 基因高表达是 NC-AML 患者预后不良的分子标志。郭剑锋等 2008 年应用荧光定量反转录 PCR（FQ-PCR）技术检测 40 例喉鳞状细胞癌及 10 例癌旁正常组织中 Skp2 mRNA拷贝数，并分析其与临床相关因素的关系。结果：40 例喉鳞状细胞癌 Skp2 mRNA 中位拷贝数为 6622.54 个/μgRNA，10 例癌旁正常组织为 0 个/μg RNA，两组差异有统计学意义（$P<0.01$）；喉鳞状细胞癌和癌旁正常组织 Skp2 mRNA 阳性表达率分别为 50% 和 0，差异有统计学意义（$P<0.01$）。喉鳞状细胞癌中颈淋巴结转移组 Skp2 mRNA 中位拷贝数为 617 138.4 个/μg RNA，颈淋巴结无转移组为 0 个/μg RNA，两组差异有统计学意义（$P<0.05$）；喉鳞状细胞癌中颈淋巴结转移；喉鳞状细胞癌组和颈淋巴结无转移组 Skp2 mRNA 阳性表达率分别为 100.00% 和 35.48%，差异有统计学意义（$P<0.01$）。结论：SKP2 基因可能与喉鳞状细胞癌颈淋巴结转移有关。

吴斌文等采用实时荧光定量 PCR 检测结直肠癌组织与对应癌旁组织hPTTG1 mRNA，并分析其与临床病理指标的关系。结果：结直肠癌组织 hPTTG1 mRNA 表达较正常癌旁组织显著增高（0.42±0.07vs 0.03±0.01，$P<0.001$）。hPTTG1 mRNA 与肿瘤大小、血清 CEA 水平有关，肿瘤直径≥3.5cm 较<3.5cm 显著增高（15.80±8.80vs 10.91±5.22，$P<0.05$），血清 CEA>5ng/mL 较<5ng/mL 显著增高，因此可用 hPTTG1 的 mRNA 作为结直肠癌诊断和转移复发的分子标志。周文鹏等 2008 年用实时荧光定量 PCR 检测 56 例大肠癌组织及癌旁正常组织 IL-8 mRNA 表达，分析 IL-8 mRNA 表达与大肠癌临床病理因素之间的关系。结果：癌组织和癌旁正常组织 IL-8m RNA 表达有显著差异（1.106±0.420 vs 0.792±0.374，$P<0.05$），癌组织 IL-8 mRNA 表达与淋巴结转移、组织学类型、血管侵犯、肝转移及肿瘤病理分期密切相关，与肿瘤部位、肿瘤大小、及患者的性别和年龄等无关。结论：IL-8 高表达同大肠癌生物学行为密切相关，可能与大肠癌的发生、发展及预后有关。

张磊等 2008 年提取 L-02、BEL 及 BEL/ADM 细胞的总 RNA，利用实时荧光定量 PCR法检测 MRP2、MRP3、MRP5 基因的表达水平。结果 MRP2 基因在 BEL/ADM 细胞中的表达量明显高于在 L-02、BEL 细胞中的表达（$P=0.000$），而其在 L-02、BEL 两种细胞中的表达没有显著性差异（$P=0.468$）；MRP3、MRP5 基因表达量在 L-02、BEL、BEL/ADM 三种细胞中均有显著性差异（$P=0.000$）。结论 MRP2 可能参与了肝癌的内在性耐药，而 MRP3、MRP5 可能与肝癌的获得性耐药有关。张淑坤等 2006 年研究少突胶质细胞肿瘤染色体 1p/19q 杂合性缺失（LOH）情况。方法采用即时荧光定量 PCR微卫星分析技术对 28 例少突胶质细胞肿瘤进行染色体 1p/19qLOH 检测。结果 28 例少突胶质细胞肿瘤染色体中有 24 例（85.7%）发生 1pLOH；有 18 例（64.3%）发生 19qLOH；有 17 例（60.7%）发生 1p/19q 联合性 LOH；25 例有 1p 或 19qLOH。结论即时荧光定量 PCR微卫星分析技术特异性高、方便快捷，可以用于石蜡包埋组织标本染色体杂合性缺失的检测。大多数少突胶质细胞肿瘤发生了 1p/19qLOH。

（二）动物基因的表达

王建英等采用实时荧光定量 PCR 的方法，以 SYBR Green 为荧光染料，梯度稀释的重组质粒为模板制作标准曲线，并以此方法分析了小鼠卵母细胞减数分裂成熟过程中 Mad2 mRNA 表达的动态变化。结果：建立了实时荧光定量检测方法分析小鼠卵母细胞中 Mad2 mRNA 的表达，该方法灵敏、特异，扩增效率接近 100%。进行了标准曲线的制作，以及对目的基因 Mad2 转录水平的绝对定量。结论：实时荧光定量 PCR 是检测基因表达水平的理想选择，在小鼠卵母细胞减数分裂成熟过程中 Mad2 mRNA 表达存在动态变化。沈炜等 2007 通过实时荧光定量 PCR（RTQ-PCR）技术定量分析转化生长因子 β 受体Ⅰ，（TβR-Ⅰ）和受体Ⅱ（TβR-Ⅱ）基因在正常成年大鼠视网膜中的表达，探讨 TGF-β 及其受体在维持正常视网膜稳态和视网膜增生性病变中的作用机制。宁章勇等 2007 年利用实时荧光定量 RT-PCR 技术，对不同年龄金黄地鼠大脑、小脑、丘脑和脑干 PrP 基因的表达进行了定量。结果发现，脑的四个检测部位都呈现高的表达量，但是同一年龄段不同组织每纳克总 RNA 中朊蛋白基因的表达量和每毫克组织中朊蛋白基因的表达量有显著的差别，不同组织在不同年龄出现表达高峰。本研究的结果对于探讨朊蛋白的基本功能和脑组织在传染性海绵状脑病病理发生中的作用，提供了基础数据。唐中林等 2008 年建立了猪 IGF2 基因的 SYBR　Green 荧光定量 PCR 方法，并利用此方法分析该基因在通城猪（脂肪型）和长白猪（瘦肉型）妊娠 33d、65d 和 90d 胚胎骨骼肌中的表达。结果表明，建立的 SYBR　Green 荧光定量方法可以有效地用于 IGF2 的表达分析。IGF2 基因在两品种中都以妊娠 65d 时表达水平最高，呈波浪式表达模式。在所研究的 3 个胚胎时期，IGF2 的表达在通城猪中均高于长白猪。钟敏等 2008 年采用荧光定量反转录 PCR（FQ-RT-PCR），在不同的时间点（术前，术后 1d、7d、14d 和 21d）动态检测慢性坐骨神经结扎损伤（CCI）大鼠和对照组大鼠脊髓中 TNFα mRNA 表达；同时记录大鼠机械缩足反射阈值（MWT）变化情况。结果与对照组相比，CCI 大鼠脊髓中 TNFα mRNA 表达在术后 1d 开始升高，至术后 7d 达到高峰，术后 14d 已经下降，术后 21d 基本回到基础水平（$P<0.05$ 或 0.01）。大鼠 MWT 术后 1d 即明显下降，术后 7d 最显著（$P<0.01$），但一直持续至术后 21d（$P<0.01$）。结论：脊髓 TNFα mRNA 的表达变化与大鼠痛觉过敏行为并不完全吻合，TNFα 更多地参与神经病理性疼痛起始环节。朱泽远等 2007 年基于 BIO-RAD iCycler™，利用 SYBR GreenⅠ染料能特异与双链 DNA 结合而发荧光的特性，以已经测序的水稻样品（Nippon bare）为对照，建立一种实时 PCR 方法定量检测中华绒螯蟹基因组大小。整个过程约 120min，PCR 效率为 97.8%，标准曲线为 $y=-3.768x+44.568$，标准曲线的相关系数（R2）为 0.992。结果表明，中华绒螯蟹的基因组大小为 1.72±0.25pg。研究不仅首次报道了中华绒螯蟹的 C 值，还表明基于 SYBR GreenⅠ的定量 PCR 方法可为基因组大小的定量检测提供了一种特异、快速和简便的方法。

（三）植物基因的表达

刘娜等2007年应用荧光定量PCR技术SYBR Green I荧光染料法，对透明颤菌血红蛋白基因vgb在转基因棉花中的表达水平进行相对定量分析，建立了快速检测转基因产品中基因表达量的方法。通过该方法检测出了vgb基因在转基因棉花不同株系里的相对表达量，且表达量有差异。该方法具有灵敏度高、重复性好、定量准确、速度快等特点。

张中保等2007年应用实时定量PCR（real-time quantitative PCR）技术，研究了玉米中10个水分胁迫诱导基因的相对表达量及表达模式。结果表明，在花丝中，除基因Mads和Grp外，其他8个基因均随干旱胁迫程度加重，相对表达强度增加；在幼穗中，除基因Mads外，其他9个基因均随干旱胁迫程度加重，相对表达强度增加。应用实时荧光定量PCR和宏阵列技术的研究表明，在水分胁迫条件下，基因Arf3、Mads、Trx和F15相对表达量较高，可能在玉米应答水分胁迫过程起更重要的作用。赵森等2008年采用荧光定量PCR方法，应用特异性引物，对淹涝胁迫下水稻叶片中低丰度表达的乙醇脱氢酶基因Adh2进行转录水平上的定量分析。实验得到一组基线平整、斜率大、指数区明显的S形荧光曲线。结果显示，在淹涝胁迫前期，Adh2基因表达持续增加，在水淹后8h表达量最大，随后下降。淹涝胁迫能诱导叶片中Adh2基因大量表达，且呈低—高—低的变化趋势。

牛艳梅等2008年以不同成熟阶段的番木瓜果实总RNA为模板，设计引物进行荧光定量PCR。结果：Cp-EXP1基因在不同成熟阶段的番木瓜果实中的表达是有差异的，其表达水平受乙烯调控。结论：Cp-EXP1基因的表达与番木瓜的成熟软化密切相关，其表达分析为研究番木瓜的生长发育及其品种改良打下了良好的基础。

FQ-PCR技术是定量PCR技术的一个飞跃，在生命科学各个领域的应用都非常广泛，但是仍然存在一些问题，如采用标准曲线法进行实时定量时，除少量基因有商品化的标准品销售外，大部分基因的标准品都是由各科研部门自己制备的，没有统一标准，故缺乏可比性；其次，进行相对定量时，内源性参比基因应不受试验条件的影响，各实验室对参比基因的使用选择不尽相同，故合理选择不受试验条件影响的内源性参比基因，对试验结果可靠性非常重要，另外，实时定量试剂和染料价格昂贵，若是再加上制作复孔和标准曲线，试验成本就会更高，因此也限制了它的应用领域。

主要参考文献

陈苏红，张敏丽．2003．荧光定量PCR法检测侧炭疽杆菌．解放军医学杂志，28（3）：268-270

陈压西，黄爱龙，齐珍元，等．2003．鸭乙型肝炎病毒核酸荧光定量PCR方法的建立及应用．重庆医科大学学报，28（1）：36-38

陈玉栋，张楚喻，邹俊煊，等．2003．建立快速定量检测猪瘟兔化弱毒苗的荧光定量PCR技术．中国病毒学，18（2）：124-128

程超，郭爱林，巫国勇，等．2007．实时荧光定量PCR检测原发性肝癌中PRL-2基因的表达．中山大学学报，11（28）：702-705

董嵩，吴一龙，郭爱林，等．2007．荧光实时定量PCR检测非小细胞肺癌达水平的方法组织及外周血中RRM1mRNA表达水平的方法．肿瘤，7（27）：577-581

黄艳萍，王宇明．2001．荧光定量 PCR 与普通 PCR 检测 HBVDNA 的对照分析．第三军医大学学报，23 (8)：992-993

金大智，谢明杰，曹际娟．2003．食品中单增李氏菌实时荧光 PCR 检测鉴定方法的建立．辽宁师范大学学报（自然科学版），1：73-77

李洪敏，王志伟，张霞，等．2008．探讨荧光定量 PCR 在结核菌检测中的应用．临床肺科杂志，13 (11)：1436-1438

刘光明，苏文金，蔡慧农，等．2006．基于分子信标探针的荧光定量 PCR 方法检测转基因食品．应用与环境生物学报，12 (2)：273-277

刘敬忠，谭淑珍，吴燕，等．2001．荧光定量聚合酶链反应检测乙型肝炎病毒 DNA．中华微生物学和免疫学杂志，21 (11)：690-692

刘亚洋，郭志刚，屠燕，等．2006．ABCA1 基因编码区 SNP 检测及 R1587K 与血脂和冠心病的关系．解放军医学杂志，31 (4)：300-302

罗长保，鱼海琼，林志雄，等．2003．应用荧光 RT-PCR 技术检测口蹄疫病毒．中国兽医杂志，39 (12)：31

乔彩霞，张鹤晓，赖平安，等．2008．戊型肝炎病毒荧光定量 RT-PCR 快速检测技术的建立和初步应用．生物工程学报，24 (5)：892-897

宋志军，宋长绪，杨增岐，等．2006．猪生殖与呼吸综合征病毒 TaqMan 荧光定量 RT-PCR 检测方法的建立．中国兽医科学，36 (2)：98-102

王梁燕，洪其华．2004．实时定量 PCR 技术及其应用．细胞生物学杂志，2 (2)：62-67

王晓建，杨旭，宋晓东，等．2007．实时荧光定量 PCR 法检测转基因小鼠拷贝数．中国实验动物学报，03：22-26

王永强，祁小乐，高宏雷，等．2006．鸡传染性法氏囊病病毒实时荧光定量 RT-PCR 检测方法的建立．31 (1)：65-68

王育花，赵森，陈芬，等．2007．利用实时荧光定量 PCR 法检测转基因水稻外源基因拷贝数的研究．生命科学研究，11 (4)：301-305

隗荣华，李淑莉，刘薇，等．2008．荧光定量 PCR 法在丙型肝炎病毒核糖核酸检测中的应用．中西医结合肝病杂志，18 (5)：301-303

温国元，万超，潘兹书，等．2004．应用荧光定量 PCR 技术快速定量检测猪瘟病毒．武汉大学学报（理学版），50 (6)；746-750

徐德顺，胡霞清，纪蕾．2008．食品中沙门菌实时荧光 PCR 快速检测方法的研究．中国预防医学杂志，9 (10)：870-873

徐辉，方立，陈伟杰，等．2008．猪繁殖与呼吸综合征病毒荧光定量 PCR 检测方法的建立．浙江农业学报，20 (5)；328-332

张鹤晓，赖平安，刘环，等．2004．荧光 RT-PCR 检测活禽和禽组织中禽流感病毒的研究．检验检疫科学，14 (1)；1-5

张鹤晓．2003．中强毒力新城疫病毒（NDV）荧光 RT-PCR 检测方法建立及体系优化．检验检疫科学，13 (3)：1-4

张霞，高旗利，罗茂凰，等．2006．实时荧光 PCR 对奶粉中坂崎肠杆菌的检测．中国卫生检验杂志，(2)：214-216

张颖，刘长军，秦运安，等．2007．应用双重实时荧光定量 PCR 方法检测鸡马立克氏病血清 1 型病毒．中国预防兽医学报，29 (1)：46-51

张政，金大智，朱水荣，等．2008．实时荧光定量 PCR 检测 0139 群霍乱弧菌研究．中国卫生检验杂志，8 (18)：1477-1479

朱文斯，赖平安，黄茜华，等．2003．荧光 RT-PCR 快速检测禽流感病毒 H5 亚型的研究．中国医药导刊，5 (1)：27-30

邹文，杨旭．2004．SYBR Green 实时荧光定量聚合酶链反应检测鸭乙型肝炎病毒的研究．中国肝脏病杂志，12 (7)；65

Berrada H，Soriano JM，Picó Y，et al. 2006．Quantification of Listeria monocytogenes in salads by real time quantitative PCR. International Journal of Food Microbiology, 107: 202-206

Bumstead NJ, Rennie M, et al. 1997. Quantification of mareks disease virus in chicken lymphocytes using the polymerase chain reaction with fluorescence detection. J Virol Methods, 65 (1): 75-81

Chandler KJ, Chandler RL, Broeckelmann EM, et al. 2007. Relevance of BAC transgene copy number in mice: transgene copy number variation across multiple transgenic lines and correlations with transgene integrity and expression. Mammalian Genome, 18 (10): 693-708

Christoph E, Barbara T, Luzia L, et al. 2001. Quantitative TaqMan RT-PCR for the detection and differentiation of European and North American strains of porcine reproductive and respiratory ayndrome virus infection. J Virol Meth, 98: 63-75

Engel KH, Moreano F, Ehlert A, et al. 2006. Quantification of DNA from genetically modified organisms in composite andprocessed foods. Trends Food Sci Tech, 17 (9): 490-497

Giulietti A, Overbergh L, Valckx D, et al. 2001. An overview of real-time quantitative PCR applications to quantify cytokineg gene expression. Methods, 25 (4): 386-401

Heid CA, Stevens J, Livak KJ, et al. 1996. Real time quantitative PCR. Genome Res, 6: 986-994

Higuchi R, Fockler C, Dollinger G, et al. 1993. Kinetic PCR analysis: real-time monitoring of DNA amplification reactions. Biotechnology, 11 (9): 1026-1030

Islam A, Harrison B, Cheetham BF, et al. 2004. Differential amplification and quantitation of Marek's disease viruses using real-time polymerase chain reaction. Virol Meth, 119: 103-113

Kaiser P, Underwood G, Davison F. 2003. Differential cytokine responses following Marek's disease virus infection of chickens differing in resistance to Marek's disease. Virol, 77: 762-768

Mark W, Suarez D, Seal B, et al. 2004. Development of a real-time Reverse-Transcription PCR for Detection of Newcastle Disease Virus RNA in Clinical Samples. Journal of Clinical Microbiology, 42 (1): 329-338

Morrison TB, Weis JJ, Wittwer CT. 1998. Quantification of low copy transcript s by continuous SYBR Green Ⅰ monitoring during amplification. Biotechniques, 24 (6): 954-962

Peters MA, Lin TL, Wu CC. 2005. Real-time RT-PCR differentiation and quantitation of infectious bursal disease virus strains using dual-labeled fluorescent probes. J Virol Methods, 127: 87-95

Raue R, Mazaheri A. 2003. Real-time RT-PCR based on genome segment B for the detection of infectious bursal disease virus. Archiv Fur Geflugelkunde, 67: 22-27

Rueckert A, Ronimus RS, Morgan HW. 2005. Development of a rapid detection and enumeration method for thermophilic bacilli in milk powders. Journal of Microbiological Methods, 60: 155-167

Sreedevi B, Jackwood DJ. 2007. Real-time RT-PCR detection and sequence analysis of the VP2 hypervariable region of Indian vvIBDV isolates. Avian Dis, 51: 750-757

Thiery R, Boutin P, Arnauld C, et al. 1994. Pseudorabies virus latency: a quantitative approach by polymerase chain reaction. Acta Veterinaria Hungarica, 42 (2): 277-287

第二章　环介导等温扩增技术及其应用

核酸扩增是分子生物学中最常用的方法之一，目前核酸扩增的方法很多，如聚合酶链反应（PCR)、依赖核酸序列扩增（nucleic acid sequence-based amplification，NASBA)、自主序列复制（self-sustained sequence replication，3SR）以及链置换技术（strand displacement amplification，SDA)，这些方法都能将微量样本进行快速扩增，但都在特异性、简便程度、温度和试剂仪器等方面有较高的要求。

随着分子生物学技术的发展和对传统核酸扩增技术的改进，Notomi 等（2000）发明了一种新的核酸扩增技术，即环介导等温扩增（loop-mediated isothermal amplification，LAMP)。该技术的特点是针对靶基因的 6 个区域设计 4 种特异引物，利用一种链置换 DNA 聚合酶（Bst DNA polymerase）在恒温条件（65℃左右）保温几十分钟，即可完成核酸扩增反应，直接依靠扩增副产物焦磷酸镁沉淀的浊度进行判断是否发生反应，短时间扩增效率可达到 10^9～10^{10} 个拷贝。扩增反应不需要模板的热变性、长时间温度循环、繁琐的电泳、紫外观察等过程。目前，国外已有较多的此类报道，并建立了专门的官方网站（http://loopamp.eiken1co.jp/e/tech/index.htm)。现在人们在不断对 LAMP 技术进行改进，已逐步应用于疾病基因诊断、性别判定、食品分析和环境监测等领域。

第一节　环介导等温扩增法的原理

环介导等温扩增法是针对靶基因的 6 个区域，设计 4 条特异性引物，利用一条链置换 Bst DNA 聚合酶，在恒温 65℃左右反应 1h。同一链上的一组引物迅速的复性到靶区域。Bst DNA 聚合酶有链置换活性，在其作用下，后阶段复性的引物置换前面引物所形成的链。置换发生在两条链上，对引物设计的要求是能形成环状结构。反应在恒温条件下进行，链的变性是由链置换产生的。LAMP 反应形成一系列不同长度茎环结构的 DNA，再通过特定的方法判断扩增与否。由于 4 条引物杂交到目标 DNA 的 6 个不同区域而使得反应高度特异。

扩增原理：DNA 在 65℃左右处于动态平衡状态，任何一个引物向双链 DNA 的互补部位进行碱基配对延伸时，另一条链就会解离，变成单链。在链置换型 DNA 聚合酶的作用下，以 FIP 引物 F2 区段的 3′端为起点，与模板 DAN 互补序列配对，启动链置换 DNA 合成。F3 引物与 F2C 前端 F3C 序列互补，以 3′端为起点，通过链置换型 DNA 聚合酶的作用，一边置换先头引物合成的 DNA 链，一边合成自身 DNA，如此向前延伸。最终 F3 引物合成而得的 DNA 链与模板 DNA 形成双链。由 FIP 引物先合成的 DNA 链被 F3 引物进行链置换产生一单链，这条单链在 5′端存在互补的 F1C 和 F1 区段，于是发生自我碱基配对形成环状结构。同时，BIP 引物同该单链杂交结合，以 BIP

引物的 3′端为起点，合成互补链，在此过程中环状结构被打开。接着类似于 F3，B3 引物从 BIP 引物外侧插入进行碱基配对，以 3′端为起点，在聚合酶的作用下合成新的互补链。通过上述两过程，形成双链 DNA。而被置换的单链 DNA 两端存在互补序列，自然发生自我碱基配对，形成环状结构，于是整条链呈现哑铃状结构。该结构是 Lamp 法基因扩增循环的起始结构。至此为止的所有过程都是为了形成 Lamp 法基因扩增循环的起点结构（图 2-1）。

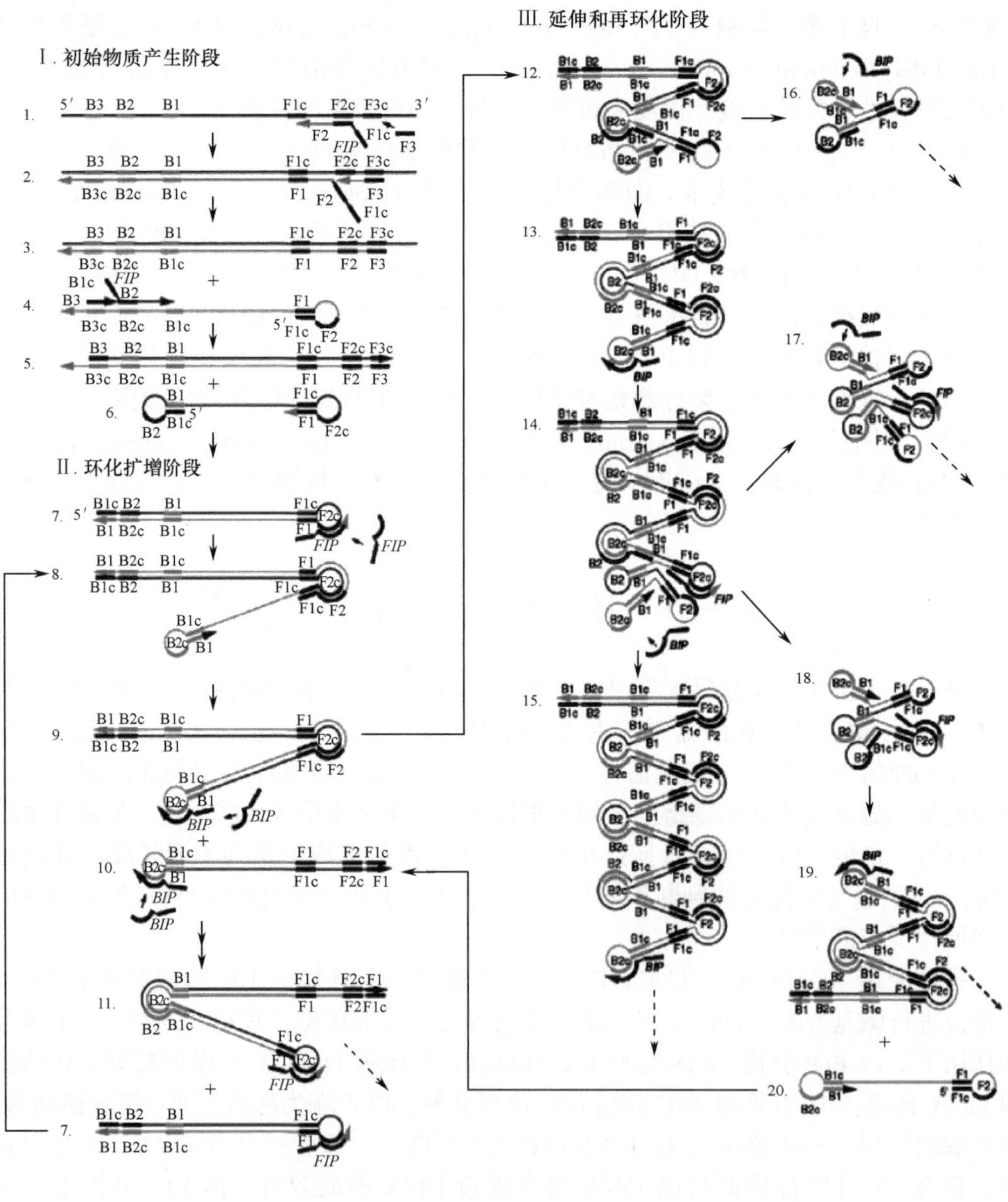

图 2-1　LAMP 反应靶序列的 6 个特异性区域及引物

Lamp 法基因扩增循环首先在哑铃状结构中，以 3′端的 F1 区段为起点，以自身为模板，进行 DNA 合成延伸。与此同时，FIP 引物 F2 与环上单链 F2C 杂交，启动新一轮链置换反应。解离由 F1 区段合成的双链核酸。同样，在解离出的单链核酸上也会形成环状结构。在环状结构上存在单链形式 B2C，BIP 引物上的 B2 与其杂交，启动新一轮扩增。经过相同的过程，又形成环状结构。通过此过程，结果在同一条链上互补序列周而复始形成大小不一的结构。

第二节 引物设计及操作步骤

一、引物设计

与一般的 PCR 相比，LAMP 的引物设计是一项复杂的程序，但是引物设计恰恰是 LAMP 法实现扩增的关键所在。LAMP 最少需要 4 条引物，分别是正向内引物 FIP、正向外引物 F3、反向内引物 BIP、反向外引物 B3。正向内引物 FIP 包含 F1C 区段（同靶基因的 F1C 区段完全相同）、TTTT 连接子和 F2 区段（同靶基因的 F2C 区段完全互补）；正向外引物 F3 同靶基因的 F3C 区段完全互补；反向内引物 BIP 包含 B1C 区段（同靶基因的 B1C 区段完全相同），TTTT 连接子和 B2 区段（同靶基因的 B2C 区段的完全互补）；反向外引物 B3 同靶基因的 B3C 区段完全互补。LAMP 的引物设计规则与 PCR 相似，但是比传统的 PCR 复杂，其引物设计主要遵循以下原则：

（1）引物间的距离：F2 与 B2 之间的碱基数约为 120～180 个；F2 与 F3 或者 B2 与 B3 间的碱基数为 20 个以内；F2 与 F1 或者 B2 与 B1 之间碱基数为 40～60 个。

（2）引物的 T_m：一般情况下 T_m 为 55～65℃。

（3）GC 含量与二级结构：GC 含量约 50%～60%。尽量避免二级结构的产生，尤其是 3′端。此外还要注意 3′端不可出现富 AT 结构。

（4）引物末端的稳定性：F1C 与 B1C 的 5′端，F2/B2、F3/B3 的 3′端 6 个碱基的 dG 值要小于 −4kal/mol。

二、反应体系

标准的反应体系含有具链置换活性的 Bst DNA 聚合酶、dNTP、缓冲液、引物、模板 DNA。模板 DNA 首先在 95℃加热 5min 预变性，然而在检测对虾白斑综合征病毒（white spot syndrome virus，WSSV）时发现，模板 DNA 不经过热变性也能取得较好的结果，这与 Nagamine 等（2002）实验结果相同。LAMP 反应在 60～65℃进行 45～60min，然后 80℃加热 2min 终止反应。常用的反应体系（20 或者 25μL）包括：40pmol/L FIP、BIP；5pmol/L F3、B3；1.4mmol/L dNTP；0.8mmol/L Betaine；0.1% Tween 20；10 mmol/L $(NH_4)_2SO_4$；8mmol/L $MgSO_4$；10mmol/L KCl；20mmol/L Tris-HCl（pH 8.8）；8U Bst DNA 聚合酶。

三、结果判断

(1) 目视检测　在 LAMP 扩增过程中从 dNTP 析出的焦磷酸盐和体系中的 Mg^{2+} 结合，生成大量的反应副产物焦磷酸镁从而产生白色沉淀，使反应体系成白色混浊状，具有极高的特异性，故可以直接通过肉眼观测是否形成白色沉淀（或混浊）来定性判断扩增反应是否发生。

(2) 实时检测　Mori 等（2001）发现反应的副产物焦磷酸镁和反应产物 DNA 的量呈线性关系，并且焦磷酸镁沉淀在 400nm 处有吸收峰，因此，通过实时监测沉淀的形成量就能推算出反应中 DNA 的合成量。2004 年 Moil 又利用 LAMP 这个反应特性设计了一种实时检测装置，对反应进行实时定量检测，并进而改进开发了一种浊度实时检测仪。

(3) 电泳检测　LAMP 法的扩增产物是各种不同长度的茎-环状结构，通过琼脂糖电泳检测成梯形状条带。本文作者认为电泳技术对 LAMP 反应产物的检测没有太大的实际意义。

(4) 荧光探针标记　为了使 LAMP 反应结果更加可视化，Mori 等通过加入带有不同荧光素的特异性探针，其与反应产物发生特异性结合，在反应结束后加入的阳离子聚合物聚乙烯亚胺（polyethylene-mine，PEI），使 PEI 和带有探针的反应产物形成不溶性的 LAMP 产物——PEI 聚合物，从而释放出和探针相对应的荧光，在普通的荧光激发装置下可以用肉眼进行观察。

第三节　环介导等温扩增技术的应用

我国是渔业生产大国，2007 年水产养殖面积 563.321 万公顷和产量 3278.3 万吨均位居世界第一。但是近年来，水产养殖病害普遍加重，严重威胁着水产养殖业健康发展以及环境和食品安全，现有的一些常规病原微生物检测方法由于其耗时费力、步骤繁琐等不足之处，已经愈来愈跟不上人类对致病微生物快速、简易、高特异性的鉴定要求。

LAMP 方法的出现和应用对于快速诊断鉴定水生动物病原微生物不但具有重要的理论意义，而且对生产实践具有重要的应用价值。从实际出发，克服了以往核酸扩增反应的多种不足，显示出其独特的应用优势。LAMP 法操作简单，仪器设备只需要一个恒温水浴锅即可，费用低、耗时短，只要 1h 左右即可完成扩增反应。反应产物可以直接通过肉眼观察，因此更加适用于实际诊断。LAMP 方法虽然是分子生物学领域中刚出现的技术，但是作为一种有效的研究手段，已经显示出非常广阔的发展前景，为开发出方便、快捷、实用的 LAMP 检测试剂盒，用于水生动物病原微生物的快速诊断奠定了坚实基础。

一、细菌检测

水生动物病原菌的快速检测一般采用ELISA、单克隆抗体、核酸杂交、PCR技术等（战文斌等，2000；雷霁霖，2005）。现在已有用LAMP法检测水产动物和水产养殖环境中病原菌的报道。Maruyama等（2003）首次采用LAMP方法检测海岸环境中的大肠杆菌（Escherichia coli），通过原位法检测stx基因，取得了理想的结果。首次用LAMP法检测的水产动物病原菌是迟钝爱德华氏菌（Edwardsiella tarda），Savan等（2004）根据迟钝爱德华氏菌的溶血素基因序列设计4条引物，成功地扩增了迟钝爱德华氏菌的溶血素基因，检测出牙鲆体内感染的以及养殖水体中的迟钝爱德华氏菌。将LAMP法和PCR方法的灵敏性进行比较，结果发现LAMP法对迟钝爱德华氏菌的最低检测极限为10CFU/mL，比PCR法灵敏100倍。随后，有报道采用LAMP技术对鲇鱼爱德华杆菌（E. ictaluri）（Yeh et al，2005）、诺卡氏菌（Nocardia seriolae）（Itano et al，2006）、柱状黄杆菌（Flavobacterium columnare）（Yeh et al，2006）等病原菌进行了检测，其特异性强，灵敏度高，都是PCR法无法相比的。

二、病毒检测

相对于病原菌的检测和诊断，水生动物病毒则复杂得多，常用的方法有组织病理切片、电镜、Western blot、ELISA、单克隆抗体、PCR和基因芯片技术等，但是这些方法繁琐、费时，试验仪器要求较高，限制了在快速检测中的应用（任伟成等，2007；许拉等，2008）。LAMP法操作简单，仪器设备只需要一个恒温水浴锅即可，费用低、耗时短，只要1h左右即可完成扩增反应；反应产物可以直接通过肉眼观察，在水生动物病毒的检测上具有很好的发展前景。

Kono等（2004）采用LAMP方法检测了日本囊对虾的WSSV，检测极限可达10fg，而采用nested-PCR法的检测极限则为100fg，其灵敏度提高10倍。Sun等（2006）采用LAMP法检测传染性皮下及造血组织坏死病毒，灵敏度比PCR法高100倍。借助LAMP反应产生的核酸量和白色混浊度有相关性的特点，Caipang等（2004）用LAMP方法定量检测真鲷感染虹彩病毒的数量，LAMP法的灵敏度是PCR法的10倍。

应用反转录PCR（RT-PCR）诊断RNA病毒已经被广泛应用，然而RT-PCR检测成本较高，反应时间较长，反应效率较低。随着LAMP技术的不断发展，反转录LAMP（RT-LAMP）也被发展应用起来。目前已经应用RT-LAMP检测的水生动物RNA病毒有鱼的传染性造血器官坏死病毒（Gunimaladevi，2005）、病毒性出血性败血症病毒（Soliman，2006）；虾的黄头病毒（yellow head virus，YHV）（Mekata，2006）、诺达病毒和小病毒颗粒（Pillai，2006），结果发现RT-LAPM灵敏度比PCR普遍高10倍。

三、寄生虫检测

寄生虫感染也是水生动物中一种严重的疾病，据统计 2005 年我国近 40% 的淡水养殖动物疾病是由寄生虫感染引起的。目前，LAMP 方法也发展用来检测水产动物中的寄生虫感染，如黏液孢子虫（Myxobolus cerebralis）(El-Matbouli，2005a，b)，以及引起增生性肾脏病（Proliferative kidney disease，PKD）的孢子虫纲寄生虫（Tetracapsuloides bryosalmonae）(El-Matbouli and Soliman，2005)。

尽管 LAMP 具有恒温高效、灵敏、操作简便、结果判别简单以及费用低等优点，但任何方法都不可能是完美无缺的，其自身方法上的优点有时又是其无法逾越的障碍，LAMP 法也不例外，除了上述所提及的多种优点外，也存在一些不足之处，如引物设计比传统的 PCR 反应复杂，要求也高，而且其产物是复杂的茎-环结构，较难分离出单链 DNA；LAMP 法扩增的靶序列长度也相应较短，一般控制在 300bp 以下，其结果也只有两种——扩增和不扩增，扩增与否只是通过扩增产物的有无来判断，一旦发生非特异性扩增，则很难鉴别。

主要参考文献

任伟成，王崇明，李赟．2007．荧光实时定量 PCR 技术及其在水产养殖研究中的应用．海洋水产研究，28 (6)：97-103

许拉，黄倢，杨冰．2008．病原检测基因芯片应用及在水产病害检测的前景．海洋水产研究，29 (1)：109-114

雷霁霖．2005．海水鱼类养殖理论与技术．北京：中国农业出版社

战文斌，铃木信一．2000．聚合酶链反应（PCR）检测养殖对虾的白斑病病毒（WSSV）感染．中国水产科学，7 (1)：51-54

Caipang CM，Haraguchi I，Ohira T，et al. 2004．Rapid detection of a fish iridovirus using loop-mediated isothermal amplification (LAMP)．J Virol Methods，121 (2)：155-161

El-Matbouli M，Soliman H. 2005a．Development of a rapid assay for the diagnosis of Myxobolus cerebralis in fish and oligochaetes using loop-mediated isothermal amplification. J Fish Dis，28 (9)：549-557

El-Matbouli M，Soliman H. 2005b．Rapid diagnosis of Tetracapsuloides bryosalmonae，the causative agent of proliferative kidney disease (PKD) in salmonid fish by a novel DNA amplification method，loop-mediated isothermal amplification (LAMP)，Parasitology Res，96 (4)：277-284

Gunimaladevi I，Kono T，Lapatra SE，et al. 2005．A loop-mediated isothermal amp lification (LAMP) method for detection of infectious hematopoietic necrosis virus (IHNV) in rainbow trout (Oncorhynchus mykiss)．Arch Virol，150 (5)：899-909

Itano T，Kawakam IH，Kono T，et al. 2006．Detection of fish nocardiosis by loop-mediated isothermal amplification. J Appl Microbiol，100 (6)：1381-1387

Kono T，Savan R，Sakai M，et al. 2004．Detection of white spot syndrome virus in shrimp by loop-mediated isothermal amplification. J Virol Methods，115 (1)：59-65

Maruyama F，Kenzaka T，Yamaguchi N，et al. 2003．Detection of bacteria carrying the stx2 gene by in situ loop-mediated isothermal amplification. Appl Environ Microbiol，69 (8)：5023-5028

Mekata T，Koto T，Savan R，et al. 2006．Detection of yellow head virus in shrimp by loop-mediated isothermal amplification (LAMP)．J Virol Methods，135 (2)：151-156

Mori Y，Nagamine K，Notomi T，et al. 2001．Detection of Loop-Mediated Isothermal Amplification Reaction by Turbidity Derived from Magnesium Pyrophosphate Formation. Biochem Biophys Res, 23 (11): 150-154

Nagamine K, Hase T, Notomi T. 2002. Accelerated reaction by loop-mediated isothermal amplification using loop primers. Mol Cell Probes, 16 (3): 223-229

Notomi T, Okayama H, Masubuchi H, et al. 2000. Loop-mediated isothermal amplification of DNA. Nucleic Acids Res, 28: 63

Pillai D, Bonami JR, Widada JS. 2006. Rapid detection of Macrobrachium rosenbergii nodavirus (MrNV) and extra small virus (XSV), the pathogenic agents of white tail disease of Macrobrachium rosenbergii (DeMan), by loop-mediated isothermal amplification. J Fish Dis, 29 (5): 275-283

Savan R, Igarashi A, Matsuoka S, et al. 2004. Sensitive and rapid detection of Edwardsiellosis in fish by a loop-mediated isothermal amplification method. Appl Environ Microbiol, 70 (1): 621-624

Soliman H, El-Matbouli M. 2006. Reverse transcription loop-mediated isothermal amplification (RT-LAMP) for rapid detection of viral hemorrhagic septicaemia virus (VHS). Vet Microbiol, 114 (3-4): 205-213

Sun ZF, Hu CQ, Ren CH, et al. 2006. Sensitive and rapid detection of infectious hypodermal and hematopoietic necrosis virus (IHHNV) in shrimps by loop-mediated isothermal amplification. J Virol Methods, 131: 41-46

Yeh HY, Shoemaker CA, Klesius PH. 2005. Evaluation of a loop-mediated isothermal amplification method for rapid detection of channel catfish Ictalurus punctatus important bacterial pathogen Edwardsiella ictaluri. J Microbiol Methods, 63 (1): 36-44

Yeh HY, Shoemaker CA, Klesius PH. 2006. Sensitive and rapid detection of Flavobacterium columnare in channel catfish Ictalurus punctatus by a loop-mediated isothermal amplification method. J Appl Microbiol, 100 (5): 919-925

第三章　焦磷酸测序技术及其应用

DNA 序列分析技术是现代生命科学研究的核心技术之一。自 1975 年，英国生物化学家 Frederick Sanger 建立 DNA 测序技术以来，至今已有 30 余年的历史。在此期间，DNA 测序技术日新月异，取得了令人瞩目的进展。

第一节　焦磷酸测序技术的产生及其发展

一、测序技术的发展现状

20 世纪 90 年代初，所有的 DNA 测序操作几乎无一例外地全部采用半自动化毛细管电泳 Sanger 测序法。基于 Sanger 法在分析未知 DNA 序列上的优势，其单向反应的读序长度至今尚无其他方法可以企及。如今经过 30 年的不断发展与完善，Sanger DNA 测序技术现在已经可以对长达 1000bp 的 DNA 片段进行测序，并且对每一个碱基的读取准确率高达 99.999%。

Sanger 测序法的原理非常简单，一般情况下，只要待测序模板片段——质粒或 PCR 产物制备得当，基于 Sanger 测序法的测序仪会自动进行"循环测序"反应（图 3-1）。在每一轮测序反应的引物延伸步骤中，该法会随机引入四种不同颜色荧光分别标记的 ddNTP（ddATP、ddTTP、ddGTP、ddCTP）以终止延伸反应。这样就形成了大量末端被荧光标记的、长短不一（终止位点不同）的延伸产物。接着再用高分辨率的毛细管凝胶电泳分离这些延伸产物，通过对延伸产物末端四种不同荧光颜色的区分，计算机软件就可以自动"读出"DNA 序列。

随着市面上新一代测序仪产品的出现，新的测序策略——循环芯片测序法（cyclic-array sequencing）也进入了测序技术领域。这种测序技术被称为"新一代测序技术或者第二代测序技术"。其中具备典型代表的为美国 Roche Applied Science 公司的 454 基因组测序仪、美国 Illumina 公司和英国 Solexa technology 公司合作开发的 Illumina 测序仪、美国 Applied Biosystems 公司的 SOLiD 测序仪、Dover/Harvard 公司的 Polonator 测序仪以及美国 Helicos 公司的 HeliScope 单分子测序仪等。

所谓循环芯片测序法，简言之就是对布满 DNA 样品的芯片重复进行基于 DNA 的聚合酶反应（模板变性、引物复性杂交及延伸）以及荧光序列读取反应。2005 年，有两篇论文曾对这种方法做出过详细介绍。与传统测序法相比，循环芯片测序法具有操作更简易、费用更低廉的优势，于是很快就获得了广泛的应用。

尽管这些新一代测序仪以及芯片的实际制作过程似乎都和传统的测序方法有很大的不同，但实际上它们背后的原理和技术都是非常相似甚至是相同的。新一代测序法首先也是将基因组 DNA 随机切割成小片段 DNA 分子，然后在体外给这些小片段分子的末端连接上接头制成文库，也可以使用配对标签（mate-paired tag）制成跨步文库（jumping libraries）。随后可以通过原位 polony（in situ polony）、微乳液 PCR（emulsion PCR）或桥式 PCR（bridge PCR）等方法获得测序模板。

上述方法还有一个共同点，那就是任何一个小片段 DNA 分子的 PCR 扩增产物都是在空间上聚集的：原位 polony 法和桥式 PCR 法中所有的产物都集中在平板的某处，在微乳液 PCR 法（emulsion PCR）中所有的产物都集中在微珠的表面。真正的测序反应本身和传统测序法一样，是由重复的聚合酶促反应和最后的荧光读取分析反应组成。在该节我们所讨论的所有测序仪都是使用合成测序法（sequencing by synthesis），即通过聚合酶或连接酶不断地延伸引物获得模板序列，最后对每一轮反应的结果进行荧光图像采集、分析，获得序列结果。

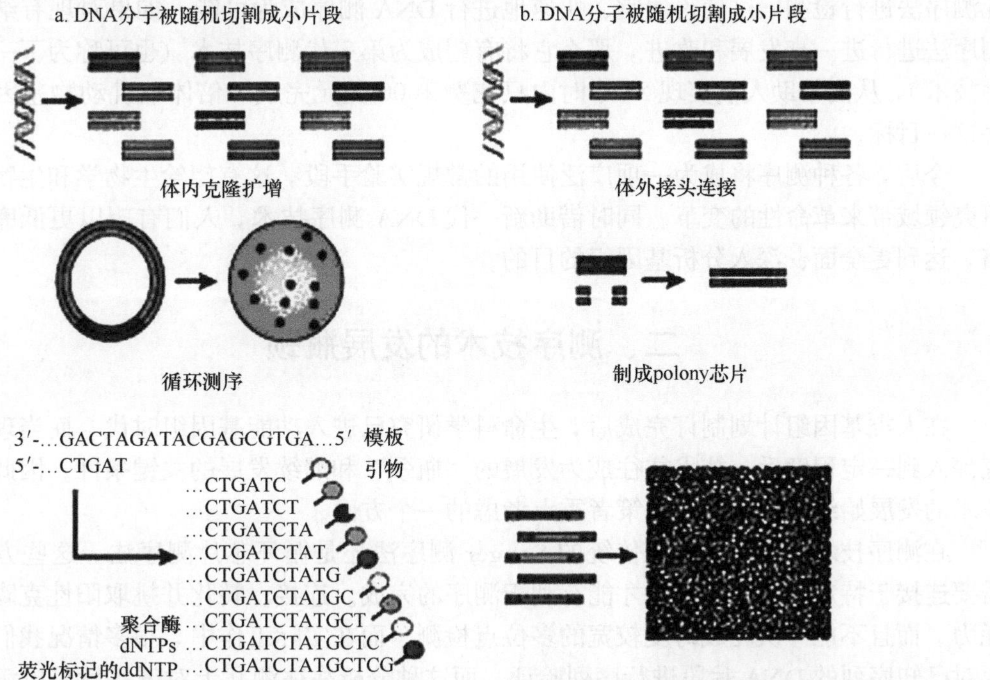

图 3-1 传统的 Sanger 测序法及新一代 DNA 测序技术工作流程图

目前，以 Sanger 法为代表的 DNA 测序技术已广泛应用于生物学研究的各个领域，在很多情况下，大量生物学问题都可以借助高通量 DNA 测序技术予以解决。过去 3 年，大规模平行测序平台（massively parallel DNA sequencing platform）也已经发展为主流的测序技术，这项测序技术的出现不仅令 DNA 测序费用降到了以前的百分之一，还让基因组测序这项以前专属于大型测序中心的“特权”能够被众多研究人员分享。

然而，新的测序技术及手段仍在不断涌现，比如最新的进展就包括建立序列数据库、建立序列数据分析新方法以及设计测序试验等等。最近，以新型纳米孔测序法（nanopore sequencing）设想为代表的测序技术也初露端倪（Shendure and Ji，2008）。新型纳米孔测序法是采用电泳技术，借助电泳驱动单个分子逐一通过纳米孔来实现测序的（Clarke et al.，2009）。由于纳米孔的直径非常细小，仅允许单个核酸聚合物通过，因而可以在此基础上使用多种方法来进行高通量检测。此外，纳米级别的孔径保证了检测具有良好的持续性，所以测序的准确度非常高。对于长达 1000 个碱基的单链 DNA 分子、RNA 分子或者更短的核酸分子而言，根本无需进行扩增或标记就可以使用纳米孔测序法进行检测，这使得便宜、快速地进行 DNA 测序成为可能。如果对现有纳米孔测序法进行进一步发展和改进，那么它将有望成为第三代测序技术（也可称为下一代测序技术），从而帮助人们实现 24 小时内只花费 1000 美元完成二倍体哺乳动物基因组测序这一目标。

今后，各种测序将成为一项广泛使用的常规实验手段，这有望给生物学和生物医学研究领域带来革命性的变革。同时借助新一代 DNA 测序技术，人们有望以更低廉的价格，达到更全面、深入分析基因组的目的。

二、测序技术的发展瓶颈

在人类基因组计划制订完成后，生命科学研究已进入功能基因组时代，而当理论研究深入到一定程度后，技术往往成为发展的“瓶颈”和继续发展的关键条件。因此，新技术的发展始终是科学家和决策者重点考虑的一个方面。

在测序技术领域，无论是传统的 Sanger 测序法还是循环芯片测序法，这些方法都需要连接于特定的测序载体上才能有利于测序的完成。连接、转化并挑取阳性克隆费时耗力，而且不能一次完成跨度较宽的多位点检测。而在实际工作中，很多情况我们只需要对已知序列的 DNA 片段进行序列验证，而这种分析往往测几十对碱基就可以满足需要。在这种情况下，传统的 Sanger 法未必是最合适的 DNA 序列分析技术。

与此同时，大量信息数据的产生也限制了传统测序技术更加广泛的应用。比如过去，研究人员使用 Applied Biosystems（ABI）公司的 3730XL 毛细管电泳测序仪进行基因分析，每年至多能完成 6×10^7 个碱基的测序量。随着测序技术日新月异的发展，这种情况已经成为历史。在 2005 年刚刚开始进行新一代测序技术开发时，Roche 公司和 454 公司联合开发的测序仪，其分析速度就已经达到了上述提及的 ABI 仪器速度的 50 倍之上。也就是从那时起，因基因数据过多而产生的问题凸显了出来，而且这个问题随着更多更快的测序仪被开发出来而愈加严重。比如，ABI 的新一代测序平台SOLiD（supported oligonucleotide ligation and detection）单次运行，便可以分析 6Gb 的碱模体列；而 Roche/454 测序仪单次运行可以将上述结果转换成 12～15Gb 的数据信息；Illumina Genome Analyzer（GAII）测序系统仅在两个小时的运行时间里，就得到 10

兆兆字节（terabytes）的信息。尽管对于像Applied Biosystems这样的制造商而言，可以为用户提供高达11.25Tb的存储量，但对于多数实验室所具有的信息管理系统来说，规模如此庞大的数据信息，就好像是迎面而来的洪水，让人感到难以控制。

过量信息所带来的另一个副作用还在于，用户无法将初始图像数据进行分类存档，而必须交给相关公司，利用软件对数据进行读取，然后才能对数据进行保存。对于大多数研究人员来说，像这样在每次实验后对原始数据进行处理的方式既繁琐又不经济。与花费上万美元对每一段序列进行备份分析相比，对每一次测序结果进行重新测定显然是一个更简单、更便宜的选择。

除数据处理问题之外，研究人员还需要拥有一个足够强大的计算机平台，以便于多个短小基因片段进行组合，形成基因组外显子。目前问题在于，测序仪生产商仅仅提供用于某些特定基因信息分析的软件，如靶标重测序、基因表达分析、染色质免疫沉淀反应或基因组从头测序等，而并未提供任何其他类型的下游生物学信息分析软件。而研究界却越来越熟悉这些测序平台对循证生物学的巨大潜力，这也就产生了新的研究问题以及全新类型的试验方法，而这单凭依赖目前的生物学信息是无法满足的。

因此，如果能够将数据格式与不同测序平台获得的结果进行比较。并将所得的统计数字进行标准化，无疑具有重大的意义。比如建立一个微阵列定性分析小组（microarray quality control consortium），这不仅可以对不同的技术结果进行比较，而且还可以将新技术结果与DNA微阵列或定量PCR进行比较。从这个角度看，SOLiD软件研发公司（http://solidsoftwaretools.com/gf/）在开放源码许可证下，开发软件分析工具，无疑是朝着正确的方向迈进了一步。它不仅给生物信息学领域提供了支持，而且为其开发新的算法拓展了领域。

综合以上各类因素，不难发现，新一代测序平台在近几年内，仍然会局限于少数实验室及研究者，而大多数缺少能够对基因信息进行进一步分析的实验室则无法从新测序技术中获益。对大多数实验室而言，即使新一代的测序平台能够提供更多的信息，DNA微阵列分析仍然是一个相对便宜的选择。例如，在转录分析中，虽然新一代测序结果不仅能给出具有很大动态范围的基因丰度信息，同时还可提供剪切变异信息以及SNP数据，但是这些数据结果都需要进行不同的DNA微阵列分析才能获得。

三、焦磷酸测序技术的产生及发展

对生物信息学的发展和测序技术给予同等的关注，是解决上述瓶颈问题的关键。假如新一代测序平台能够带动基因组测序“普及化”——让基因组测序从大型测序中心走入每个研究人员的实验室或者小型研究小组，并且开发出经济实惠的分析软件以及数据管理系统，那么测序技术必将真正能够在生命科学领域的舞台上展现其价值。

（一）焦磷酸测序仪的产生

自从诺贝尔奖得主Frederick Sanger和Walter Gilbert分别发明了链终止法DNA测序技术（sequencing by chain termination technique）和链断裂法DNA测序技术（sequencing by chain fragmentation technique）之后，人们就一直希望能够扩大 DNA 测序技术的处理规模。

到了今天，我们对测序技术的需求和对计算机技术的需求一起出现了迅猛的增长，因为测序技术的发展速度已经远远跟不上实验要求的增长速度。于是出现了好几种替代 Sanger 测序法的新型测序方法，比如杂交测序法、借助原子力显微镜（atomic force microscopy）直接 DNA 成像测序法（direct imaging of DNA sequence）、质谱分析法、合成测序法以及微液流测序法等等。在我们进行人类基因组计划时还出现了三项技术改进方法，即使用荧光标记物取代了放射性标记物来标记终止碱基（双脱氧碱基）；使用毛细管电泳（capillary electrophoresis）取代了传统的平板凝胶电泳；建立了末端配对测序法（paired-end sequencing）来对质粒、人工细菌染色体（BAC）等短片段序列进行测序，解决了测序长度带来的限制问题。同时，开展研究的自动化液体分装技术（liquid-handling robotics）帮助我们摆脱了人工试管操作，可以用自动化的方式在微量滴定板（microtiter plate）上装载待测序样品（质粒等），极大地降低了测序的费用和劳动强度。

然而，随着美国 454 公司（现已被美国罗氏公司收购）的第一台新一代测序仪——焦磷酸测序仪的面世，我们获得了一种完全不同的测序方式（Rothberg and Leamon，2008）。焦磷酸测序仪引领的新一代测序技术在一直困扰传统测序技术的三个瓶颈问题上取得了突破。这三个问题分别是文库制备、模板制备和测序。而且，在随后出现的其他新一代测序仪产品身上，我们或多或少都会发现在焦磷酸测序仪上使用到的技术，这也足以说明焦磷酸测序仪的技术创新的确取得了巨大的成功。

焦磷酸测序仪的先行者地位使它对整个测序业的影响远远超过了其他新一代测序仪竞争对手。这一点从 Leamon、Rothberg 等撰写的一篇介绍 2005 年技术进展的论文被引用了 570 多次的事实，以及有 100 多篇经过同行审议的关于人类遗传学、代谢组学、生态学、进化学以及古生物学的论文（peer-reviewed publications）都是使用焦磷酸测序仪开展的研究多个事实中都能够得到证明。焦磷酸测序技术是继 Sanger 测序技术之后出现的第一个用于对细菌基因组进行从头测序的新技术，也是第一个被用来对人类基因组进行测序的非 Sanger 测序技术。

焦磷酸测序仪出现后，极大促进了测序业务的开展，目前很多科研人员已经将该测序技术作为解决科研工作中许多常见问题的利器。比如开展一些重要研究项目就启用了改技术，包括探究蜜蜂消失原因的项目、研究人类基因组重排复杂性的项目、建立用于研究传染性疾病新方法的项目以及对尼安德特人（Neanderthal）基因组的测序项目等。

这些都源于焦磷酸测序仪在以下几个方面取得的质的突破：首先，焦磷酸测序仪解决了高通量测序问题；其次它简化了样品准备步骤，将以往转化大肠杆菌扩增质粒的繁琐过程全部用简单的体外 PCR 扩增法替代了；最后它缩小了测序反应体积，节省了试剂。

这样，焦磷酸测序仪就做到了以极其低廉的价格进行大规模平行测序反应。它的测序规模之大、测序费用之低是以往的测序仪无法匹敌的。焦磷酸测序仪与其他的新一代测序仪一起，降低了测序检测的费用，推动了测序技术平民化进程，使得小实验室也能开展测序检测项目，打破了以往只有少数几个大型测序中心才能进行测序研究的“垄断地位”。由于有了焦磷酸测序仪的帮助，人们对人类基因组的结构有了更为深入的了解，同时第一次使用非 Sanger 测序法对个人进行了测序，还建立了一种发现小 RNA 的新方法。不过，要能让更多的人使用上新一代的测序产品，它们还需要变得更便宜，并且更加容易操作。在一段时间之内，焦磷酸测序仪必定会进一步降低测序费用，帮助人们迎接个人基因组时代的到来。

（二）摩尔定律对焦磷酸测序仪的影响

摩尔定律是由英特尔（Intel）公司创始人之一戈登·摩尔（Gordon Moore）提出来的。其内容为：集成电路上可容纳的晶体管数目，约每隔 18 个月便会增加一倍，性能也将提升一倍，当价格不变时；或者说，每一美元所能买到的电脑性能，将每隔 18 个月翻两倍以上。这一定律揭示了信息技术进步的速度。也预示着随着科技的发展，商品性能会变得越来越好，而价格却变得越来越便宜。

正如摩尔定律所揭示的那样，焦磷酸测序仪的迅猛发展也绝不仅仅是因为我们想要 Sanger 测序仪小型化，而是因为新型奔腾芯片的出现以及摩尔定律法则给我们带来的希望。很明显，常规的人类基因测序项目会对我们处理测序技术的能力提出更高要求，这与我们对计算机处理能力的要求是一样的。不过，只有将计算机的电子管换成晶体管，才为后来集成电路技术的发展提供了可能，这正是计算机产业发展的关键所在。而希望对传统的毛细管电泳技术进行改良，提高它的速度和处理规模，正如只用电子管直接制作集成电路一样不可能。因此，如果将各种测序技术比作一个个晶体管，将一系列测序步骤整合起来比作集成电路，那么也就可以用摩尔定律来预测 DNA 测序技术的发展速度了。

合成测序法概念虽然在提出的时候还不算成功，但它的出现为测序仪小型化奠定了基础。基于合成测序法出现了两种策略：一种是循环可切除终止测序法（cyclic reversible termination technology），即依次逐个添加荧光标记的碱基，继而检测荧光信号，切除荧光基团，如此往复；另一种策略则是焦磷酸测序法（sequenced by detecting pyrophosphate release），因为它似乎比第一种方法的效率更高。结果证明，454 公司的选择是正确的。454 测序仪采用的是小型化焦磷酸测序反应，测序模板准备和焦磷酸测序反应步骤都是在固态芯片上完成。

实际上，早在 20 世纪 90 年代中期，焦磷酸测序技术就已经被科研界用来进行基因分型工作了，只是那时的焦磷酸测序技术还不能够满足标准的测序实验要求，因为它的测序长度太短，因此只能用于旨在发现 SNP 的基因分型研究当中。当时进行基因分型操作时，是在微量滴定板（microtiter plate）上进行的，可以连续进行最多 96 次基因分型实验，平均每个样品花费 20 美分。那时焦磷酸测序还不能用于从头测序工作，因为从头测序需要对每一个尤其是第一个碱基都能准确地区分清楚，而焦磷酸测序只能简单地对已知位点的碱基进行检测，而且从头测序要求的测序长度也是焦磷酸测序法无法达到的。

不过，由于焦磷酸测序的原理是通过检测碱基掺入时发出的光来进行测序的，所以它并不需要类似于电泳之类的物理分离过程来对碱基进行区分。这也就是说焦磷酸测序仪可以“缩小（减）”到只需要检测光线就够了，而不需要像传统的测序仪还需要电泳设备，而这正是限制传统电泳仪小型化的关键所在。发光检测方法还能够进行多路平行操作，但是直到焦磷酸测序仪出现之前，还没有人这样做过，以前都是依次进行检测的。和晶体管早期的遭遇一样（当时人们也怀疑晶体管替代不了电子管），人们同时对高密度的，用于并行焦磷酸测序的反应也充满了疑问。不过，当我们不再在溶液中进行测序反应，而是将测序模板、所有的试剂（酶）都固定在平板上制成芯片之后，就获得了小型化的，能进行多路并行处理的测序仪，这就与晶体管被小型化并整合成集成电路的过程一样。此外，借助微量滴定板上一个个的小孔所达到的将不同测序反应进行分隔这一目的，也能通过在单个固相支持物上进行严密包裹（隔离）的反应来实现。在这些各自隔绝的反应体系中，链聚合反应速度和发光速度都能通过对反应试剂和产物弥散状况进行严密的控制来进行精密的调整。

（三）焦磷酸测序技术在并行试验方法上的开创

在开发新型高通量、高并行运行方法时碰到的一个关键问题是，如何将反应试剂同时加入数量如此之多的各个反应体系中？在焦磷酸测序的过程当中需要反复加入不同的碱基以供测序反应使用，而当时的自动化加样设备无法有效地做到对这么多的反应体系同时循环加样。于是，开发一种全新的高密度并行处理方法这一重要课题又再一次摆在了科研人员的面前。这一次，我们找到了一个非常简单但是又很巧妙地方法。在高密度的反应芯片表面使用层流（laminar flow）加样方式，反应试剂会通过扩散作用很好地进入每一个反应体系，而且也可以用层流的方式洗去多余的反应试剂。现在，所有的新一代测序仪都采用了这种层流加样方法。

为了将每个单独的测序反应都分隔开来，我们一开始使用平板（芯片），不过在平板上平均每平方厘米的面积上最多只能同时进行数百至数千个反应。但我们希望达到的是在每平方厘米的面积上同时进行 100 万个测序反应，这样才能令测序仪小型化，同时节省试剂并进行快速成像和测序。为了实现更高密度的测序反应，我们在平板上制作了很多小孔，将每个反应体系都安置在这些小孔中，这些小孔都足够深，足以分隔每个反应体系。虽然这种方法极大提高了测序反应的密度，缩小了平板的面积，但是要达到我们的要求还是需要 60mm×60mm 大小的芯片才行。

针对图像采集问题使用了商业化的天文学照相（astrological grade camera）器材，在电荷偶合装置（CCD）的表面连接上光纤束（fiber-optic bundle）。这些光纤是锥形排列的，这样可以将大范围的光信号都传输到 CCD 表面上很小的一个范围。采取下面两个步骤，我们就可以制成含有高密度小孔的芯片：先将光纤束连接到类似于载玻片一样的一次性芯片上，然后用酸蚀刻（acid etching procedure）技术在玻片的另一面打上小孔。这种酸蚀刻技术是根据制作生物传感器的技术改进而来的。

454 公司制作的每张芯片上可以达到数百万个小孔，每一个小孔都是一个独立的“反应站”，互不干扰，测序反应发出的光被连接在芯片上的光纤传送到 CCD 记录下来，如图 3-2。这种芯片就好像集成电路一样一次可以同时处理数百万个测序反应。这种芯片同样也能被其他通过发光检测技术的产品所使用。454 新开发的测序仪也没有像以前的 96 孔板焦磷酸测序仪那样使用液态的试剂，而是将试剂和模板统统都吸附在一个个微珠上，然后把这些微珠一个个地放到芯片上的小孔中，每孔一个微珠。这种固定步骤不仅保证了每孔测序反应的独立性，也极大地节省了试剂消耗费用。

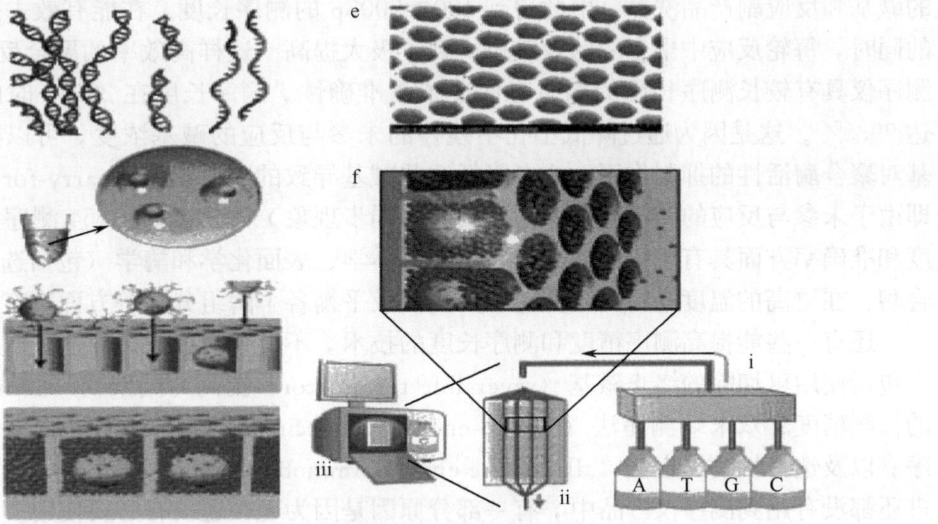

图 3-2 454 测序仪技术应用简介

a，分离基因组 DNA；b，将单链分子与微珠连接；c，收集微珠放置到芯片中；d，在小孔中置入焦磷酸测序反应所需酶；e，微珠置入前的芯片图像；f，454 测序仪的主要构成

要想实现高通量基因组测序，只对测序步骤进行优化还是远远不够的。人类基因组计划花费的 30 亿美元经费中有很大一部分都用在了测序样品制备阶段。当时即使是采用最简单的制备样品方法也需要将目标片段克隆到细菌中，挑克隆，再转到 96 孔板，然后进行克隆扩增，提取质粒，制备测序模板。这种工作流程既耗时也耗钱。

如果采用新型的文库制备方法就可以极大地节省这部分开支，这种新型的方法是先分离基因组 DNA，随机切割成小片段分子，然后通过有限稀释（limiting dilution）和聚合酶扩增反应，即体外克隆方式（clones without bacterial）制备模板片段。这样，从模板制备到最后的测序反应整个过程都能够在体外完成。

（四）焦磷酸测序技术的全方位发展创新

从概念的提出到最后技术上的实现，焦磷酸测序仪的发展进一步实现了全方位的创新，这主要源于对两个方面的关注，首先是开发蚀刻光纤玻片；其次，改进焦磷酸测序方法使其能在固相支持物上进行，即将其改造成固态焦磷酸测序法，同时也对模板及文库构建方法进行了改进，让焦磷酸测序仪能进行长片段测序工作和从头测序工作。

1. 在蚀刻板上的小孔中进行固态、长片段焦磷酸测序反应

蚀刻技术经过改良之后能在 75mm×75mm 的玻片上刻出深 55μm、宽 44μm 的小

孔。而开发固态测序方法和改良测序长度则是两个紧密相关的问题，因为在固定的小孔中反应实际上就能改进测序质量和测序长度。由于反应试剂能迅速渗透到小孔中，因此反应速度也会加快。而且这里也没有使用三磷腺苷双磷酸酶（apyrase）提取未参与反应的碱基，而是将芯片置入反应池中通过层流液体的快速渗透作用将多余的未参与反应的碱基和反应副产品洗掉，由此得到 100～500bp 的测序长度。在能有效去除多余碱基的同时，每轮反应中聚合酶的效率也得到了极大提高。这样高效率的聚合反应使得 454 测序仪具有较长测序长度的同时也保证了高准确性，测序长度在 200bp 时的准确率高达 99.5%。这是因为通过降低小孔中残存的未参与反应的碱基浓度，可以降低这些碱基对聚合酶活性的抑制作用，或者降低这些碱基导致的延后错误（carry-forward error，即由于未参与反应的碱基导致的测序反应不同步现象）的发生率。454 测序仪在测序长度和准确率方面具有优势还因为其在应用流体学、表面化学和酶学（包括选择更好的聚合酶、在更高的温度进行测序反应以及更换及平衡各个酶组分）等方面都有创新。

还有一些能提高测序精度和测序长度的技术，不过暂时还没有商业化产品。这些技术包括使用可切除的终止碱基（reversible terminator）提高对同聚物（homopolymers）的检测精度；双末端测序法（double-ended sequencing），即同一模板的两条链均不测序；以及选择性酶固定法（alternative enzyme-immobilization method）等。这些技术改进还都没有用到测序仪产品中，有一部分原因是因为现在还没有必要使用。

2. 模板制备程序

完全的体外大规模模板制备工作是达成高通量、低价格测序技术的前提。已广泛使用的乳液 PCR 扩增技术就是一种很好的方法。不过，由于很难在热循环测序反应中保证乳液微滴的稳定性，因此最开始实验的模板扩增方法是恒温扩增法（isothermal）。

乳液 PCR 不需要借助细菌的帮助就能扩增模板，虽然这一点非常诱人，但最开始时并没有合适的表面活性剂能帮助乳液在热循环过程中保持稳定。于是出现了恒温扩增法，即滚环扩增反应（RCA）。虽然滚环扩增反应的产量非常高，但这些产物中大部分都不能用来作为测序模板。因此，还需要找到一种不需要细菌扩增，能用于有限稀释的模板扩增新方法。于是，人们又把目光转回了 PCR 法。在 RCA 法中，首先将模板克隆有限稀释之后置入光纤玻片上的小孔中，然后用橡胶衬垫把光纤玻片封闭起来，将玻片放入传统的平顶 PCR 仪进行扩增。这种方法取得了成功，但是效率不高，因为在玻片中的热质量（thermal mass）和它的钳效应（clamping mechanism）需要更长的 PCR 循环时间，而且模板的有限稀释度不能低于 10%。孔与孔之间的相互污染现象也是一个不容忽视的问题。不过无论如何，该方法还是第一个首先从全基因组文库中扩增模板然后使用非 Sanger、非 Gilbert 测序法对基因组进行从头测序的方法，也是第一个使用体外模板扩增技术进行全基因组（腺病毒基因组）测序的方法。

乳液滴的热稳定性问题最终通过加入用于制造炸药的表面活性剂得到了解决，于是乳液 PCR 技术马上在众多新一代测序仪中得到了广泛的应用。因为乳液 PCR 技术具有高效性、可扩展性，既能从 30kb 的腺病毒基因组中扩增模板，也能从数 Mb 的肺炎链球菌（Streptococcus pneumoniae）基因组中扩增模板。

随着测序精度、测序长度、乳液滴稳定性等各方面技术的不断发展，454公司新开发的焦磷酸测序仪已经不仅仅用于对细菌级别的基因组进行测序了，还能对更高级、更复杂的生物基因组进行测序，例如现代人类基因组、尼安德特人基因组以及环境基因组等。

3. 文库制备

文库制备包括以下几个步骤，首先随机切割样品基因组，获得大量DNA片段，然后接上接头进行扩增反应。新开发测序仪的样品制备程序和Craig Venter等的鸟枪法样品制备程序有着本质的差别。454公司采用的是有限稀释、乳液PCR扩增法，而没有鸟枪法中的细菌克隆繁殖步骤。去掉了细菌繁殖步骤极大地提高了整个测序工作的速度和效率，同时避免了由于细菌繁殖导致的序列丢失的可能性。这种方法同样对古老DNA和代谢基因组学的研究也非常适用。末端配对文库制备方法的建立同样帮助454测序仪获得了对复杂基因组从头测序、对重复片段测序以及对基因组结构（复制、重排）展开系统研究三种能力。这种末端配对文库的制备方法是受到了Bender科研小组对果蝇（Drosophila）制备跨步文库（jumping library）方法的启发而发展得来的。

4. 焦磷酸测序技术的优缺点分析

目前，序列质量评分问题在测序技术领域是受到广泛关注的一个问题。造成这种现象的原因主要是因为所有新一代测序仪的测序质量都有各自的误差率。随着各类测序仪产品在临床及科研工作中的应用范围越来越广，它们的测序质量也愈加重要，而且我们也需要对各个测序仪的测序质量有一个清晰的、可靠的评价标准。对于测序仪的应用范围进行标准化的质量评价也是有益的。比如评价从头测序的质量、评价测序结果与参考序列的相似度、评价测序仪发现突变以及多态性的能力以及对测序仪在进行大规模测序项目研究时的质量可靠性进行评价等。

这些质量数据都应该以一种简单、标准化的方式包含在测序结果中。现在所有的测序仪器生产商也都在他们的测序报告中加入了测序质量信息，消费者可以借此对数据进行交叉比较，甚至还有可能各取所长，将不同测序仪的测序结果整合起来，获得最佳的测序结果。目前，旨在从短片段测序结果中发现多态性以及突变位点的重测序项目经常会依靠“主要投票机制（majority voting scheme）”。该方法易于操作，但是容易出错，假阴性率较高。诸如Brockman小组和Quinlan小组开发的更适用于发现单核苷酸多态性的方法是将误差率与单个碱基信号联系起来，即误差率与测序质量和序列内容相关，这样就能获得更准确的结果。我们估计，像phred样质量值之类的评价体系以及“第三方”算法的不断发展，最终一定会诞生一个很好的发现多态性的工具。

再一个方面是用于分析数据的软件以及生物信息学工具。虽然这些软件和工具都还没有完全商业化，但我们还是能获得一些软件用来分析新一代测序仪的测序结果。

然而序列比对和组装仍是一个颇受关注的问题。虽然BLAST和BLAT等序列比对工具对于长片段的序列比对来说非常有用，但是它们不适合新一代测序仪获得的短片段序列。因此，有大量的针对短测序片段的比对工具出现，这些工具中允许错配或者空隙出现。这些工具中有些借鉴了非常成熟的序列比对算法，例如 Smith-Waterman 算法等，不过还是有很多新的专门针对短序列片段的算法出现。比如 SOAP 就是这样一种新型算法，这个软件包能非常有效地进行有空隙或者无空隙的序列比对。该软件包使用了一种内存密集种子（memory-intensive seed）算法和查表格（look-up table）算法来加快比对速度，同时能够对最容易出错的 3′端序列进行反复调整。

其他用来加速比对过程的方法还包括“字节编码（bit encoding）”技术。该技术能将序列信息压缩成计算机信息，这样更利于计算机管理和分析。越来越多的比对软件在进行比对时开始考虑数据质量，比如能处理 Solexa 测序仪测序结果和 SOLiD 测序仪测序结果的 MAQ 软件，以及能用最新的“字符空隙转化成彩色空隙（color-space to letter-space）”的 Smith-Waterman 算法对 SOLiD 测序仪的双碱基编码测序结果进行分析的 SHRiMP 工具。

和序列比对算法的进展情况不同，如何将相对低质量的短片段序列从头组装起来还是一大难题。不过，已经有好几种组装工具开始投入使用了。对于这种短片段序列的从头组装工作来说，配对序列对于整个工作的成功与否影响最大，因此已经有人开始利用配对序列设计新的组装工具了。

最后一个方面是焦磷酸测序技术在应对序列数据出版、发行、组织存档原则上的问题。目前对于如何组织、存档以及发布这些新一代测序仪产生的短片段序列结果正处于热烈的讨论之中，人们希望制定一个类似芯片试验（microarray experiments http://uhts.lbl.gov/）时制定的 MIAME（Minimum Information About a Microarray Experiment）规则。这些早期的工作经验在如何处理包括生物学注释信息、临床原始数据、关键试验细节（比如样品特征、样品处理方法）在内的元数据，以及如何处理、出版发行这些数据等方面给了我们良好的建议。如何对这些焦磷酸测序仪的测序结果数据进行公共管理也是一个需要探讨的问题。NCBI 最近专门为短片段序列建立了数据库 SRA（Short Read Archive），并同步制定数据提交格式。SRA 数据库不仅会收集包括实验注释信息、试验参数等信息的数据，而且还会被整合到 Entrez 查询系统当中。目前的工作主要包括开发线上搜索工具、数据图形化工具，这些工作有望在近期完成。

四、焦磷酸测序技术的前景

在 2007 年 6 月，James Watson 的基因组序列登录到了 GenBank 数据库中，这是第一次使用非 Sanger 测序法获得的人类个体基因组序列，并且第一次将个人基因组序列公之于众。整个测序过程在两个月之内就完成了，花费不到 100 万美元，这只占耗时 10 年之久的人类基因组计划使用经费的千分之一，同时还是 2007 年 5 月在网上公布结果的 Venter 基因组计划费用的百分之一。在比较了焦磷酸测序仪最初的技术参数（每次可以获得两千万碱模体列，测序长度 100bp，准确率 96%）和用于对 James Watson 进行测序时的技术参数（每次可以获得一亿碱模体列，测序长度 250bp，准确率超过 99%）后，发现摩尔定律真的适用于基因组测序领域。

焦磷酸测序仪展示出了小型化技术和并行处理技术的威力，它们提高了处理通量，降低了测序费用。除了引领新一代测序技术的发展之外，454 公司的研发团队还开发了体外 DNA 文库构建、模板扩增等技术，而且这些技术现在都已经被市场上其他新一代测序仪所广泛使用。很快，随着计算机技术的飞速发展，个体基因组测序的费用将会由 100 000 美元降低到 10 000 美元，继而降低到 1000 美元甚至更低，个人基因组时代马上就要到来了！

从费用角度、适用范围和限制性来说，传统测序仪和焦磷酸测序仪具有明显的差距。因此，对于每一个具体的项目来说，都需要仔细考虑，选择出最合适的测序仪。传统的 Sanger 测序法适用于对 kb 到 μb 长度的 DNA 片段进行的小规模的测序项目。Sanger测序法相比新一代测序法而言具有极大的“间隔尺寸（granularity）”，既能用于大型项目也能用于小型项目。虽然与传统测序仪相比，新一代测序仪在某些方面很明显地处于劣势，比如在测序长度和准确率方面，但即便如此，在处理大规模的测序项目时大家还是倾向于选择新一代测序仪。

看看新一代测序仪对以往使用传统测序仪进行的生殖细胞突变和体细胞突变研究的帮助就可以认识到它们的作用有多么强大。在这项研究里，使用 Sanger 测序法除了试剂这一项费用之外，其他的费用也远远高过了使用其他新一代测序仪。这些其他费用包括在 96 孔板或 384 孔板中处理样品的费用、电泳费用、大量的生物信息学处理费用以及设备维护人工费用等。研究人员最近对 100 份样品中的 100 个基因使用传统测序方法究竟需要花费多少费用进行了一次非正式的调查，假设每个基因平均由 10 个外显子组成，结果发现整体费用在 30 万美元至 100 万美元不等，价格依据测序单位是非盈利的基因组测序中心还是商业化的测序服务机构而不同。很显然，这么高昂的费用对于任何一个实验室来说都是难以承受的。新一代测序仪除了能将测序费用降低好几个数量级之外，它们还具有所需仪器设备少的优点，不过新一代测序仪在后续数据处理方面会碰到问题。

各款新一代测序仪之间也有非常明显的差异，它们都有各自“拿手”的绝活。有一些测序项目，比如重测序（resequencing）对于测序仪的测序长度要求就没有从头测序的要求高。对于需要依靠标签计数（tag counting）的测序项目，例如在定量分析蛋白质与 DNA 之间的相互作用时，我们就会更加需要能将待测片段分割成尽量多、尽量小片段的测序方法。测序的准确度和各自相对拿手的项目是需要着重考虑的问题，例如是善于发现插入、缺失突变，还是善于发现碱基替换突变。另外，在进行从头测序或发现结构性变异的研究时使用的配对测序法已经广泛应用于各种新一代测序仪中。这时，这些配对的模板片段在芯片上的分布情况，比如相互之间的距离远近等就是需要重点考虑的问题了。

在过去几年间，新一代测序技术获得了突飞猛进的进展，同时有数款使用大规模平行循环芯片测序技术的测序仪得到了广泛的应用。虽然这几款测序仪使用的技术有所差异，但是在测序数据的质量和数量方面都有着同样的特征，因此也都面临着同样的试验设计、数据分析和注释的问题。不过，这些新一代测序仪将以往的测序费用降低了好几个数量级。鉴于此，以前只有大型测序中心才能够开展的项目，现在在小型实验室里也能顺利进行了。由于新一代测序仪的出现，测序研究领域也开始升温，有些研究团队正在努力开发新的测序技术希望能够取代现有的新一代测序仪。按照目前的发展速度，我们很难估计几年之后的情况。不过，可以预见下一代或者说是第三代测序仪一定会像十年前的芯片技术一样，迅速地普及开来，从而成为常规的技术用来揭开生物学和医学上的众多谜团。

第二节　焦磷酸测序技术的原理及流程

焦磷酸测序技术（pymsequencing）是由 Nyren 等于 1987 年发展起来的一种新型的 DNA 测序技术，其核心实质是由四种酶催化的同一反应体系中的酶级联反应。在本节，我们将以液相焦磷酸测序的反应为例对焦磷酸测序技术进行详细介绍。

一、焦磷酸测序技术的一般原理

一般，在焦磷酸测序的反应体系中会存在四种酶，它们分别为：DNA 聚合酶（DNA polymerase）、ATP 硫酸化酶（ATP sulfurylase）、萤光素酶（luciferase）和双磷酸酶（apyrase），反应底物为 5′-磷酰硫酸（adenosine 5′-phosphosulfate，APS）以及荧光素（luciferin），在反应体系还包括待测序 DNA 单链和测序引物。

具体原理（图 3-3）为：引物与模板 DNA 复性后，在上述四种酶的协同作用下，每一个 dNTP 的聚合会与一次荧光信号的释放偶联起来，最终以荧光信号的形式实时记录模板 DNA 的核苷酸序列。

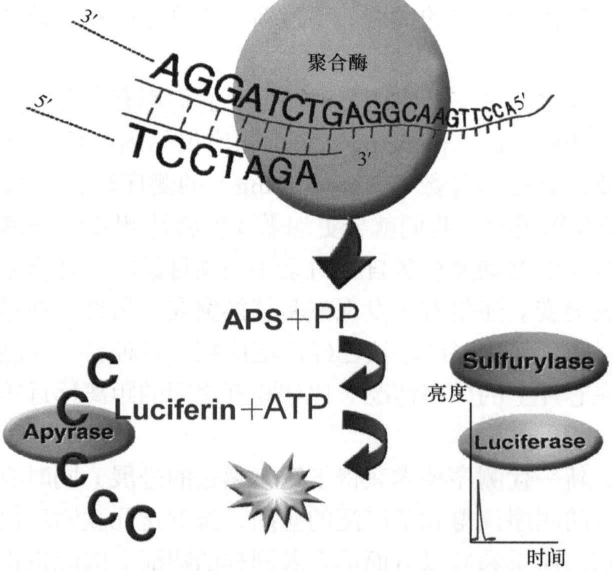

图 3-3　焦磷酸测序技术的一般原理

二、焦磷酸测序技术的一般流程

下面我们结合焦磷酸测序的一般原理对该技术的流程再作详细介绍：

在进行焦磷酸测序反应之前，我们首先要做的就是通过 PCR 制备待测序的 DNA 模板，但凡测序反应对模板的要求都比较高，焦磷酸测序也不例外。因此，模板制备过程中的 PCR 反应对引物的纯度也有较高要求，一般至少要达到 PAGE 纯化程度。其中扩增引物之一是用生物素来标记的，对待生物素标记的引物，我们还必须要求其用 HPLC 来纯化得到。

当 PCR 产物和偶联亲和素（avidin）的 Sepharose 微珠孵育，经过 DNA 双链的碱变性及热变性后会分开；此时纯化得到的是含生物素标记引物的待测序单链，然后该测序单链才能和测序引物结合形成杂交体从而顺利进入测序反应的步骤。以 Biotage 公司开发的焦磷酸测序仪为例，测序反应的一般流程如图 3-4。

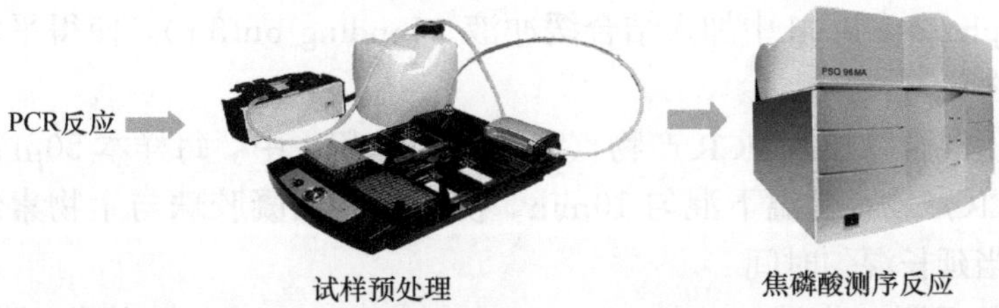

图 3-4　焦磷酸测序预处理的一般流程

在进行焦磷酸测序时，前期处理中需要注意的工作有很多。可大体分为四大部分：

（一）对 PCR 反应的要求

（1）按照焦磷酸测序的要求，我们在准备 PCR 产物时，一般使用厂家提供的 Assay Design SW 来设计 PCR 引物和测序引物，PCR 的引物中一条应用生物素标记，是备于以后的单链分离纯化。在合成该引物时，我们要求厂家使用 HPLC 纯化，这就保证了引物中没有游离的生物素，因此可以大大减少测序反应中背景噪音较高的问题。

（2）在 PCR 体系中，一般需要 50μl，这可以根据 PCR 产物的量来适当调整 PCR 的体系，一般情况下，50μl 体系中加入 10pmol 的引物，PCR 做 50 个循环，保证完全消耗掉引物即可。

（3）要优化 PCR 的复性温度和 Mg^{2+} 的浓度，要保证 PCR 产物中的目标量大，而且没有非特异性条带，也没有引物二聚体。PCR 完成后使用电泳来鉴定 PCR 产物。

（二）样品处理中所需缓冲液的配置

试样预处理所需要的缓冲液，可以自己配置，也可以从厂家购买。在配置时注意的几点为：

（1）使用 18.2MΩ×cm 的高纯度水配置溶液；

（2）单链纯化的溶液配置后需检测溶液 pH，检测时最好使用进口 pH 计；

（3）使用 HCl 调节 pH，需在通风橱中进行，以防止 HCl 挥发污染 pH 试纸。

（4）建议使用进口试剂配置溶液，以保证纯度。

（三）焦磷酸测序仪在单链分离上的过程

在进行样品的单链分离预处理操作中，我们可大体将其分为碱变性和热变性两大部分。在这两大部分中需注意的事项颇多，下面我们结合 Biotage 公司所开发的焦磷酸测序仪在单链分离上的过程，展开详细论述。

（1）在使用前，首先要保证所有溶液都达到室温；

（2）在焦磷酸测序的 96 孔板中预先加入 45μl 含有 0.3μmol/L 测序引物的复性缓冲液（annealing buffer），一般情况下加入 10pmol/L 引物 2μl；

（3）使用 Vertex 混匀琼脂糖凝胶珠（Sepharose beads）；

（4）将需要使用的琼脂糖凝胶珠总量（每样本 3μl）转移到 Eppendorf 管中；

（5）在 Sepharose bead 中加入结合缓冲液（binding buffer），使得平均每个样品约 50μl，将混合物混匀；

（6）将以上混合物加入 PCR 产物（50μl 反应体积）中，每样本 50μl；

（7）将 PCR 产物在常温下混匀 10min，使得琼脂糖凝胶珠与生物素结合，对于较长片段，可适当延长混匀时间；

（8）在样品吸附工作站（vacuum prep workstation）中，四个样品板中依次加入 180ml 高纯水、70% 乙醇、清洗缓冲液（washing buffer）和 120ml 变性缓冲液（denaturation buffer）如图 3-5 所示；

（9）打开样品吸附工作站的泵，将 vacuum prep tool 在高纯水中清洗 30s；

（10）然后将 vacuum prep tool 移到 PCR 板中，抓取 sepharose beads（请在 beads 与 PCR 产物结合后 3min 内完成此操作，不要让 Beads 又沉到管底）；

（11）拿起 PCR 板，检查是否大部分凝胶珠都被吸附在了 vacuum prep tool 上；

（12）将 vacuum prep tool 放入 70% 乙醇中 5s；

（13）然后移到变性缓冲液中 5s；

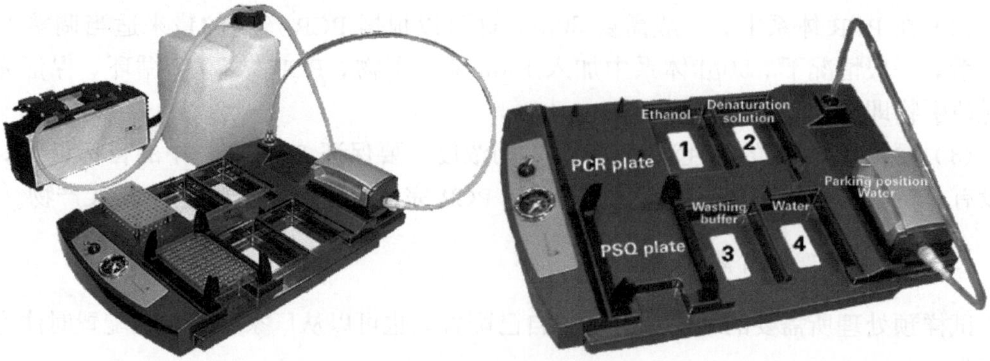

图 3-5　样品吸附工作站的示意图

(14) 再移到 washing buffer 中清洗 5～10s；

(15) 把吸头放在相应含有测序引物的板孔的上方，不要接触液面，关掉泵；

(16) 将 vacuum prep tool 放入含有测序引物的板中，摇动，释放凝胶珠（测序引物也可最后加入）；

(17) 使用高纯水清洗 vacuum prep tool；

(18) 将放有样品的 PSQ 96 板放在 ThermoPlate 上加热到 80℃ 2min，再冷却到室温，即可进行焦磷酸测序反应。

在这一流程中，碱变性过程尤其复杂，这也关系着样品处理的好坏，因此我们需注意：

①具备偶联亲和功能的琼脂糖凝胶珠在使用之前必须漩涡混匀；

②在碱变性处理操作平台上，通过样品吸附器（sample prep tool）转移样品时，必须确保大部分琼脂糖凝胶珠都被吸附在了 sample prep tool 上（一般可通过颜色确定），如果没有把大部分凝胶珠吸上来，可重复几次转移工作，以提高转移效率；

③琼脂糖凝胶珠、PCR 产物与结合缓冲液的混合建议在常温的混匀器上混匀，时间 10～15min；热变性过程我们只需在引物复性时，把样品板放在 PSQ 96 Sample Prep ThermoPlate 上，在 80℃下孵育 2min，再自然冷却至室温即可放到仪器上进行检测。

（四）上机前的试剂舱加样及试剂准备

具体注意事项如下：

(1) 必须使用高纯度的水（18.2MΩ）溶解酶和底物，在溶解时轻轻摇动试剂瓶使酶和底物溶解，切忌漩涡混匀或剧烈摇动，以免产生气泡；

(2) 在加入酶、底物和 dNTPs 前务必确保试剂舱清洁、干燥；

(3) 将试剂加入试剂舱时，使用加样枪贴壁缓慢加入，避免产生气泡；

(4) 最好将所有试剂在室温下放置 10min 让温度平衡到室温后使用；

(5) 将试剂舱的标签面对自己，并按照试剂舱说明中标识的位置加入各种试剂，确保每种试剂加入正确的位置；

(6) 试剂舱每次使用后，必须立即用高纯度的水，按照试剂舱中的说明方法清洗，并待其干燥后盖上针头保护套，放到干净、干燥的地方保存；

(7) 试剂舱在每次使用清洗后，最好在其标签上标注其已经使用过的次数，一般每个试剂舱在清洗及时、得当的情况下可以重复使用 20 次；

(8) 参见试剂盒存放条件，确保您未使用完的试剂正确存放；

(9) 每种试剂所需用量，请在软件中定义 SNP 信息后，在 View 的 Run 选项下查询；

(10) 将试剂舱放入仪器时，请将试剂舱上的标签面向自己。

在仪器软件的使用上，主要为以下几点：

(1) 打开焦磷酸测序仪的主机；

(2) 打开电脑和相应操控软件；

(3) 选择 SNP，SNP Runs 和 New SNP Run（或选择 SQA）；

（4）填入 Run name，选择 Instrument parameters；

（5）选择需要使用的样品孔，并点击 Activate；

（6）在 Entry 中填入 SNP entry（或 SQA）；

（7）准备好样品，并加入样品板中；

（8）准备酶和底物，并将所有试剂在使用前在室温下放置 10min；

（9）将酶、底物和 dNTPs 加入试剂舱中；

（10）将放有试样的经过试样预处理的 PSQ 96 Plate Low 放置在仪器上；

（11）核实仪器参数选择；

（12）点击 Run 按钮，运行；

（13）分析结果；

（14）移去试剂舱和样品板，如果试剂舱需要重复使用，必须立即按照试剂舱中的说明书进行清洗；

（15）退出软件，但无需关闭仪器：一般，只有在仪器在接下来的两周都不会再次使用时，才需要关闭仪器，关闭仪器时，一定注意先在 Instrument 选项下选择 shut down 关闭仪器，再关闭仪器外的开关；

（16）若有试剂溅出或仪器长期未清洁，需清洁仪器。

三、焦磷酸测序反应过程的具体原理

在正式进入焦磷酸测序反应的步骤后，我们前期预处理的模板单链会与测序引物相结合。然后其再与 DNA 聚合酶、ATP 硫酸化酶、萤光素酶和三磷腺苷双磷酸酶，以及底物 APS 和荧光素一起孵育。

四种 dNTP（dATP，dTTP，dCTP，dGTP）之一被加入反应体系，如与模板配对（A-T，C-G），此 dNTP 与引物的末端形成共价键，dNTP 的焦磷酸基团（PPi）释放出来（如图 3-6 所示）。而且释放出来的 PPi 的量与和模板结合的 dNTP 的量成正比。需要说明的是，在焦磷酸测序过程中，dATP 能被萤光素酶分解，对后面的荧光强度测定影响很大，而 dATPaS 对萤光素酶分析的影响比 dATP 低 500 倍因此在焦磷酸测序中用 dATPaS（S 原子取代了 dATP 分子 aF＝O 上 O 原子）代替自然状态下的 dATP。

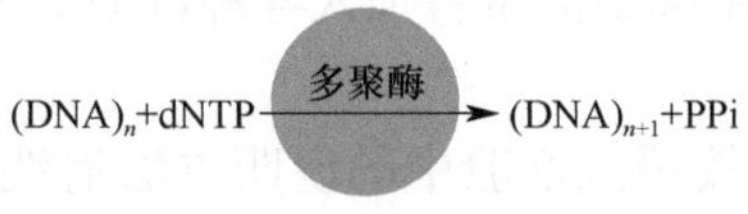

图 3-6　合成反应中焦磷酸释放的示意图

ATP sulfurylase（ATP，硫酸化酶）在腺苷酰硫酸（adenosine 5′ phosphosulfate，APS）存在的情况下催化 PPi 形成 ATP，ATP 驱动萤光素酶（luciferase）介导的萤光素（Luciferin）向氧化萤光素（oxyluciferin）的转化，oxyluciferin 发出与 ATP 量成正比的可见光信号。光信号由 CCD 摄像机检测并由 pyrogram™ 反应为峰。每个光信号的峰高与反应中掺入的核苷酸数目成正比（如图 3-7 所示）。

ATP 和未掺入的 dNTP 由 Apyrase（三磷酸腺苷双磷酸酶）降解，猝灭光信号，并再生反应体系。如图 3-8。

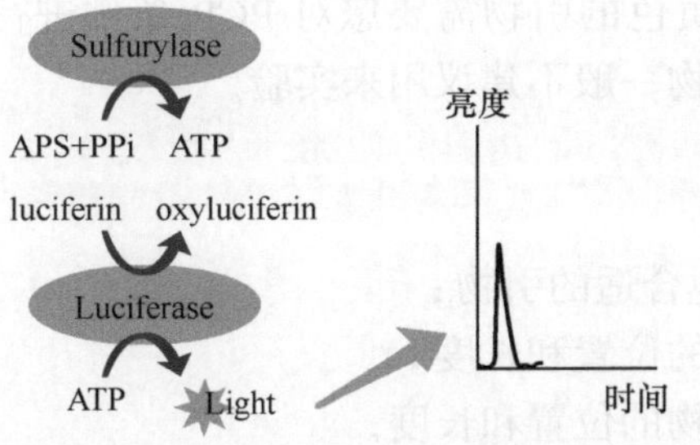

图 3-7　ATP 介导的荧光信号反应示意图

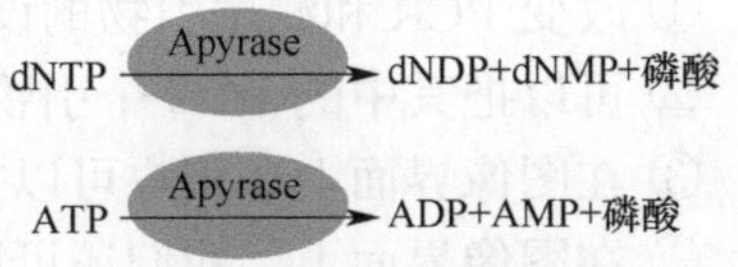

图 3-8　反应猝灭示意图

然后加入下一种 dNTP。最终待测序列顺序，即可从反应光强的信号峰中读出。一般仪器通过信号峰的有无判断碱基的种类，信号峰的峰高来判断碱基的数目。在此过程之中有几点值得注意的是，在体系中使用的是 dATPαS 而非 dATP，因为 dATPαS 不是荧光素酶的底物，而且 DNA 聚合酶对 dATPαS 的催化效率更高。而且在系统之中，底物的浓度已经最佳化，使得 dNTP 的降解速度慢于它的掺入速度，ATP 的合成速度快于水解速度，其中三磷腺苷双磷酸酶的特异浓度，可以保证降解完全，使系统复原。

第三节　焦磷酸测序技术引物的设计及结果分析

焦磷酸测序在引物设计和结果分析中，目前主要依赖相关测序公司开发的软件来进行，因此在本章当中我们将结合相关软件对该技术的具体操作应用作详细展示。

一、利用软件进行引物设计的流程

关于焦磷酸测序中引物的设计，目前很多测序公司已经开发出相当方便实用的软件，以 Biotage 公司开发的 Pyrosequencing Assay Design Software 1.0 为例，就是一款整合了 PCR 引物设计和测序引物设计的软件。下面我们以该软件为例详细介绍引物设计的流程。

第一步，首先通过拷贝和粘贴把序列直接输入到软件中，或直接在输入框输入序列。

第二步，在引物设计界面上，选择要分析的类型，该软件会给出三类：基因分型（genotyping），等位基因定量（allele quantification，AQ），顺序分析（sequence analysis，SQA）。同时可命名多态位点，当分析结果被输入到焦磷酸测序的操作软件中时，这些命名将作为位点的名称。

第三步，选择所要分析的 SNP 位点或测序区域，然后右击设定为要分析的位点或区端。在这一步骤中，所选择的区域即为我们将要测序的目的区域。

第四步，点击 RUN，软件即开始运行设计，软件状态显示在软件底部。

第五步，软件设计的 PCR 引物和测序引物是专门针对 PSQ 反应需要的，设计好的候选引物列在 Primer set 区域。通常使用得分最高的那组引物来实验就可。一般情况下，蓝色的引物都可以得到很好的实验结果，而黄色的引物需要您对 PCR 条件进行优化以及 PYRO 实验的阴性实验对照，而红色的引物一般不建议用来实验。

第六步，引物的调整与改善。

① 改变 PCR 和测序引物的设计参数；

② 可以把其中的 1～2 个引物锁定，寻找其他合适的引物；

③ 在图像界面上，用户可以方便的改变引物的位置和长度；

④ 在图像界面上，我们还可以方便的改变引物的位置和长度。

PCR 引物设计和测序引物设计都可以通过 Assay Design SW 软件来进行，如果我们需要使用自己常用的其他软件来设计，必须注意以下事项。

（1）PCR 引物设计：PCR 引物通常在 18～25bp 之间，GC 含量要与全片段的 GC 含量相当，两引物有差不多的复性温度。引物最好在 5′具有较多的 GC，而在 3′具有较少的 GC，这样可以保证反应的特异性。它们不能形成发卡结构或自身形成二聚体。要特别检测生物素标记的引物，避免其形成发卡环和二聚体，引物这样会导致焦磷酸测序反应的背景。如果用 Oligo6.0 来进行引物设计，你可以使用软件自动寻找引物。程序可以给出选择的引物理想的最高的复性温度。

（2）PCR 产物设计：PCR 产物的长度越短越好，相对长 PCR 产物片段，短片段具有巨大优势，扩增比较容易，溶解性提高，琼脂糖凝胶珠的消耗量也少。虽然有试验表明大于 500bp 的片段试验也能获得好的结果，但最好片段不要超过 200bp。同时为避免背景信号，还要确保模板在 3′端不能产生多于碱基的配对而造成的环。

（3）测序引物设计：一般使用 Assay Design SW 来设计反应的测序引物，我们只需把所要分析的序列输入软件，给定分析位点，软件可以自动设计测序引物。一般得分较高的引物可以直接使用。在这里需要说明的是 Assay Design SW 软件是专门针对焦磷酸测序反应需要而进行引物设计的，其算分方法和其他引物设计软件不一样。在这里我们简单介绍一下测序引物设计的基本要求。设计测序引物的标准与 PCR 引物的差不多，只是要其 T_m 值尽可能低，以我们当前的经验，T_m 在 50℃左右最好，但 T_m 在 40℃时也能获得很好的试验结果。测序引物不需要用生物素标记。测序引物要距离所测位点 5 个碱基以内。如果 SNP 位点的一种碱基和相邻的多个碱基一致，这样测序反应时此位点碱基会和相邻的碱基峰重合，结果就很难判断。为了避免这种情况出现，就要把测序引物设计在 SNP 的前面。然而，如果这种情况不能避免，5 个 C、G、T 或 3 个 A 是可以接受的。再长的聚合物会影响当前软件分析的准确性。

由于测序反应在 28℃下进行，则要注意检查引物的自身复性，特别时在引物的 3′端。我们已经发现在引物的 3′端如果有 4 个碱基能配对或者在引物的 3′端有一个碱基配对，在其他位置二聚体被稳定，这样反应时就会出现问题。一个问题是通过自复性的测序引物在 3′形成延伸而产生背景信号。

另外，在模板制备中的 PCR 反应还需要优化，具体来说可从以下几个方面来考虑：

（1）$MgCl_2$ 的浓度需要摸索：由于 Mg^{2+} 和各种核苷酸与 DNA 结合，有效的游离 Mg^{2+} 浓度依赖于核苷酸和 DNA 浓度。因此，在 PCR 优化中要保持 DNA 和核苷酸的浓度，作为标准，我们在 50μlPCR 反应体系中使用 10ngDNA 和 125μm 的各种核苷酸。

总体来说，增加 Mg^{2+} 的浓度会提高 TaqGold 酶的插入速率和效率，但是高的 Mg^{2+} 浓度会使酶反应的错插入率增加。而且高的 Mg^{2+} 浓度会稳定引物二聚体以及引物和模板错配，还会稳定模板的二级结构，这样会减低 GC 含量丰富区的模板的扩增效率。低的 Mg^{2+} 浓度会导致反应更严谨，但会导致反应效率低，产物产率下降。

（2）PCR 循环条件：PCR 反应程序需要优化，在一个理想的复性条件下，PCR 可以进行 50 个循环。

第一步　预变性 94℃ 5min；第二步　变性 94℃ 15s，复性 15s，延伸 72℃ 15～30s；50 个循环；第三步　72℃ 5min；第四步　4℃ 保存。

（3）生物素标记引物：PCR 反应中生物素标记的引物应少加，这可避免模板中存在游离的生物素标记引物存在，如果大量多于标记引物存在，会降低单链分离纯化的效率。一般在 50μl 反应体系中使用 0.2μmol/L 的引物即可。同时要注意生物素标记的引物对储存条件非常敏感，要把储存引物，稀释引物冰冻保存。

（4）PCR 扩增中，如遇 GC 含量特别丰富的区域（>70%），可在反应体系中加入 5% DMSO 对扩增会有很大帮助，同时可以使用脱氧尿苷代替部分脱氧鸟苷（开始时 dI∶dG 最好为 3∶1）。

（5）在 PCR 反应中 TaqGold 酶是逐步激活的，所以反应相对普通的 Taq 酶需要较多的 PCR 循环数。为了得到最好的试验结果，需要完全消耗生物素标记的引物，所以 PCR 一般进行 45～50 循环。

（6）PCR 反应中需要优化的参数是复性温度和镁离子浓度。复性温度一般在 54℃～64℃之间。选择两个可以用来进行所有 PCR 优化的模板。使用 Taq Gold 酶，最好的开端是使用三个不同的温度（例如 54℃、57℃和 60℃）以及三个不同的镁离子浓度（1.5mmol/L、2.0mmol/L 和 2.5mmol/L），而保持其他参数不变。GC 丰富区域往往需要较高的复性温度以及较低的镁离子浓度（因为高盐浓度会稳定二级结构）。通常情况下，中等 GC 丰富区使用 57℃复性以及 2.0mmol/L 镁离子浓度，所以建议使用这个条件作为 PCR 优化的起点。

最终我们优化的目标是在 1.5% 的琼脂糖胶上检测 PCR 产物，需要得到单一信号较强的条带，并且没有剩余的引物，也没有引物二聚体或其他非特异的条带存在。所以我们建议在焦磷酸测序反应中，只要使用 10 pmol 的测序引物和 15～25μl 的 PCR 产物，一般就能得到较强的单一信号。

二、焦磷酸测序的结果分析

正常情况下，焦磷酸测序结果会在四种酶的协同作用下，将每一个 dNTP 的聚合与每一次荧光信号的释放偶联起来，最终以荧光信号的形式实时记录模板 DNA 的核苷酸序列。但也会出现很多例外的情况，下面我们以列表的形式将意外情况进行汇总分析，以帮助读者更好利用该技术。

（1）信号过低（low signal level）：如果在整个测序反应中信号都很低，那问题一般是出现在 PCR 产物或是生物素标记的引物（表 3-1）。

表 3-1 信号过低原因及建议操作

可能原因	建议操作
模板浓度很低（在电泳胶上 PCR 条带很弱）	增加单链分离纯化时的模板用量，建议使用 1～8 pmol 的模板，或优化 PCR 条件
缓冲液准备错误	重新准备缓冲液，确保缓冲液的盐浓度和 pH 的正确
生物素标记的引物中含有游离的生物素，游离的生物素会与模板竞争结合到链霉亲和素包被的凝胶珠上	生物素标记的引物要经过 HPLC 纯化，这样可去除游离生物素，增加模板结合到凝胶珠上
PCR 反应中加入的生物素标记的引物过多，没有反应的生物素标记引物会与模板竞争结合到链霉亲和素包被的 beads 上	在 PCR 反应中减少生物素标记引物的使用量，25μl 的 PCR 反应体系使用 5 pmol 引物就够了。或者增加 PCR 的循环数来消耗掉引物，建议进行 45～50 个循环
模板链太长	重新设计 PCR 引物保证产物的长度小于 200bp
PCR 产物的信号很强，但是引物二聚体和非特异性条带液很多	重新设计 PCR 引物
PCR 产物结合到磁珠上的效率很低	当使用磁珠时，最好在 65℃下固定 15min，并且一直保持震荡状态保证凝胶珠悬浮（较长的模板可以在较低温度下延长结合时间来保证结合效率） 琼脂糖的凝胶珠用户在室温下结合 10min，同时一直保持震荡状态保证凝胶珠悬浮
试剂稀释或者保存不当	酶和低物应用 620μl 的超纯水融解，融解的酶和低物在 4℃只能保存 24 小时

（2）背景（background）：如果 Pyrogram 显示出的很多代表相同多核苷酸数的峰的高度相差很大，或者在本来应该不出峰的地方显示出小的峰型，这通常是由于引物或模板而引起的背景。如果在每次加样之间产生小的峰型，这通常是由于临近样品孔的强信号穿光所造成的（表 3-2）。

表 3-2 背景峰及建议操作

可能原因	建议操作
模板链形成二级结构，这样导致在 3′延伸	仅仅使用模板来反应作为对照，来消除模板导致的背景。如果可能，重新设计引物以避免二级结构。如果模板背景干扰 SNP 位点检测，改变分配顺序使模板背景位移
引物二聚体或者环状结构的形成导致形成 5′配对，这样可以作为延伸的模板	仅运行测序引物，阴性 PCR 模板以及测序引物＋生物素标记的引物作为对照来检测可能的背景信号。如果可以，重新设计引物来避免引物二聚体的形成。测序引物的二聚体可以通过另外一步模板准备操作从反应中去除（模板与测序引物复性后，把模板抓到真空吸头上再释放到新准备的 1× 复性缓冲液中）
测序引物和模板非特异性复性	重新设计引物
生物素标记的引物和模板非特异性配对	PCR 反应中尽量使用较少的引物而避免引物剩余。重新设计引物
非单一样本	重新准备样本
邻近孔的强信号的光干扰	调整周围孔的模板浓度保证单个核苷酸的峰高在 10～20rlu

（3）峰型过宽（表 3-3）。

表 3-3 峰形态原因及建议操作

可能原因	建议操作
模板过多	单链分离纯化时使用较少的模板量
模板上的二级结构导致测序引物很难与模板复性	延长复性时间以及使用高的复性温度，如 5 minutes，95℃
加入的 beads 过多	减少 beads 的使用量
1×复性缓冲液使用步正确（低信号以及峰很宽）	重新准备缓冲液，确保缓冲液的盐浓度和 pH 的正确
试剂稀释或者保存不当	酶和低物应用 620μl 的超纯水融解，融解的酶和低物在 4℃只能保存 24 小时

（4）一个峰从中间裂开：这种情况一般是因为在加样的过程中液滴意外地碰到样品板壁而造成的（表 3-4）。

表 3-4 叉峰原因及建议操作

可能原因	建议操作
试剂舱针头堵塞	按说明清洗试剂舱或者更换试剂舱
试剂舱针头损坏	更换试剂舱

（5）产生意料之外的峰：在 Pyorgarm 中产生意料之外的峰一般是由于背景信号所引起的。此外，还需检查其他几个方面（表 3-5）。

表 3-5 非目的峰原因及建议操作

可能原因	建议操作
分析序列输入错误导致了不准确的分配次序	样本可以通过重复一次样本准备过程而被保留并可以用来重新运行反应，在这种情况下信号通常会减弱
未知的 SNP 位点导致不正确的分配次序	样本可以通过重复一次样本准备过程而被保留并可以用来重新运行反应，在这种情况下信号通常会减弱

（6）其他现象（表 3-6）。

表 3-6 其他非正常及建议操作

现象	建议操作
在反应中途信号终止	如果个别样本出现这现象，那可能是分配次序出错。如果是在一次反应中有多个样本发生此现象，有可能是在测序反应中底物被耗尽，这种情况主要是由于较高的底物信号峰
在孔板的底排没有信号（G 和 H 排，注意分配是按 Z 型来进行的）	酶和底物准备错误，其中一个在分配循环的后期被用完了，保证在 96 孔反应时使用 620μl 的酶和底物，并避免剧烈混合而产生气泡
高的底物峰	样本或缓冲液中有焦磷酸污染。PCR 反应中产生大量的焦磷酸，这些焦磷酸可能被带入测序反应中。如果缓冲液是污染源，请重新准备缓冲液。注意：这一般不影响结果的质量
基线漂移	CCD 的温度不稳定，要让仪器预热 60～90min 或者是环境温度变化太大，要保证环境温度在 18～28℃

第四节 焦磷酸测序技术的应用

由于焦磷酸测序技术可以帮助研究者跨过文库构建这一实验步骤，避免了亚克隆过程中引入的偏差。因此它的独特优势也日渐显现，相比于参比基因组（reference genome）进行的传统测序技术，它可以非常轻松地完成基因组重测序（re-sequence），仅依靠后期强大的生物信息学分析能力，就可以在许多领域开展应用。关于焦磷酸测序技术的应用我们可以分以下几个方面展开介绍。

一、焦磷酸测序技术在各领域中的应用

（一）在病原微生物快速鉴定中的应用

传统的细菌分离、培养和生化分析，已不能满足对各种病原微生物的诊断以及流行病学研究，研究者不仅希望在分子水平上对各种细菌和病毒进行研究，同时希望检验方法更快速、准确，人为影响因素要尽可能减少，便于构建标准化的操作流程。传统的PCR方法以及定量PCR方法一直是核酸检测的首选手段。但它无法获得分子诊断的黄金标准——基因序列，而利用常规的DNA测序技术对大片段的DNA进行序列测定，在速度和消耗上又不能满足对大规模样本快速检测的要求。我们在实际工作中发现，很短的一段保守特异序列的测定其实就可满足对分子诊断的需要。焦磷酸测序技术恰好迎合了上述要求，因而颇受诸多研究者的欢迎。

例如，Monstein等（2001）用焦磷酸测序技术检测幽门螺杆（helicobacterpylori，HP）16S rRNA基因（16SrDNA）易变的V1和V3区序列，它将胃镜活检标本中得到的23个幽门螺杆菌标本依据其V1区（75～100bp）的核苷酸序列差异，鉴定出8种不同的等位基因类型，除11个样本与幽门螺杆菌26695株序列一致、1个样本与199株的序列一致外，根据V1区的改变表现为有1个或2个核苷酸的突变或单个核苷酸的插入而分为4个等位基因类型。另有2个标本的V3区（990～1020bp）出现C至T转换，证明此技术可满足对临床病原菌标本的快速鉴定和分型。瑞典Uppsala大学利用焦磷酸测序技术建立了新的鉴定炭疽热细菌（Bacillus anthracis）及其致病状态的方法，他们利用此技术分析染色体上的Ba813基因（此基因长度为277bp，在染色体上为单拷贝，是炭疽热杆菌区别于其他土壤杆菌的标志）20bp的特异序列来鉴定炭疽热细菌，准确率达99.6%。通过分析菌株是否含有两个质粒（鉴定pX01的lef基因和pX02的cap基因）来确定炭疽热细菌的致病状态，准确率达100%。

Unnerstad等（2001）也利用焦磷酸测序技术对106株不同血清型的单核细胞增生李斯特氏（Listeriamonocyrogenes）进行了分型，根据inlB基因第1575位和1578位核苷酸的变化，将血清型1/2a和1/2c分为一组，1/2b和3b分为一组，而血清型4b又可分为2个组。该技术还被应用于百日咳杆菌（Bordetella pertussis）与副百日咳杆菌（Parapertussis）等细菌的快速鉴定及分型。此外，Gharizadeh等（2001）采用焦磷酸测序技术对67例人乳头瘤病毒（humanloapillomaviruses，HPV）样品进行了鉴定

和分型，结果证明该技术也非常适用于 HPV 等病原体的大规模鉴定、分型和突变的研究。

（二）在单核苷酸多态性研究方面的应用

SNP 是指在基因组水平上由于单个核苷酸位置上存在转换（C 与 T 互换，在其互补链上则为 G 与 A 互换）或颠换（C 与 A、G 与 T、C 与 G、A 与 T 互换）等变异所引起的 DNA 序列多态性。SNP 是近年来出现的 dNTP。第三代遗传标记，是人类可遗传的变异中最常见的一种，占所有已知多态性的 90% 以上，在人类基因组中广泛存在，平均每 500～1000 个碱基对中就有 1 个，估计其总数可达 300 万个甚至更多。人类基因组单核苷酸多态性研究所揭示的人种、人群和个体之间 DNA 序列的差异以及这些差异所表现的意义，将对疾病的诊断、治疗和预防带来革命性的变化。今后 SNP 将在下列领域发挥重要作用：

（1）进行疾病的遗传连锁分析（linkageanalysis）及关联分析（associationanalysis），用于疾病易感基因定位，而且其定位的精度将比微卫星标记精细得多，可直接用于指导易感基因克隆。

（2）在"药物基因组学"（pharmacogenomics）研究中，可通过检测 SNP 的遗传多态性标记，揭示人群中不同个体对不同药物的敏感性差异的根本原因。

（3）可用于法医研究罪犯身份的鉴别及亲子鉴定等。此外，在器官移植中供体和受体间的配对选择及物种进化的研究中都将具有重要意义。SNP 分析的前提是所研究基因的 DNA 序列必须是已知的。焦磷酸测序技术的特点则非常适合对已知短序列 DNA 的测序分析。

同时运用该技术，许多研究人员进行了广泛的 SNP 研究，对象包括神经肽 Y（neuropeptide Y，NPY）的 T1128C（Ding et al，2002）、钙离子通道 a 亚单位蛋白（CACNAIA）的第 8 外显子（Sander et al，2002）、2 型糖尿病患者基因组 DNA（Sander et al，2002）、人谷胱甘肽过氧化物酶（GPX1）等基因的 SNP 分析（Nordstrom et al，2000）。Gustafsson 等（2001）用此技术进行 p53 基因上的 72 号密码予的 SNP 基因型分析。p53 基因上的 72 号密码子存在一个 G/C 突变，该突变决定该密码子是翻译为脯氨酸还是精氨酸。Gustafsson 等发现该位点的 SNP 突变与宫颈癌相关的 HPV 易感性相关，表明此技术为 p53 肿瘤抑制基因上的 72 号密码子的 SNP 基因型（包括纯合子和杂合子）分析提供了一种明确而强有力的测试手段。此外，瑞典的 Karolinska 研究所利用焦磷酸测序技术，通过对 1022 个样本的公认的与肥胖症相关的 10 号染色体的 6 个 SNP 位点分析，发现其中一个 SNP 与男性肥胖症之间具有明显的相关性。同时研究人员利用此技术对以下遗传病分子诊断作了相应的研究：听力损失相关基因 Connexin26 等的突变和开发诊断方法、遗传性胸腺癌（MEN2）相关基因 RET 突变的快速精确鉴定方法（Kruckeberg and Thibodeau，2004）、多发性硬化症相关基因分析（Chen et al，2003）、人类白细胞抗原分型方法研究与开发（Ramon et al，2003）等。已知 SNP 的等位频率分析是 SNP 研究中的一项重要内容，由于焦磷酸测序技术有极高的检测灵敏度，进行 SNP 频率分析时，待检样品可以采用 Pooling 的策略，即将多达上千个样本的 PCR 产物等量混合于一个样品孔中，进行一次焦磷酸测序技术分析，或者将众多样本的基因组 DNA 等量混合后进行一次 PCR，然后进行一次焦磷酸测序技术分析，即可获得样品中某一 SNP 位点的准确可靠的频率结果。此技术的应用不仅极大地提高了工作效率，而且大大减少了样品和试剂的消耗（Nordfors et al，2002）。

（三）在法医鉴定方面的应用

在法医鉴定领域，传统的线粒体 DNA 分析使用 Sanger 测序的方法对其 D-环链区的两个高度可变区 HVⅠ和 HVⅡ区进行分析虽然很有效，但却需耗费大量的时间和劳力。Andreasson 等（2002）利用焦磷酸测序技术，对线粒体 DNA-环链区的多态性位点进行测序分析，证明该技术更快速、准确和灵敏，效率大大提高。

（四）在药物基因组学方面的应用

遗传多态性是药物基因组学的基础，这些多态性的存在，可能导致许多药物治疗中疗效和毒副作用的个体差异。通过焦磷酸测序技术对多态性位点的分析，为药物反应研究提供了快速、高效的工具。瑞典 EuronaMedicalAB 与 Pyrosequencing 公司合作使用此技术，对血管紧张转换酶的 SNP 进行分析，对在肾素-血管紧张素-醛固酮系统（RAAS pathway）中作用的 11 个已知多态性位点进行测序分析，十分准确地区分出外显子 15 和外显子 8 的不同纯合子和杂合子的基因型，取得了令人满意的结果。

（五）在农业生物方面的应用

在植物多态性分析如四倍体马铃薯 SNP 的研究中，Rickert 等（2002）利用焦磷酸测序技术，对四倍体马铃薯基因进行分型，在对 94 个多态位点的检测中，发现有 76 个等位基因的座位可用此技术鉴别，有效率达 81%，说明该技术比传统的 Sanger 法测序和单碱基延伸的办法定量更准确。除了测序长度方面的局限，此技术更适合于多倍体物种的 SNP 分析，因为它不仅可以准确区分纯合子和杂合子，而且可以区分不同的杂合子状态。在动物如猪的多态性分析研究中，Milan 等利用焦磷酸测序技术发现猪骨骼肌糖原含量增高与 PRKAG3 基因的一个不可逆转的碱基置换相关，该基因编码猪肌肉特异性的腺苷单磷酸激活的蛋白激酶异构体的调节亚单位。

二、焦磷酸测序技术的深度测序优势

焦磷酸测序技术除了可以避免亚克隆等繁琐模板制备程序以外，另一大优点就是高通量。相对于传统测序的 96 道毛细管测序，焦磷酸测序在一次实验中可以读取 40 万到 400 万条序列。读取长度根据平台不同从 25 碱基到 450 碱基不等，这样一次就可以读取 1～14G 不等的碱基数，这样庞大的测序能力是传统测序仪所不能比拟的。因此如此高的通量是对传统测序的一次革命性改变。这使得对一个物种的转录组和基因组进行细致全面的分析也成为可能（Hager，2009），所以它又被称为重测序或深度测序（deep sequencing）。

2008年4月Helico BioScience公司的Timothy等人在Science杂志上报道了他们开发的真正的单分子测序技术，并利用该技术对一个M13病毒基因组进行重测序。这项技术之所以被称为真正的单分子测序，是因为它完全跨过了上述3种高通量测序依赖的基于PCR扩增的信号放大过程，真正达到了读取单个荧光分子的能力，这无疑向1000美元测定一个人类基因组的目标又迈出了一大步。

2007年van等人结合改进的AFLP技术和焦磷酸测序技术对玉米基因组进行了重测序，该重测序实验发现超过75%的SNP位点能够用焦磷酸技术验证，提供了一条对复杂基因组特别是含有高度重复序列的植物基因组进行多态性分析的技术路线。2008年Hillier对线虫CB4858品系进行Solexa重测序，寻找到了线虫基因组中的SNP位点和单位点的缺失或扩增。

但是也应该看到，由于高通量测序读取长度的限制，使其在对未知基因组进行从头测序的应用受到限制，这部分工作仍然需要传统测序（读取长度达到850碱基）的协助。但是这并不影响高通量测序技术在全基因组mRNA表达谱，microRNA表达谱，ChIP-chip以及DNA甲基化等方面的应用。

2008年Mortazavi等人对小鼠的大脑、肝脏和骨骼肌进行了RNA深度测序，这项工作展示了深度测序在转录组研究上的两大进展，表达计数和序列分析。对测得的每条序列进行计数获得每个特定转录物的表达量，是一种数码化的表达谱检测，能检测到丰度非常低的转录物。分析测得的序列，有大于90%的数据显示落在已知的外显子中，而那些在已知序列之外的信息通过数据分析展示的是从未被报道过的RNA剪接形式，3′端非翻译区，变动的启动子区域以及潜在的小RNA前体，发现至少有3500个基因拥有不止一种剪切形式。而这些信息无论使用芯片技术还是SAGE文库测序都是无法被发现的。同年Sugarbaker利用mRNA深度测序对恶性胸膜瘤和对照样品进行比较，发现了肿瘤中存在的15个不同的点突变。

焦磷酸测序技术的高通量优势还在小分子RNA或非编码RNA（ncRNA）研究领域得到了广泛应用。这主要源于该技术能轻易地解决芯片技术在检测小分子时遇到的技术难题（短序列，高度同源），而且小分子RNA的短序列正好配合了高通量测序的长度，使得数据“不浪费”，同时测序方法还能在实验中发现新的小分子RNA。现在在衣藻、斑马鱼、果蝇、线虫、人和黑猩猩中都已经成功地找到了新的小分子RNA。在线虫中更是获得了40万个序列，通过分析发现了18个新的小RNA分子和一类全新的小分子RNA，通过对人胚胎干细胞发育前后的分析，还获得了334个小RNA的表达谱带，包括新发现的104个小RNA。

在DNA-蛋白质相互作用的研究上，染色质免疫沉淀-深度测序（ChIP-seq）（Mardis，2007）实验也展示了其非常大的潜力。染色质免疫沉淀以后的DNA直接进行测序，对比ref seq可以直接获得蛋白与DNA结合的位点信息，相比ChIP-chip，ChIP-seq可以检测更小的结合区段、未知的结合位点、结合位点内的突变情况和蛋白亲和力较低的区段。2007年Johnson等人用ChIP-seq对转录因子NRSF在DNA上的结合位点进行了全基因组的筛查，获得了1946个结合位点，最小能分辨的结合位点为50个碱基，这些高质量的ChIP-seq结果提供了研究新的DNA-蛋白质相互作用的内容，其中包括了胰岛发育调控网络中的重要转录因子。同年 Robertson 等人用同样的方法检测转录因子和基因组 DNA 的结合情况。这两项研究同时验证了以往用 ChIP-chip 实验检测到的结合位点，同时发现新的结合位点，Robertson（2007）等人发现，ChIP-seq 的分辨率可达 40 碱基。2008 年 Chen 等人在 Cell 上发表论文，用 ChIP-seq 检测了 Nanog、Oct4、STAT3、Smad1、Sox2 等 13 个序列特异性的转录因子与基因组 DNA 的结合情况，这些转录因子都是 LIF 和 BMP 途径的重要调控分子。这些转录因子在 ES 细胞里结合位点为我们揭示了 ES 细胞内决定 ES 细胞发育方向的调控网络。

虽然焦磷酸测序技术深度测序优势在许多领域得到了延展，但这项技术的成熟还需要在数据管理上继续前进才能有望得到更广泛的应用。例如同样是隶属于深度测序的基因芯片技术，在经过近 15 年的发展后，已经形成了一个系统的平台。从样品制备、芯片杂交、数据扫描到后期的数据管理以及深度数据挖掘都有了标准化的流程，这不仅适合对大量生物学样品进行已知信息的检测，而且其芯片数据可为后期分析提供强大的支持。正因为有了如此坚实的理论和实验支持才使得基因芯片有了广泛应用。

但芯片的缺点在于是一个“封闭系统”，只能检测已知序列的特征（或有限的变异）。而焦磷酸测序的强项在于它是一个“开放系统”，它的发现能力和寻找新的信息的能力，从本质上是高于芯片技术的。因此研究者可以充分享受这两个平台的比较优势，在获取新信息的基础上，利用芯片的强项，即对已知信息的高通量、低成本（相对）的检测能力，对大量样品进行快速检测，短时间内获得有大量有效的数据。

作为高通量基因组学的研究技术，我们不希望在应用方面多项技术存在重叠和竞争，更多的希望是优势互补和联合使用，从而解决以前的单种技术难以解决的问题。比如 Euskirchen（2007）等人同时用 ChIP-chip 和 ChIP-seq 对 STAT1 的结合位点进行了检测，结果非常有趣，两种技术对于强阳性的区段具有非常好的相关性，而对于一些弱的结合位点，ChIP-chip 和 ChIP-seq 都会丢失部分信息，而一种方法丢失的信息又恰好能被另一种方法所检出，完整的数据是来自两部分的整合。同样的情况也发生在 mRNA表达谱检测上，一种技术能弥补另一种技术遗漏的部分。因此对一个生物学问题的回答需要不同实验技术的协同配合。例如目前新兴的 Target sequencing（序列捕获，Sequence Capture）技术，就是结合了芯片和深度测序，利用芯片探针捕获待测片段，再用深度测序技术分析核酸序列，利用高密度芯片和焦磷酸测序仪成功的捕获了 6726 个 500 碱基长度的外显子和 200kb 到 5Mb 的 DNA 区段，测序结果显示大多数的捕获 DNA 是符合设计要求的目的片段，该实验验证了序列捕获的特异性和可行性，芯片的序列捕获技术将来有可能在对基因组区段测序的研究中取代多重 PCR 过程。

随着科学技术的进步，我们希望更多技术的联合应用能不断给焦磷酸测序挖掘出新的亮点，在生物学实验技术发展的高通量时代，继续协同配合推动生命科学研究进入新的纪元。

主要参考文献

Andreasson H, Asp A, Alderborn A, et al. 2002. Mitochondrial sequence analysis for forensic identification using pyrosequencing technology. Biotechniques, 32: 124-6, 128, 130-133

Chen DC, Saarela J, Nuotio I, et al. 2003. Comparison of GenFlex Tag array and Pyrosequencing in SNP genotyping. J Mol Diagn, 5: 243-249

Clarke J, Wu HC, Jayasinghe L, et al. 2009. Continuous base identification for single-molecule nanopore DNA sequencing. Nat Nanotechnol, 4: 265-270

Ding B, Bertilsson L, Wahlestedt C. 2002. The single nucleotide polymorphism T1128C in the signal peptide of neuropeptide Y (NPY) was not identified in a Korean population. J Clin Pharm Ther, 27: 211-212

Euskirchen GM, Rozowsky JS, Wei CL, et al. 2007. Mapping of transcription factor binding regions in mammalian cells by ChIP: comparison of array- and sequencing-based technologies. Genome Res, 17: 898-909

Gharizadeh B, Kalantari M, Garcia CA, et al. 2001. Typing of human papillomavirus by pyrosequencing. Lab Invest, 81: 673-679

Gustafsson AC, Guo Z, Hu X, et al. 2001. HPV-related cancer susceptibility and p53 codon 72 polymorphism. Acta Derm Venereol, 81: 125-129

Hager G. 2009. Footprints by deep sequencing. Nat Methods, 6: 254-255

Harris TD, Buzby PR, Babcock H, et al. 2008. Single-molecule DNA sequencing of a viral genome. Science, 320: 106-109

Hillier LW, Marth GT, Quinlan AR, et al. 2008. Whole-genome sequencing and variant discovery in C. elegans. Nat Methods, 5: 183-188

Kruckeberg KE, Thibodeau SN. 2004. Pyrosequencing technology as a method for the diagnosis of multiple endocrine neoplasia type 2. Clin Chem, 50: 522-529

Mardis ER. 2007. ChIP-seq: welcome to the new frontier. Nat Methods, 4: 613-614

Monstein H, Nikpour-Badr S, Jonasson J. 2001. Rapid molecular identification and subtyping of Helicobacter pylori by pyrosequencing of the 16S rDNA variable V1 and V3 regions. FEMS Microbiol Lett, 199: 103-107

Mortazavi A, Williams BA, McCue K, et al. 2008. Mapping and quantifying mammalian transcriptomes by RNA-Seq. Nat Methods, 5: 621-628

Nordfors L, Jansson M, Sandberg G, et al. 2002. Large-scale genotyping of single nucleotide polymorphisms by Pyrosequencingtrade mark and validation against the 5′nuclease (TaqMan®) assay. Hum Mutat, 19: 395-401

Nordstrom T, Ronaghi M, Forsberg L, et al. 2000. Direct analysis of single-nucleotide polymorphism on double-stranded DNA by pyrosequencing. Biotechnol Appl Biochem, 31 (Pt 2): 107-112

Ramon D, Braden M, Adams S, et al. 2003. Pyrosequencing trade mark: A one-step method for high resolution HLA typing. J Transl Med, 1: 9

Rickert AM, Premstaller A, Gebhardt C, et al. 2002. Genotyping of Snps in a polyploid genome by pyrosequencing. Biotechniques, 32: 592-593, 596-598, 600

Robertson G, Hirst M, Bainbridge M, et al. 2007. Genome-wide profiles of STAT1 DNA association using chromatin immunoprecipitation and massively parallel sequencing. Nat Methods, 4: 651-657

Rothberg JM, Leamon JH. 2008. The development and impact of 454 sequencing. Nat Biotechnol, 26: 1117-1124

Sander T, Toliat MR, Heils A, et al. 2002. Failure to replicate an allelic association between an exon 8 polymorphism of the human alpha (1A) calcium channel gene and common syndromes of idiopathic generalized epilepsy. Epilepsy Res, 49: 173-177

Shendure J, Ji H. 2008. Next-generation DNA sequencing. Nat Biotechnol, 26: 1135-1145

Unnerstad H, Ericsson H, Alderborn A, et al. 2001. Pyrosequencing as a method for grouping of Listeria monocytogenes strains on the basis of single-nucleotide polymorphisms in the inlB gene. Appl Environ Microbiol, 67: 5339-5342

van Orsouw NJ, Hogers RC, Janssen A, et al. 2007. Complexity reduction of polymorphic sequences (CRoPS): a novel approach for large-scale polymorphism discovery in complex genomes. PLoS One, 2 (11): e1172

第四章　变性高效液相色谱及其应用

变性高效液相色谱（denaturing high performance liquid chromatography，DHPLC）是进入21世纪以来才逐渐发展成熟的核酸分析技术，目前在生命科学领域中已得到广泛的应用。是一种基于异源双链分析（heteroduplex analysis）基因突变、单核苷酸多态性（SNP）、DNA片段长度多态性的高精度、高通量的新型检测技术。

第一节　变性高效液相色谱的产生及其发展

高效液相色谱法由于分离效率高、选择性好以及同时具有分离和检测功能，已经发展成为分离和分析生物大分子（如核酸、蛋白质等）的强有力手段。该技术应用于核酸研究主要有6种分离模式：尺寸排阻色谱（size-exclusion chromatography）、阴离子交换色谱（anion-exchange chromatography）、混合模式色谱（mixed-mode chromatography）、反相色谱（reversed-phase chromatography）、离子对反相色谱（ion-pair reversed phase chromatography）、亲和色谱。在这几种分离模式中，阴离子交换色谱和离子对反相色谱由于具有较高的分辨能力和分析单、双链DNA片段大小范围宽等特点，应用较为广泛。尤其是离子对反相色谱法（IR-RP-HPLC）被公认为是检测核酸较为理想的方法。1986年，Eriksson等曾采用以多孔硅胶为载体的PepRPC（C2/C18）色谱柱分离了DNA片段。然而，由于分离600bp以上的DNA片段需耗时3h以上，冗长的分析时间限制了该方法在实际分析和制备方面的应用。20世纪90年代初，随着无孔苯乙烯、二乙烯苯共聚物（poly（styrene-divinylbenzene），PS/DVB）填料的问世，加快了分析速度，并解决了样品峰过宽及拖尾等柱效低的问题，才使这一技术在蛋白质分离及DNA片段分离等方面的应用得以快速发展。但发掘这种技术的潜在能力并应用于探索生物基因组DNA序列奥秘和分子检测技术领域却是在近十几年间刚刚兴起的。

变性高效液相色谱技术的雏形早先是由美国斯坦福大学Oefner及Underhil等学者在科研过程中逐步发现建立，经过不断地探索和积累形成的一套全新检测技术，并与1995年正式发表文献予以报道。早在1988年Kuklin等就把同样的技术称为温度调控异源双链分析（temperature modulated heteroduplex ananlysis，TMHA）。2000年我国学者侯一平等则建议把在接近DNA解链温度条件下进行的，以探索与发现DNA序列变异为目的的离子对反相液相色谱技术称为温度调控高效液相色谱法（temperature-modulated high-performance liquid chromatography）。

进入新世纪以来，美国Transgenomic公司根据DHPLC的技术特点和原理，引入基因组学理论，衔接分子生物学、分子诊断学研究方法和手段，在整合多学科研究和多项检测技术的基础上，将其进行商业化和产业化开发，研制发明了用于高通量检测核酸序列、结构多态性的专利产品WAVE® DNA片段分析系统（WAVE® DNA fragment analysis system)。该系统随着人类遗传病理学、基因组学理论的丰富和发展，目前已由最初的单一型号分析系统扩展为多功能、多型号的系列产品，性能得到了极大改善与提升，可以满足各个学科领域不同研究目的的需要。

DHPLC的商品化仪器WAVE® 核苷酸片段分析系统逐渐被作为一种常规分析工具被越来越多的分子生物学实验室所采用，用来对双链DNA片段大小及可能的未知SNP和突变进行快速分析分离鉴定。自2006年起，美国Transgenomic公司开始了对WAVE® 核苷酸片段分析系统进行全面升级，推出WAVE® 4500系列产品，4500系列具有更快速精确的变温控制系统，日最大处理样品量400个PCR产物，而数据处理时间仅为1小时，若采用Pooling的方式，紫外检测器可提高通量10倍，而荧光检测器可提高灵敏度100倍。WAVE® 系列产品分为：WAVE® 4500、WAVE® 4500HT、WAVE® 4500HT-HS、WAVE® MD、WAVE® Oligo和WAVE® Microbal Analysis System共计六个型号的产品。

经典分子生物学方法的引入，为实验室具体的检测工作提供了更为广阔的选择。常规PCR检测步骤简单，操作方便，假阳性结果出现频率过高的问题却无法避免。荧光PCR及基因芯片技术灵敏度高、结果可靠，但荧光定量PCR仪及基因芯片装置价值昂贵，大多数部门无力购置。Southern、Northern等由于杂交技术耗时长、步骤多，对于检测人员技术能力要求较高等缺点不适合推广应用。许多研究表明与传统分子生物学方法相比，DHPLC作为新型分子检测鉴定技术在准确度和节约成本、高通量、简捷快速等各个方面都具有天然的优势。施锦绣等（2001）比较DHPLC与直接测序法在单核苷酸多态性检测中的应用，发现在41个样本的SERT-E9A/G基因检测中，DHPLC的检出率达到了100%。在大规模样本的杂合子筛检中，检测的错误率几乎为0。结论是DHPLC技术是一项可用于未知序列的检测、尤其是在人群中大规模筛查已知序列的有效手段。Jones等（2001）在BRCA1基因中，DHPLC检出了所有直接测序找到的变异体，但DHPLC比直接测序的成本至少降低了10倍左右。与基于荧光PCR、DNA芯片的再测序相比DHPLC不仅成本低，而且灵敏度与特异性也比较高。Kwok等认为，对于频率高于20%的变异，DHPLC的检出率为100%，而直接测序的检出率为80%。Choy等通过比较构象敏感凝胶电泳（PCR-CSGE）、PCR-SSCA和DHPLC检测结节性硬化症基因TSC2突变的能力，发现对于TSC2单核苷酸变异的检出率PCR-CSGE和PCR-SSCA分别为69%和54%，而DHPLC为100%，提示DHPLC优于CSGE和SSCA，特别是在检出单核苷酸变异方面。这些研究表明，DHPLC是检测基因组DNA更为敏感而且准确的手段。

DHPLC技术操作步骤简单，具有自动化程度高、检测快速、灵敏度高的特点，并可以对样品进行自动化回收。该技术允许在完全变性、部分变性或非变性条件下分析核苷酸片段，已被广泛用于核酸片段分离、突变检测、基因型分析、PCR引物纯度分析和纯化、SNP分析等方法，单核苷酸突变检测准确率稳定在96%以上。在最佳条件下，该技术甚至可以对有些杂和体的两个等位基因进行分离。又由于整个过程无需对DNA产物进行后期无害化处理，可以有效地解决溴化乙啶的环境污染问题。是一种很有发展前景的检测技术。

第二节　变性高效液相色谱的分析原理

变性高效液相色谱（DHPLC）作为一种新型的核苷酸分析技术，已经越来越多地被应用于我们的实验研究当中，本章节将对其技术原理进行详细介绍。

一、长度多态性分析原理

DNA分子带负电荷，通过一种充当桥梁作用的分子使TEAA（三乙基铵醋酸盐）的阳性胺离子与DNA相互作用，与柱子固相填料表面分子结合，DNA分子本身得以吸附到柱子上。这样DNA分子越长，结合的TEAA越多，与固相结合得越牢固。DNA链与固相结合的强度会随着流动相中乙腈浓度的增加而减，DNA片段越长，结合的TEAA越多，越不易被洗脱。因此DNA片段大小分析是长度依赖性分离，而非序列依赖性分离。变性温度是影响DNA片段分析的一个重要因素。而在不变性温度条件下，可分离长度不同的双链DNA分子，可进行限制性长度多态性分析和扩增片段长度多态性分析。

二、单核苷酸多态性分析原理

DHPLC对单核苷酸多态性分析的基于对异源双链的分析（heteroduplex analysis）。异源双链（heteroduplex）指由不完全互补的两条DNA单链形成的双链DNA，同源双链（homoduplex）指由完全互补的两条DNA单链形成的双链DNA。简略来说，异源双链和同源双链对介质有不同的亲和力，因此，它们从介质中被洗脱下来的条件有差别。如果PCR产物源自纯合子或者发生了纯合突变的个体，那么只有在与另外一种纯合野生型序列的PCR产物混合，再变性复性，才能够形成上述杂合和纯合双链。如图4-1所示，杂合双链存在错配碱基，其变性温度低于纯合双链，当温度升高到一定程度，先于纯合双链在错配碱基周围解链变性，导致双链减少和单链增多。由于单链比双链所带的负电荷少，杂合双链比纯合双链更容易形成单链，其保留时间短于纯合双链，在图谱上先于未解链的纯合双链出现。随着变性温度升高，纯合双链也会部分变性，

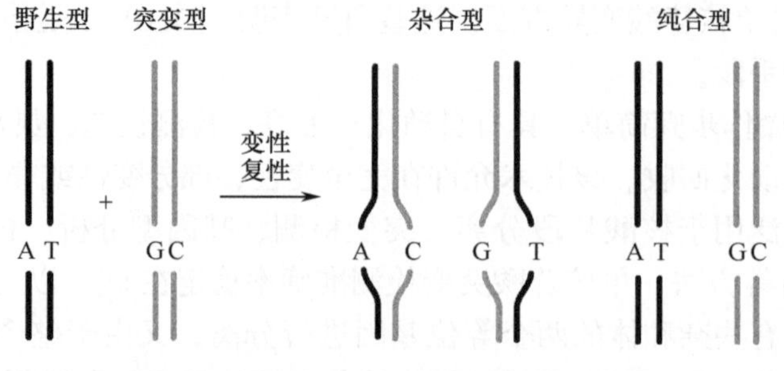

图4-1　通过杂交形成同源和异源双链

A＝T含有2个氢键，C═G含有3个氢键，前者变性程度比后者低，因此先出现的峰为含有AT的双链，后出现的为含CG的双链。利用这种杂合和纯合双链在保留时间上的差异，可以快速分析单个核苷酸的多态性，从而进行基因型的判定。

三、基因型多态性分析原理

（一）部分变性时的基因分型

在DNA部分发生变性的温度条件下进行基因分型，此时，需要将待分析的DNA片段与已知基因型的参考片段混合，然后经过变性、复性等过程，使变异型和野生型的PCR产物不仅分别形成同源双链，同时也错配形成异源双链。根据色谱固定相对它们保留能力的不同进行基因型的判定。该方法的不足之处在于不同类型（变异型和野生型）的纯合子的保留时间几乎相同，所以很难对它们进行区分。

（二）完全变性时的基因分型

将分子充分变性，再结合引物延伸可有效进行基因分型。相同长度的单链DNA分子的保留时间与它们的碱基组成有关，根据固定相对不同碱基的亲和力，按照待分析片段3′端C、G、A、T的次序依次进行洗脱。在DHPLC过程中，由于进样与分析的自动化以及不需对引物延伸产物进一步纯化，所以它是一种适合于高通量基因分型的方法。

四、温度工作原理

（一）在非变性的温度条件下（50℃）

检测同时分离分子质量不同的双链分子或分析具有长度多态性的片段及PCR产物的检测和纯化，类似琼脂糖凝胶电泳双链DNA大小分析（最大到2000bp），也可进行微卫星不稳定性和基因杂合性缺失分析，并结合多重PCR扩增对大片段的缺失和重复进行基因剂量分析，该温度模式下检测的依据源自于基因片段的长短、分子质量大小，并不依赖于序列的核苷酸排列及空间组合特点。如图4-2所示。

由图可知，由限制性内切核酸酶HaeIII切割，9个片段经WAVE® 系统处理后都得到了完整清晰的分离条带。而在0.8%琼脂糖胶图谱上，其中同样大小的257和267bp片段无法实现分离，二者条带混合难辨。

（二）在部分变性的温度条件下（52～78℃）

用于整个基因的突变筛查和发掘单核苷酸多态（SNP），主要是由于变异型和野生型的PCR产物经过变性复性过程，不仅分别形成同源双链，同时也错配形成异源双链，根据柱子保留时间的不同将同源双链和异源双链区分。如图4-3所示，该温度模式下检测结果不仅由基因片段的长短、分子质量大小决定，也取决于序列的核苷酸排列及空间结构组合的特点。

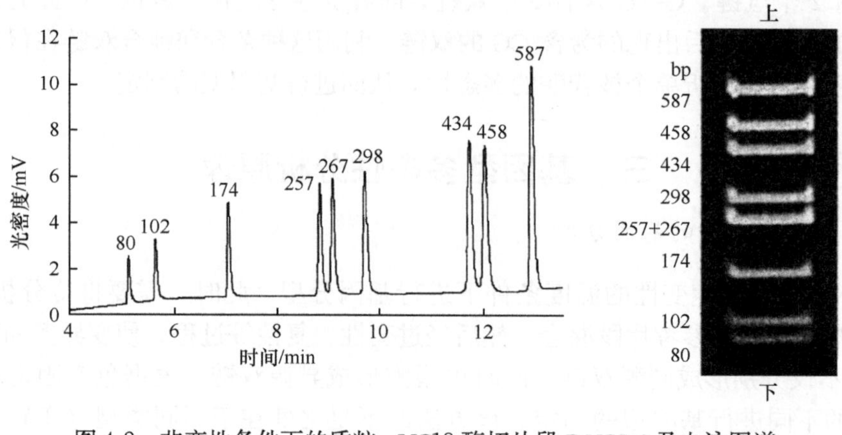

图 4-2　非变性条件下的质粒 pUC18 酶切片段 DHPLC 及电泳图谱

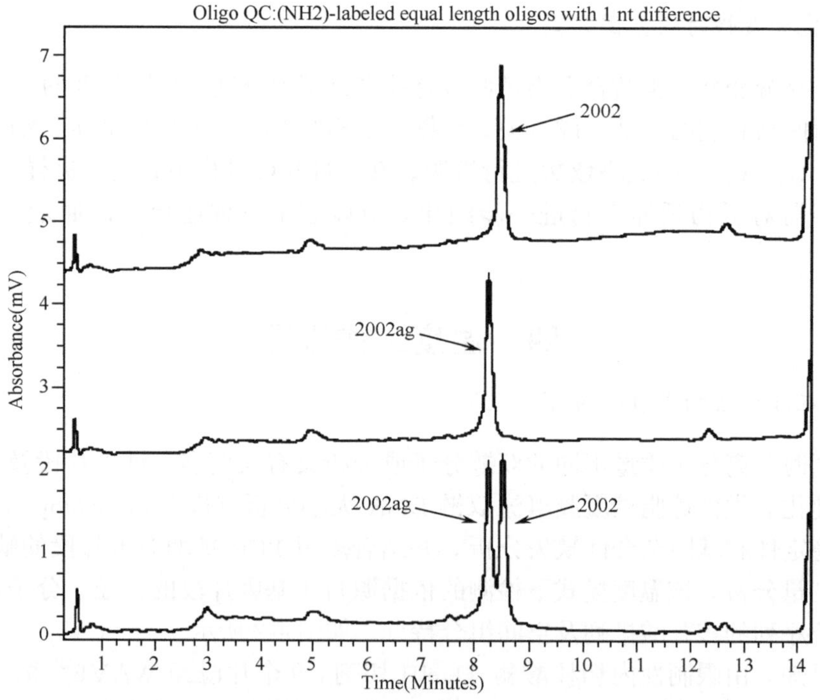

图 4-3　80℃充分变性条件下的单碱基差异排列的同等长度 oligo 图谱

2002：(NH2)-ttttttttttggcctgatgaggagtactgg(30nt)

2002ag：(NH2)-ttttttttttggcctgatggggagtactgg(30nt)

注：画横线部分为突变位点

（三）在充分变性温度条件下（78～80℃）

可以区分单链 DNA 或 RNA 分子，适于寡核苷酸合成纯度分析和质量控制，用于寡核苷酸探针的质控和纯化，也可通过单引物延伸进行基因分型（图 4-4）。

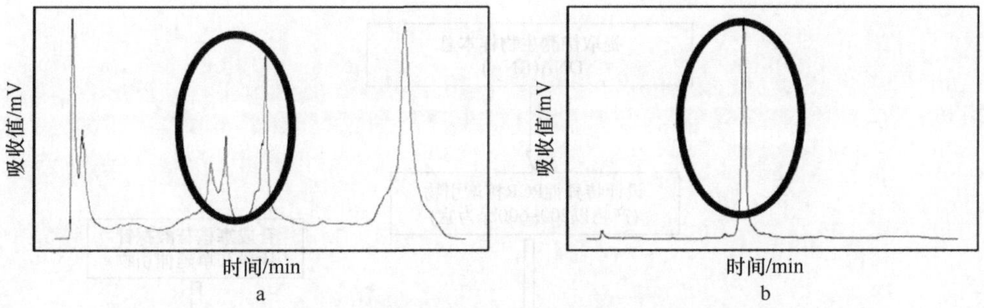

图 4-4 80℃充分变性条件下的寡核苷酸探针片段的纯化和质控

a，未经 HPLC 纯化的寡核苷酸片段图谱；b，经 HPLC 纯化寡核苷酸片段图谱

第三节 变性高效液相色谱实验设计及影响要素

变性高效液相色谱（DHPLC）是一种自动、快速、高通量的基因检测方法，是新型的小分子诊断技术，由于实验流程涵盖了 PCR 或 RT-PCR、DNA 双链部分变性、充分变性、不变性及片段复性、固相液相分离、过柱等多个环节和步骤，其检测效率的高低及检测结果的可靠性和精确性受到引物设计、DNA 聚合酶种类选择、PCR 方案及产物、分离温度、固定相与流动相组成与比例、DNA 分离柱质量等诸多要素的制约，这些要素对 DHPLC 检测体系的灵敏度和特异性具有直接的影响力。

一、变性高效液相色谱推荐优化设计

变性高效液相色谱基于 WAVE 系统检测的高敏感性与特异性，PCR 引物的设计、PCR 方法及条件、分离温度、分离梯度、固定相以及流动相等都会影响到结果的准确性，下面介绍一下 DHPLC 检测各步及推荐的优化方案。DHPLC 检测实验流程如图 4-5。

（一）引物设计

引物设计的原则是应用 PCR 技术快速、敏感、准确地检测目的基因，建立一种可应用于日常检测的方法，其应有效地避免假阳性和假阴性。PCR-DHPLC 引物设计遵循一般引物设计原则。在条件许可下尽量使扩增产物的 GC 分布比较均匀，GC 含量高的区域在扩增片段的两端，在检测高 GC 含量区域的突变时，有时可能需要在引物的 5′端加 GC 夹。在设计引物时，最好使您感兴趣的区域距扩增片段两端约 30～50bp 以上。

引物设计过程中，可通过对两条引物的 5′端碱模体列进行适当的修饰和改动，降低引物二聚体、自身发夹结构对 PCR 反应的干扰，同时不影响目的片段的克隆。探针设计过程中，考虑到同种生物的不同株系在基因结构和核酸序列上的差异，选取的探针片段应取自生物基因的高度保守区，以确保探针的兼并性和通用性。DHPLC 检测仍需

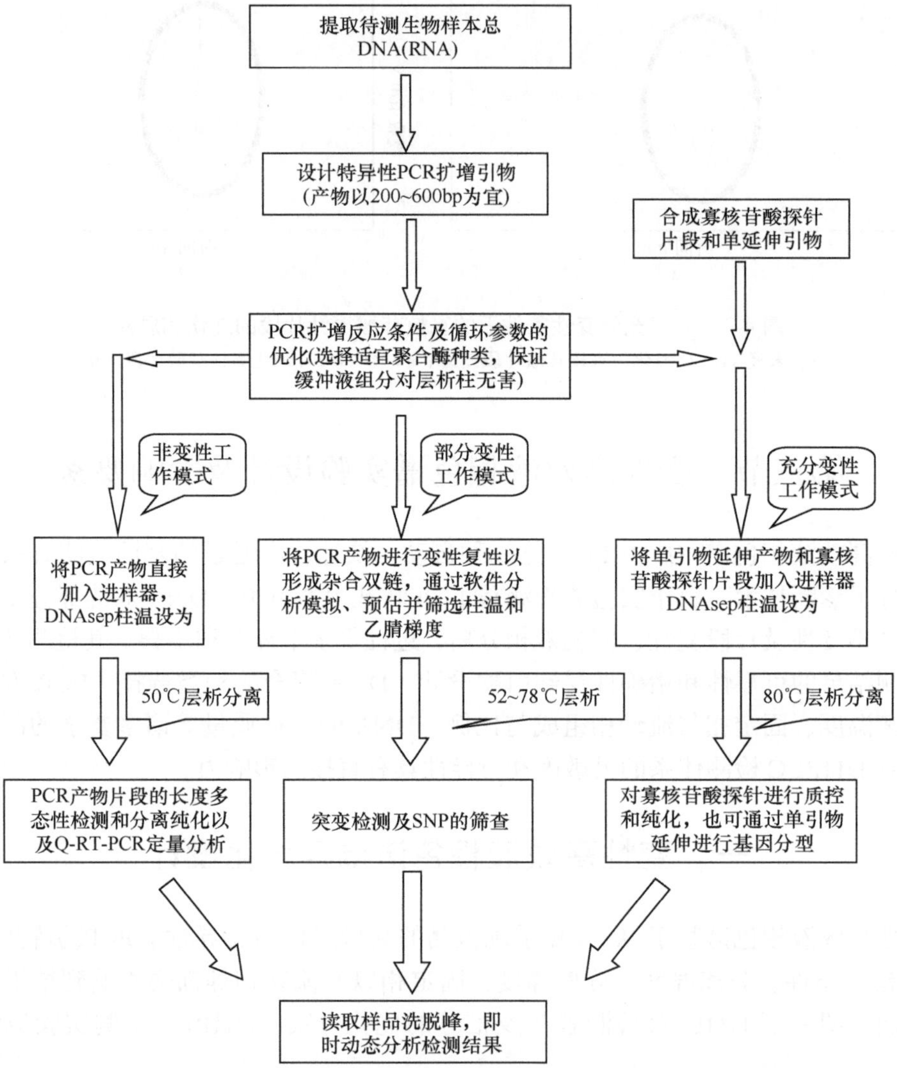

图 4-5　DHPLC检测流程

严格遵守一般的引物设计优化条件，特别注意对扩增片段进行同源性检索，避免扩出同一基因组的其他同源片段或假基因。同时最好结合软件分析，使得最终由 PCR 扩增出片段的解链曲线最佳。可先以 Melt 等软件分析整个待扩增片段的解链温度，将引物区设计在曲线的最高点处，这样 GC 富含区就位于 PCR 产物的末端而不是中间，可避免出现“两阶段的”解链曲线或同一片段中不同区域的解链温度相差 15℃以上；再用 WAVE® Maker 软件分析这段 PCR 产物序列进一步确认解链曲线已经优化，而且最好以一个温度条件即可检出所有可能的变异。

DHPLC 对于长度为 150～600bp 的片段检测最为灵敏，因此，设计 PCR 引物以得到只有一个融解区域的片段，避免多个融解区域，显得非常重要。而且，应该尽可能地将融解区域温度范围控制在 5℃以内，避免带有非模板尾巴如通用测序引物或 77 启动子的引物。推荐的引物退火温度 T_m 为 56℃，引物之间的 T_m 差异应该小于 1℃，另外，还应保证所合成的引物需高度纯化不含其他混杂序列，并小心保存勿使降解。

（二）DNA 聚合酶的选择

在基因体外扩增的实际操作过程中，除扩增引物、反应条件、循环参数会对扩增的专一性产生影响外，DNA 聚合酶种类的选择也是 PCR 乃至后续 DHPLC 检测能否成功的重要影响因素，是否合适将直接关系到检测结果的可靠性和精确性，日常应用中，需要技术人员进行前期的筛选和确认实验，以有效降低 DNA 聚合酶种类选择不善可能对实验造成的干扰及假阳性、假阴性判定的出现几率。在经过大量重复的考证工作后，北京大学的柳满然等（2002）对 DNA 聚合酶对变性高效液相色谱在基因突变检测中的影响进行了系统研究，用 DHPLC 方法检测了数十个基因的几万个 PCR 片段，分析了具校正功能和非校正功能的两大类十余种 DNA 聚合酶及其缓冲液对 DHPLC 分辨力的影响，发现具校正功能的 DNA 聚合酶更适合于 DHPLC 对基因突变的检测。主要体现在两个方面，一是与具校正功能的 TaqDNA 聚合酶及 Taq Gold 聚合酶相比，普通 TaqDNA聚合酶可能会对 DHPLC 的检测产生假阴性结果。用 TaqDNA 聚合酶扩增胃癌样本 mtDNA 16S 基因 F1、F2 片段（含突变位点），癌和正常组织 DHPLC 峰型完全一致；当用具校正功能的 Pfu DNA 聚合酶扩增的 PCR 产物重新进行 DHPLC 分析时，癌和正常组织峰型明显不同。DNA 直接测序发现，癌组织 mtDNA 在 3140 位寡核苷酸处缺失一个碱基 T。二是 TaqDNA 聚合酶对 DHPLC 结果产生的负面影响是形成不可分辨的异常 DHPLC 峰型。当检测 COⅠⅠ基因的一个片段时，所有标本的 DHPLC 峰型隆起成较宽的凸起，而不是正常的尖而锐的 DHPLC 峰，导致了检测的失败，同时在不同的复性温度下，pfu DNA 聚合酶都能获得正常 DHPLC 峰型。另外大多数用 TaqDNA 聚合酶扩增的片段，DHPLC 主峰前常见到一个额外的小峰。这一小峰有时被误认为是异源双链峰，导致假阳性结果，而 Taq Gold 聚合酶和具校正功能的 DNA 聚合酶未出现或仅有极微弱的干扰峰。

（三）PCR 反应条件、循环参数及产物优化方案

PCR 扩增为高通量筛检目的基因提供了模板源。DHPLC 对 PCR 中的引物和试剂虽无特殊要求，而且也不必对 PCR 产物进行预处理，但是要尽量保证 PCR 扩增产物的忠实性，避免人为引入错配碱基。PCR 扩增产物长度选择也是一个不容忽视的问题。虽然理论上 DHPLC 的检测范围可在 150～700bp，但大于 450bp 的 DNA 中，假阳性的比例明显增大。韩伟等（2005）的研究显示假阳性均出现在大于 400bp 的片段中。长的 DNA 片段似乎可以减少所需的片段数量而节省检测时间和费用，但实际情况并非如此。长的 DNA 必然产生更多的熔链区域和复杂的熔链曲线，为了不遗漏可能含有变异位点的区域，就需要较多的检测温度，从而增加了检测时间和成本。另外，所产生的较多的假阳性结果也会导致随后的进一步检测步骤的浪费，如个体 DHPLC 和直接测序

等。因此，DNA 片段设计在 200～400bp 较为合适。

目前，部分商业化 PCR 扩增试剂盒或 PCR 混合液（MIX）为简化操作步骤，会提前添加溴酚蓝等显色标记物，利用此种试剂完成的 PCR 扩增产物不宜用于 DHPLC 分离检测，因其所含有的标记物成分等物质会对 DNASep 柱的使用寿命造成威胁，并极易干扰 DNASep 柱的分离效率，影响最终检测结果的稳定性和准确性。PCR 产物在 DHPLC 检测之前不需纯化，剩余的核苷酸及引物会在样品峰之前很早即被洗脱下来，而模板 DNA 和大分子污染物则在样品峰后被洗脱。但引物二聚体、非特异扩增产物以及与样品碱基数类似的污染产物将会影响分析，需通过优化 PCR 去除之。并不推荐以琼脂糖凝胶纯化 DHPLC 样品，因为纯化所用试剂及残留的琼脂糖反而会损坏层析柱。PCR 反应液中一些成分不明的试剂比如 PCR 稳定剂，增强剂、添加剂等降低柱子的分辨率，而 DNA 模板制备中可能掺入的有害杂质，以及矿物油、甲酰胺、高压灭菌水、蛋白酶 K 和牛血清白蛋白等则会损害柱子的稳定性（表 4-1）。

表 4-1 用于变性高效液相色谱分析检测的 PCR 反应试剂

试剂	推荐	备注
模板 DNA	50ng 以下	过多的大分子基因组 DNA 会滞留于层析柱，影响分离效果
酶	AmpliTaq Gold	使用进口的高纯度酶（如 Promaga 公司的 Taq酶）
缓冲液	Amplitaq buffer II	缓冲液一定不能含有 BSA、DMSO 或甲酰胺。不宜使用含有溴酚蓝的缓冲液
引物	不标记	荧光标记虽不损坏层析柱，但并不推荐。地高辛配基或生物素标记的引物尚未测试过
水	水	水质不好可使得层析柱分离性能迅速下降
石蜡油	切不可用石蜡油，一定要使用热盖式仪	石蜡油会不可逆地损坏层析柱。目前尚无清洗办法，一旦污染将使层析柱报废

DHPLC 是一种灵敏的检测技术，对 PCR 扩增的严谨性、特异性要求较高。PCR 产物浓度必须足够大，要求产物达到一定浓度。杂合突变样品可直接用于分析，纯合突变的样品与野生型样品等比例混合，经过 95℃变性 5min，然后每分钟降 1℃，直至 45℃，可直接通过 DHPLC 在部分变性温度下进行检测。PCR 产量不足，且特异性差时，DHPLC 的色谱图常不易判断；PCR 过度扩增时，一方面增加碱基错误掺入的可能性，导致假阳性；另一方面，非特异性扩增产物含量增加，往往导致 DHPLC 分辨能力的下降，或形成异常峰型，容易导致检测失败（表 4-2）。

表 4-2 PCR 反应液中应控制浓度的成分

成分	最高浓度
DMSO（二甲基亚砜）	10%
甘油	2%
高分子质量稳定剂，如 PEG（聚乙二醇）	＜1%

续表

成分	最高浓度
表面活性剂，如 Triton100，NP-40，Tween20，SDS/SLS	<1%
Betaine（三甲铵乙内酯）	1.25～2.5mol/L

注：检测含有上述成分的样品时，只能采用“Active clean”模式清洗柱子。

PCR产物总量约为60ng时，同源双链DNA分子足以被DHPLC检出，形成较小的同源双链峰；异源双链DNA分子虽然可被识别，但峰型不明显，难以被准确地辨别。PCR产物总量大于120ng时，异源双链峰已十分明显。因此，DHPLC紫外检测系统对含突变成分的PCR产物总量的最低要求大约为70～80ng（DHPLC仪器的峰吸收值大于2mV）。

（四）洗脱分离温度的筛选

温度是影响DHPLC检测SNP成功与否的至关重要的因素。有些SNP对温度不敏感，在较宽的温度范围内（相差8℃左右）都可对其进行有效筛检；但有的SNP对温度的要求较高，如乳腺癌相关基因（BRCAI）中56134C/T与2640C/T处的SNP差异，只有分别在59℃与57℃下才能被检测到。DHPLC的关键环节是熔链温度（即检测温度）的选定：虽然WAVE® MAKER软件在多数情况下能计算出最佳的检测温度，但在某些DNA片段中却会出现偏差，必须根据具体情况及研究者的经验另外设定附加温度，才能检测出变异位点。发生预测偏差的DNA片段通常是含有多个（2个以上）熔链区域（melting domain），或高GC、高AT含量（70%以上），以及链长大于450bp或短于200bp的。Xiao和Oefner（2001）也认为WAVE® MAKER软件存在预测熔链温度偏差的情况，且多数为偏低，具体原因有待于深入研究。现有的一些研究建议在软件预测温度以外，再选择上下各2℃的范围作检测以覆盖到全部可能的SNP。但有研究表明，这不能保证覆盖到全部的熔链区域。例如片段RDH836的SNP必须在高于预测温度5℃的情况下才能检测到，由于该片段含有多个熔链区域，而在此温度时，含有SNP的DNA区域的熔链百分比才正好在10%～25%（最佳的DHPLC检测熔链百分比范围），此时其他区域的熔链百分比已高于30%。因此，我们认为应该根据WAVE® MAKER所计算出的DNA片段熔链区域曲线，参考软件预测的温度选择实际工作温度，以确保每个熔链区域都能被覆盖到，即均能以10%～25%的熔链百分比状态被检测。

（五）固定相

目前，有几种不同的分离介质被用于DHPLC分析，如美国Transgenomic公司用粒径为2PM的无孔聚苯乙烯颗粒作为分离柱固定相材料，惠普公司则使用孔径为3.5tLm的硅胶作为分离柱介质，这两种柱的分辨率似乎相似，但寿命却大不相同，前者通常可分析6000个左右的样品，而后者仅可分析1000～2000个样品。最近，瓦里安公司开发出多聚物包被的碱性化硅胶柱。也有人尝试将无孔聚苯乙烯与有孔硅胶结合制成单片集成毛细管柱，可使柱效提高40%。

（六）流动相

流动相中离子配对剂TEAA的浓度对DHPLC分析所需温度有显著影响，如TEAA的浓度从100mmol/L升高至200mmol/L，那么对应的最佳检测温度就要提高4～4.5℃。流动相的pH在6～9范围内对检测效果几乎没有任何影响，但pH过高，将会使双链DNA完全变性，达不到检测目的，而pH过低，又会干扰DNA与TEAA的相互作用，影响检测效果。

（七）阳性结果的判断

由于不含突变位点的PCR产物（野生型PCR产物）只有单一成分（即同源双链DNA分子），DHPLC图谱上呈现为单一峰型（同源双链峰，Homoduplex peak）。含突变成分的PCR产物，经变性、复性处理后形成了异源双链和同源双链两种DNA分子。异源双链DNA分子由于含不匹配的碱基位点，在DHPLC检测温度下容易解链成单链DNA分子，与DNASep®检测柱的结合能力较双链DNA分子低，优先被洗脱液洗脱下来，形成异源双链峰（Heteroduplex peak）。因此，与野生型DNA片段色谱峰相比，含突变位点的PCR片段DHPLC图谱上多1～2色谱峰，有的样本则表现为肩型峰等。

二、DHPLC基本操作流程

变性高效液相色谱仪主要由硬件部分和配套的操作软件组成，以变性高效液相色谱仪WAVE®3500HT（图4-6）为例做一下介绍。

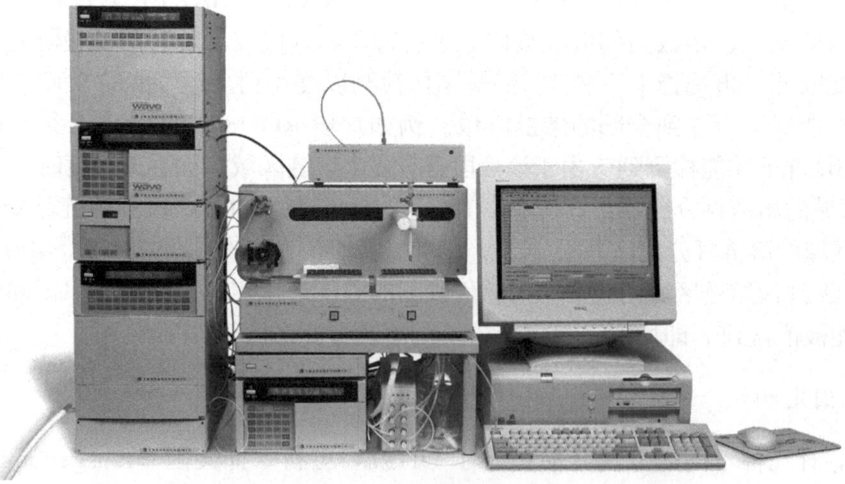

图4-6　WAVE®3500HT

（1）硬件部分　WAVE®：L-7100型四元梯度溶液注入系统（含四元梯度泵），WAVE®L-7250型Peltier可冷却、加热自动进样器，WAVE®L-7300 plus型高精度Pltier柱箱，WAVE®L-7400型紫外可见光检测器，WAVE®L-700在线去气装置：四通道，样品池（可容纳 4 个 96 孔 PCR 板，以便进行大规模分析筛查），WAVE® Maker 数据工作站系统等。

DNASep 分析柱：DNASep 柱是 WAVE® 系统的“心脏”，DHPLC 的诸多强大功能如双链 DNA 片段大小测定，寡核苷酸纯化和质控，基因突变检测，RNA 分析和纯化、基因分型、微生物鉴定都是通过 DNASep 柱的过滤和吸收性能得以实现。目前，应用于 DHPLC 的色谱柱有以下 3 类：①使用 2-3UM 无孔 PS/DVB 聚合物微粒，表面键合 C_{18} 固定相作为填料的分析柱（Transgenomic 公司）；②苯乙烯、二乙烯苯单体、引发剂和致孔剂等混合物在石英毛细管内采用原位合成方法制备而成的整体柱（monolithic column）；③使用 3.5UM 硅胶表面键合直链硅烷固定相作为填料的 Zorbax Eclipse dsDNA 分析柱（Agilent 公司）。

DNASep 分析柱由于采用了表面键合 C_{18} 的热稳定性好、耐高温的 PS/DVB 微粒为柱填料，从而保证了分析结果的准确性和重复性。利用离子对反相液相色谱模式分离核苷酸，实现了梯度洗脱条件下双链 DNA（dsDNA）片段的尺寸依赖性分离，具有高效和高分辨率地分离单、双链片段的能力。在比较 PS/DVB 填充柱和 PS/DVB 整体柱对同源双链和异源双链的分辨能力的前 500 次进样中，两者没有显著差异；但在 500 次进样后，整体柱分辨异源双链和同源双链的能力会迅速下降。实验显示两种色谱柱进行核苷酸分离时，整体柱需要较长的洗脱时间，但是由于 PS/DVB 整体柱在提高通量方面已成为可能，并且整体柱的一个显著优点是与质谱在线联用的可行性，所以两种色谱柱均可应用于基因分析工作中（表 4-3）。

表 4-3　WAVE® 片段分析系统所使用的几种核酸分离柱

名称	性能特点
DNASep Cartridge	DNAsep 柱应用于 DNA 分析
DNASep HT	DNA HT 分离柱应用于 DNA 快速分析（3min/样）
RNASep Prep	7.8×50mm 尺寸用于 RNA 分析或纯化
OligoSep	4.6×50mm 尺寸用于寡核苷酸分析
OligoSep Prep HC	7.8×50mm 尺寸用于 1000nmol 量级寡核苷酸纯化

研究人员比较了 DNASep 分析柱和 Eclipse dsDNA 柱分离 DNA 片段的能力：25℃时，Eclipse dsDNA 柱对小片段有较好的分离，而对大片段则分辨率下降；在 40～50℃时两种柱对不同片段的 DNA 均有较好的分离效果。DNASep 分析柱和 Eclipse dsDNA 柱在分析同源双链和异源双链时，分辨率上并无显著差异，但在使用寿命上有较大的差异。Eclipse dsDNA 柱由于在中性和碱性环境中的不稳定性，仅能进样分析 1000～2000 次，而且需要在每 200 次分析后用 100% 的乙腈冲洗 45min 进行再生。而 DNASep 分析柱可以进样分析超过 6000 次，且不需要进行特别的再生处理。新的研究证实，在完全变性条件下，DHPLC 的分辨率已达到能够对相同尺寸单链 DNA 分子中已知多态性基因型的单个碱基差异作出检测，它完全有可能检测除单个 C-G 颠换外的所有可能的碱基转换。而且在完全变性条件下，IP-RP-PCR 的高分辨能力和序列依赖性的单核苷酸保留特性相结合，可以检测短片段产物（小于 100bp）PCR。

具有良好的传质性能的固定相也是DHPLC分析核酸等生物大分子的重要条件之一。改善生物大分子在固定相上传质性能的途径主要包括：①增加孔径和减小微粒直径；②采用无孔载体填料的固定相；③通过使用表面型孔填料来减少孔的深度；④引入贯穿固定相颗粒的流通孔；⑤使用整体柱，其分离介质是含有微孔、中孔和大孔的多孔高分子聚合物，流动相直接流过孔，通过对流加强传质交换，从而提高柱效。

后荧光检测器：后荧光检测技术是美国Transgenomic公司在WAVE® 核苷酸片段分析系统技术平台基础上开发出的一种新的荧光检测技术，被测的核酸片段经过DHPLC分离系统分离之后在混合室中与荧光试剂混合，然后在荧光检测器中进行检测，该技术不需要荧光标记引物，在所有的分析条件不变的情况下即可提高灵敏度100倍。用这种方法不仅提高了灵敏度，而且不需要昂贵的荧光标记引物，PCR条件不变，同时也避免了荧光标记物的污染。后荧光检测功能为WAVE® 4500HT-HS型号标准配置，相对于紫外检测器，该技术具有极高的灵敏度，适用于：①体细胞突变检测，可检测到1∶100突变等位基因的存在。②Pooling样品，将多个样品混合在一起检测突变个体，在一项对大麦样品的48个个体Pooling检测中，该技术可以准确的检测到突变个体。③微量样品检测，后荧光技术可检测含0.5ng DNA的PCR产物，适用于法医学等领域。

(2) 软件部分　变性高效液相色谱仪有自带的软件程序navigator operator，首先应双击程序自检，在自检成功后选择连接，设定仪器的参数：①设定DNA分离柱的温度，对于部分变性的温度，导入所要检测的DNA序列，WAVE®系统中的WAVE® Maker软件可根据待分析片段的DNA序列很方便地预测出柱温。另外斯坦福大学 T_m 计算网站（http://insertion.stanford.edu/melt.html）提供的Melt软件也可辅助温度选择，解链曲线是确定柱温的最佳参考依据，但WAVE® Maker还可提供更有用的其他信息，最为重要的是分析单一片段中存在的多个解链域。因为一般软件预测的是整个序列的平均解链温度，这只是一系列合适温度条件的中点，最适检测温度还取决于期望检出变异所在区域的局部解链温度。对于dsDNA片段大小、微卫星及mRNA的定量分析，直接采用50℃的柱温，就是很理想的检测温度。对于RNA和Oligo的检测分析，80℃也是很合适的柱温，不需要另外找软件分析处理；②设定流动相A液和B液的组成：缓冲溶液A为0.1mmol/L TEAA、0.1mol/L的EDTA、0.1%的乙腈；缓冲溶液B为0.1mol/L TEAA+25%乙腈的、0.1mol/L的EDTA，至于运行时A液与B液的配合比例则视检测的目的不同而有所不同；③设定紫外检测器的波长为260nm；④设定自动加样器的取样样本号、进样量等；⑤根据研究的需要，设定将运行的程序名称并存盘；⑥设定实验结果储存的文件夹、文件名等。

结合Navigator软件，WAVE®分析系统的功能得到进一步提升，根据样本的片段大小及序列，Navigator软件能够给出每个样本的分析条件，利用Navigator软件可以计算被分离的DNA片段的大小，可以进行指定片段的回收，定量计算；也可以对大量突变样本进行基因分型，突变频率统计等工作。

第一步，给出被测PCR产物的序列，Navigator软件自动给出分析条件。

第二步，在自动进样器中放入样品，编辑方法，自动运行。

第三步，基因检测结果分析。

第四节　变性高效液相色谱的应用

变性高效液相色谱（DHPLC）技术利用基因的物理化学性质，将先进的高精度大型仪器分析技术与核酸提取、体外扩增等经典分子生物学技术相结合，实现了生物学、物理学、分析化学等多学科交汇互融，既发挥了化学仪器的高精密度的优势，又体现了物理学和生物技术的成果，是当今学科交叉领域又一杰出科研硕果，为小分子诊断技术的发展提供了新的研究方向。

一、DHPLC 的应用技术

（一）甲基化检测技术

DHPLC 与 PCR 联用，能够简易、快速检测 DNA 胞嘧啶的甲基化。原理是 DHPLC 能够快速区分变性温度不同的 DNA 片段，用亚硫酸氢钠处理 DNA，再用特异性聚合酶链反应（PCR）对待检基因启动子含 CpG 位点的靶序列进行扩增；利用 DHPLC 在部分变性温度下测定靶序列的保留时间，发生甲基化基因 PCR 产物的保留时间明显延长，从而可以判断出甲基化的基因。DHPLC 特别适合分析细胞构成混杂、同时存在甲基化和非甲基化模板的组织样品，同时还可获得基因一级结构变异的信息。DHPLC 测定法虽然能够测定整个扩增区域内 CpG 位点的甲基化，但是不能对甲基化 CpG 位点进行精确定位。在目的基因去表达时，如果靶 CpG 位点不是完全甲基化，MSP 法和酶切法的非甲基化测定结果可能毫无意义，而 DHPLC 法由于能够显示整个目标片段中的所有 CpG 位点的总甲基化状态，测定结果更可靠。

邓大君等创建了 DHPLC 法检测 CPG 岛甲基化的新方法：由于亚硫酸氢钠基本不会修饰 5-甲基胞嘧啶（5mC），与未甲基化的 CpG 岛模板相比，甲基化 CpG 岛模板中保留了数目众多的未修饰 5mC，变性温度明显高于前者（20～31℃），在 DHPLC 中保留时间显著延长。所以在 DHPLC 中两者能被轻易区分。该方法使用与测序法和 COBRA 相同的引物设计，单链特异性 PCR（ssPCR）扩增过程不受 CpG 点甲基化程度的影响，适用于所有的 CpG 岛扩增。

DHPLC 能够检出 95% 以上的碱基点突变，所以能够轻易分离存在多点“突变”的各种甲基化和非甲基化 CpG。与特定 CpG 位点（酶切位点、引物探针配对 CpG 位点）甲基化检测方法（例如 COBRA、MSP 等）不同，该方法不一定要预先得知关键性 CpG 位点所在就能够检出整个扩增片段中 CpG 位点的甲基化差别，同时能够对样品中模板的甲基化比例进行定量测定。其缺点是不能指出具体的甲基化 CpG 位点。目前已经成功地应用 DHPLC 进行了 hMLHJ、cox-2、MT-3 和 SNRPN 基因的甲基化研究。

（二）单核苷酸多态性与基因突变检测技术

单核苷酸多态性（single nucleotide polymorphism，SNP）是指遗传密码的单碱基

突变，在人类 30 亿对碱基中约每 400 对碱基出现 1 次。多数研究者认为，如能确定这些在链上间隔不大的特殊标记的确切位置，将有助于发现人类主要疾病的相关基因，如哮喘、糖尿病、动脉粥样硬化、精神分裂症和癌症等的相关基因。SNP9：5 还能够在身份鉴定、群体进化研究、疾病诊断等方面提供强有力的工具。目前人类基因组计划提供了大量的遗传学信息，分子遗传学家正致力于研究新发现的基因突变情况及（或）基因多态性与人类疾病的相关性，以进一步了解人类遗传多样性和疾病发生发展的分子机制。

在部分变性温度情况下，DHPLC 可进行基因突变的检测和未知 SNP 筛查。基于异源双链的形成，一个杂合子个体的 PCR 产物一定含有野生型和突变型两种 DNA，并且两者的比例为 1：1，将 PCR 产物进行变性复性过程，杂交会形成同源双链和异源双链。同样，当把野生型和突变型 PCR 产物混合后，进行变性复性过程，杂交后也会出现 4 种情况，它们不仅形成同源双链，同时也错配形成异源双链，异源双链由于碱基对不匹配，在部分变性的温度条件下，就会在不匹配的碱基对处部分解链，由于单链 DNA 带负电荷减少，结合力弱，因此，异源双链比同源双链先洗脱出来，根据柱子保留时间的差异将同源双链和异源双链分离。据此可检测反相柱中单个碱基置换、插入或缺失杂合二倍体的片段，可检测 DNA 片段大小在 80～1000 范围的单碱基突变，对于未知的 SNP 和单个核苷酸突变，系统检测的准确率大于 96%，对于已知的 SNP 和单个核苷酸突变，系统检测的准确率大于 99.9%。对于基因突变的检测及 SNP 的检测也是 DHPLC 的最主要用途之一。

近年来，国内外分子生物学检测实验室及研究机构已将 DHPLC 技术广泛地应用于筛查突变基因和单核苷酸多态性的领域，很多已知和未知的基因点突变通过这种方法成功获得，实现了 SNP 检测效率的高通量，检测技术体系的细节完善工作随之得到了逐步积累，实现了由量变达到了质变的飞跃。Donovant 等用该方法检测凝血因子找（F9）的外显子 H 和 NFI 基因（neurofibromamatosis type1）外显子 IG 的变异情况，发现敏感性和特异性都达到 100%，而单链构象多态性分析（SSCP）仅检测到 F9 基因 50% 的突变率。Liu 等检测 Marfan 综合征病人 FBN 基因，不仅发现了所有 SSCP 检测到的突变，而且还观察到 17 个新的突变类型，SSCP 的检测率仅达到 DHPLC 的 69%。Dobson 等（2000）发现 DHPLC 和 F-SSCP 毛细管电泳基础的（fluorescent single-strand conformation polymorphism analysis）在突变检测率上基本相同，敏感性达到 93%～100%，特异性为 100%。然而 SSCP 要求片段长度在 164～270bp，而且需要荧光素标记、纯化、浓缩产物，增加了分析成本，而且该方法的敏感性易受片段大小和序列的影响，当片段大于 300by 或突变位于发卡结构中时，会导致敏感性大大降低。而 DHPLC 允许的片段长度在 150～700bp，基本不会影响敏感性。Skopek 等（1999）检测人类 HPRT 基因外显子 8，20 个点突变散布在 279bp 长的片段内，其检测率达到 100YO，每个区域的熔解温度在 65～69℃之间，而变性梯度凝胶电泳在如此高的熔解温度下无法进行变异分析。

为进一步确认 DHPLC 技术的精准度，施锦绣等对 41 个扩增产物同时进行直接测序和 DHPLC 检测，结果表明，DHPLC 检测出了直接测序找到的所有杂合子。同时，

DHPLC方法所检测出的杂合子也全都被直接测序所验证。但是，与测序方法相比较，DHPLC尚无法直接区分纯合突变与纯合野生型。为了区分这两种基因型，可用某个已知基因型（往往是野生型）的PCR产物与他们混合、变性、复性，再进行DHPLC检测。这时，待测样本若与已知基因型不同，将显示杂合子峰型，从而使纯合子样本得以确认。另外通过DNA样品池的应用，可大大减少PCR反应量和DHPLC检测的样本量，同时由于纯合突变与纯合野生型的混合，使得纯合突变也可以杂合子形式被检出，从而极大地提高了寻找未知SNP的效率，这展现出DHPLC在大量样本筛检中独有的快速检测优势。

长期以来，测序被认为是检测基因变异的金标准。然而，Jones等证实当DHPLC能再现杂合峰而直接测序结果为阴性时，不应过早地认为是假阳性结果，而应将目的片段克隆到足够数量再进行测序。DHPLC检测突变的能力通常取决于纯合双链和杂合双链的变性温度以及PCR产物的纯度。当突变率达20%时，DHPLC检侧率为100%，而直接测序的检出率仅达80%。因此，对于镶嵌性基因或异质性基因来说，DHPLC可作为首选方法之一。

（三）DNA片段长度多态性检测技术

在非变性温度下，DNA双链不解开，由于PCR产物片段大小的不同，在柱子内停留的时间也有差异，小片段的DNA分子首先被洗脱出来，通过紫外吸收光（260nm）检测，WAVE® Maker核苷酸片段分析系统专用软件包将其转换为不同的峰型，参照分子质量标准，通过软件系统便可读出PCR产物的不同片段大小。DNPLC区分DNA片段大小的灵敏度很高，每个峰能检测到0.5ng的DNA样品，且对产物的大小分辨率可达到1%的水平，即100bp左右的DNA可分离出其相差1bp的片段，1000bp左右能分离相差10bp的片段大小，分离范围广，约2000bp内的片段大小均能很好分辨。

对山东口岸入境的进口美国转基因大豆35S基因、NOS基因及EPSPS基因序列进行了多重PCR的普通凝胶电泳和DHPLC检测的比较研究表明。利用三对引物及优化的PCR条件对转基因大豆和非转基因大豆DNA提取液及水对照进行特异性扩增，只有转基因大豆扩增得到了一组长度由125～158bp的PCR产物，非转基因大豆及水对照均无此扩增产物。但在常规电泳检测中，PCR扩增产物在1%、1.5%、2%琼脂糖凝胶中条带呈现弥散混合状，无法清晰区分三条片段，对于实验结果的判定造成困难，直接导致无法鉴定三种基因PCR产物的正确性。而取DNA提取液，同样使用三对引物得到的PCR产物进行多重DHPLC特异性检测，其特异性试验结果显示，转基因阳性大豆使用引物检测到了DHPLC的一组阳性洗脱曲线，三个吸收峰清晰可见，出峰时间为2.3～3.8min（如图4-7所示）。

通过以上关于同时检测三种大豆转基因成分标志基因的研究，不难看出，当NOS、35S、EPSPS三条基因预期目的片段长度分别为125bp、145bp、158bp，三者之间大小仅相差15～20bp时，虽然在理论上可以达到，但在课题的实际研究中，无论是低浓度琼脂糖凝胶（1%）电泳还是高浓度琼脂糖凝胶（1.5%）电泳都无力清晰区分三条片段，组内条带混为一体，呈辐射扩散状，对于扩增结果的准确判定造成了无法解决的困

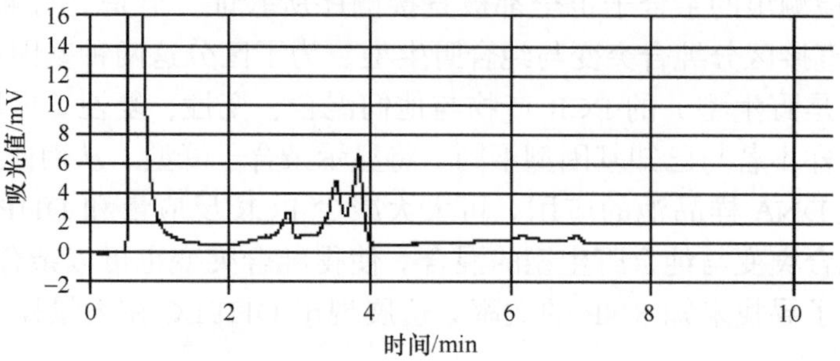

图 4-7 同时检测转基因大豆（10^2 pg/μl DNA 模板）NOS 基因、35S 基因及 EPSPS 基因的多重 DHPLC 检测阳性吸收峰图谱

扰。而DHPLC技术在这种情况下，凭借其信号无限放大和HPLC（液相色谱）定量检测精确至单核苷酸测序级高度特异性的特点，在小片段核酸多态性系统分类分析研究中具备了天然的优势，课题中三条片段虽然仅仅相差15bp左右，依然可以在数分钟里先后从色谱柱上洗脱，三个核酸吸收峰清晰可辨，相比于传统PCR电泳检测尤其是聚丙烯酰胺凝胶电泳动辄三、四个小时的耗时，其区分小片段时仅仅需要二到四分钟的用时大大缩短了检测周期。Hube等用DHPLC系统快速而精确地分析了烷基化物多个负粒子DNA片段的大小。因此，通过我们的研究可以发现，如果以传统基因检测技术为基准，在基因多重检测技术领域，DHPLC技术依靠高特异性、低耗时和低成本的特点，具有显著的优势，其在RAPD、RFLP及AFLP等小片段系统分类研究的应用前景十分广阔。

（四）微卫星检测与分析技术

微卫星核心序列重复数的差异是形成多态性的基础，引发微卫星位点发生突变的原因主要为“滑链错配”，这将导致微卫星的等位基因之间会产生几个或十几个碱基的差异，且等位基因呈共显性，利用其等位基因片段大小的差异，便可通过DHPLC系统将其不同的基因型区分开。Devaney等在非变性温度下分析了人类酪氨酸基因第一内含子HUMTH01区微卫星序列，得到了8类等位基因的精确长度，这些等位基因含有不同数量的重复序列，具个体特异性，将这些片段作为对照，利用在保留时间上的微小差异来鉴别受检个体的特征。在司法案件中常利用该区域做身份鉴定。侯建国等（2003）也用DHPLC系统分析了与猪经济性状紧密相关的1个微卫星位点，Pan等用DHPLC高通量检测了微卫星的不稳定性。

（五）mRNA定量分析技术

对于目前研究较多的基因表达方面，DHPLC系统也有其独到的应用，特别是应用基因在不同物种或不同组织器官中表达水平的差异，通过检测RT-PCR产物的峰面积的大小，采用WAVE® Maker核苷酸片段分析系统专用软件可对产物量进行分析。在有标准样品或相对参照物的前提下，可以相对或绝对的定量出mRNA的表达量，以确定基因在组织内的表达情况。Hayward等利用DHPLC建立了竞争性RT-PCR的模型及分析方法。Doris 等采用 DHPLC 系统及竞争性 RT-PCR 快速分析基因表达。Hayward 等（1998）用单管内 RT-PCR 和 DHPLC 系统对基因表达进行精确而绝对的定量。王翀等（2003）用 mRNA 差异显示方法获得的在不同猪种肌肉组织中有差异表达的 EST，采用 DHPLC 系统对不同组织中基因的表达进行相对定量，从而鉴定了差异表达的准确性。

（六）定量 RT-PCR 技术

将精确定量的竞争子与未知质量的 mRNA 共同扩增后，在非变性温度下将这两种不同长度的 RNA 分离开来，在 WAVE® MAKER4.0 软件支持下得出待测 RNA 的原始拷贝数。

（七）基因剂量变异分析技术

基因拷贝数异常可以从整条染色体拷贝数的变化到基因单个外显子缺失或重复，这类遗传变异也是导致遗传性疾病和肿瘤的重要致病因素。如染色体 13、18、21、X、Y 数目异常，杜氏肌营养不良和视网膜母细胞瘤等疾病都涉及大片段的缺失或重复。基因拷贝数异常的检测需要专门的技术，这种异常容易被正常等位基因所掩盖，或是被显性或隐性疾病中等位基因的其他种类的变异所掩盖而不能被检测。

将 DHPLC 技术和多重 PCR 技术相结合，可以精确、可靠检测基因的拷贝数。首先用未标记的引物在半定量条件下同时扩增多个外显子或染色体特异的序列，然后 PCR 产物用 DPHPLC 技术在非变性条件下分离，最后用紫外检测或后荧光检测技术进行荧光检测定量，系统基于峰高和峰面积进行定量。荧光染料的高灵敏性使得可以将 PCR 扩增反应停止在指数增长期，从而使每个扩增产物的峰的相对强度直接反映了各外显子的拷贝数。

DHPLC 检测基因拷贝数是一种简单、快速、非凝胶的方法，该技术灵敏度和特异性非常高可以高通量的鉴别单拷贝、双拷贝、三拷贝。另一个优势是引物费用低廉，无需标记。为了提高检测灵敏度，还可以配备有荧光检测装置。由于方法的简单和良好的性价比，许多客户定制的有关 DNA 拷贝数的研究和许多需要一系列不同引物的分析都可用 DHPLC 技术进行。

（八）引物延伸法

该方法能迅速定量分析已知位点基因型，可用于多态性和甲基化研究工作。含有待测位点的目的片段完全变性形成单链产物，针对多态位点设计两对引物，扩增液中加入 ddNTP（假如存在 A/C 多态性，则加入 ddATP 和 ddCTP），根据这两种双脱氧核糖核酸的掺入量可以得到特异性位点多态性的比例或者甲基化频率。

另外，单引物延伸和变性高效液相色谱 DHPLC 技术的结合还可进行单核苷酸多态（SNP）基因分型。针对三个多态位点（proneurotensin 基因 A/G 多态，5HT2a 受体基因 A/G 和 T/C 多态），采用这种简单的方法，可获得了客观可靠的信号，并且该方法在样品加样和分析上都能自动进行，引物延伸后不需要纯化。DHPLC-引物延伸基因分型技术在分析过程中的任何环节都可以进行多重检测反应，再加上自动化特性，非常适用于基于 SNP 图谱的连锁研究。

（九）寡核苷酸的质控和纯化技术

在完全变性温度情况下，形成单链 DNA 分子或 RNA 可从洗脱柱上分离，可用于对单链 DNA 的检测及脱氧核苷酸（如合成的引物等）进行检测和质量监控，对寡核苷酸（oligo）质量控制。5～80 聚体可检测单碱基差别；5～30 聚体，可检测相同长度寡核苷酸中单碱模体列的差别。对 RNA 的分析，检测范围在 200～500nt。在配备有收集器的情况下可对分离的单链 DNA、oligo、RNA 进行纯化，Huber 等（1995）曾作过相关的研究。田兴国等在利用 DHPLC 系统对微卫星的分析方法探讨中，曾利用该原理对合成的引物进行检测分析，以确定合成引物的纯度，对有降解的引物及时要求公司重新合成，减少了研究时间和经费的浪费。

寡核苷酸是现代分子生物学常用反应物，人工合成的寡核苷酸的性质尤其是纯度对于新药研制和疾病诊断至关重要。DHPLC 能迅速有效地纯化产物，在完全变性温度下能溶解单链核苷酸，单链越长，保留时间越长，它能分析长度在十几到二十几的寡核苷酸；当单链长度相同时，DHPLC 采用序列依赖性分离。

二、DHPLC 的应用领域

随着 DHPLC 依托硬件和基础软件的升级换代，DHPLC 检测技术的自动化、快速、低成本的独有优势全面展现，高通量、高精度、高敏感性的特点更为突出，功能类别日趋丰富，检测体系日益完善成熟，其应用范围逐步走向社会生活的每个角落，应用领域已遍布医学、卫生、健康、环保、食品安全、生物安全、司法等各个行业。

（一）DHPLC 在微生物领域中的应用

WAVE® 微生物分析系统是根据变性高效液相色谱（DHPLC）原理，通过温度介导的 DNA 片段分析技术，发展起来的一种培养不依赖的微生物分析系统。传统的微生物分析技术主要通过琼脂培养方法对细菌进行计数和鉴定，尤其是对复杂的混合菌群的分析更是如此。这些方法的缺点除了耗时外（12～72h），许多细菌还需要特殊的培养条件，如需要苛刻培养条件或厌氧条件培养等，据估计，某些样本菌群中（比如环境样本）只有不到 10% 的细菌能培养成功。由于传统方法的局限性，微生物学家正致力于通过分子遗传方法对不同微生物样本进行鉴定和分析。WAVE® 微生物分析系统是进行微生物分子分析的理想工具，它不仅可用于细菌的识别鉴定和检测抗药基因突变，还可用于真菌，病毒和寄生虫等研究领域。

WAVE® 微生物分析系统不仅能鉴定常见的微生物，还能鉴定不常见的、苛刻的和厌氧的细菌。该技术简单、快速、重复性好，样品分析当天就能出结果。系统自动收集各个分离的 DNA 片段，并自动记录分析数据。自动的片段收集功能为测序提供模板以进一步确认各种微生物。一旦特定样本中各种微生物的峰型得到鉴定，那么样本的峰型谱可用于定性和定量监测样本中各种微生物的动态变化。

1. 微生物耐药突变分析

利用DNA测序的方法可以对由突变引起的微生物抗药性实施检测，但是不可忽视的是，这种方法存在着诸如获得基因检测序列结果周期较长等较为突出的缺陷，而以DHPLC技术为基础的解决方案通过异源和同源双链核酸分子的分离有效地弥补了这一缺陷。随着耐药性微生物的大量出现，针对传染性病原体的治疗策略制定和药物研发变得越来越难。抗微生物治疗面临挑战的一个重要原因就是缺乏能够准确识别致病微生物和耐药基因的有效临床手段。近年来发展起来的能识别病原体和研究微生物抗药性的分子生物学方法又为抗微生物治疗和药物研发建立了希望。依据特定的DHPLC洗脱峰可对某一耐药基因亚型做出基因诊断，进而快速检测细菌所携带的耐药基因情况，DHPLC技术对多数的碱基突变类型都具有高度敏感性、特异性，在大样本研究中起到重要的作用，为碱基多态性与细菌耐药性特性的相关性研究提供了更简便的方法。DHPLC技术可以准确地检测耐药性相关基因突变，已广泛应用于微生物耐药基因的分型和序列多态性分析等耐药基因突变检测，也可用于耐药基因表型分析、新型基因的发现，细菌耐药谱的完善，为突变位点及突变类型与耐药机制的关联的探索奠定基础，是基础研究和临床快速检测已知和未知致病细菌以及细菌耐药性基因突变的可靠技术 （图4-8）。

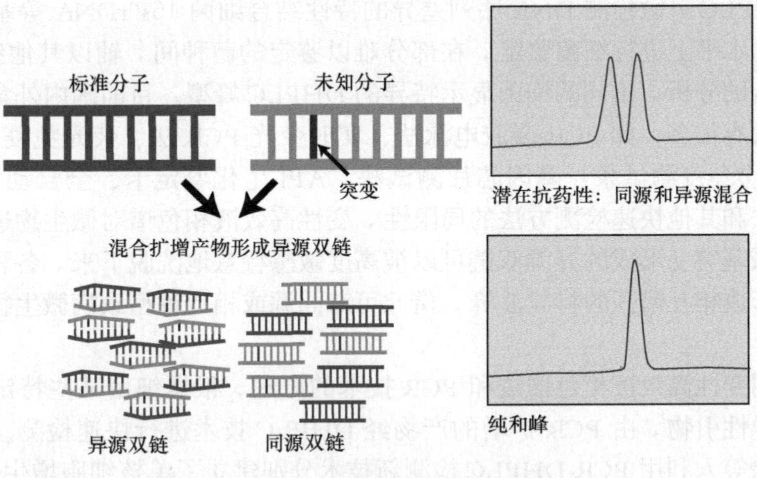

图 4-8 抗药性检测分子图谱

从异源混合物中检测遗传突变基因对于监测感染过程中病原微生物耐药性的变化至关重要。在没有选择压力的情况下，耐药突变基因的出现频率低于野生型基因。而低频率的突变很难通过测序检测到，通过亚克隆后的测序结果会偏向频率高的突变类型。DHPLC技术能提高检测少数耐药突变的能力，进而促进对耐药病菌引起的传染病的治疗。

2. 微生物的基因分型

许多病原菌具有不同的基因型，它们的致病性差异很大，但是它们其他的特性以及遗传基因都非常相似，使得细菌的准确分型面临很大的技术挑战。在一场大范围疫情暴发中，从菌株水平确定病原菌是至关重要的，只有了解了致病菌株才能正确选择抗菌药物，追踪病原菌的来源等。DHPLC 通过对具有细微差异的 DNA 序列的分析可以从菌株水平识别病原菌。从临床治疗的角度来看，准确确定致病微生物的种类具有重要的价值，它可以保证用药的有效性。

DHPLC 技术能有效的识别病原微生物，利用通用 PCR 引物从多种细菌的 16S 核糖体 RNA 基因中扩增含有高度变异序列的片段。将这些来自不同种类细菌的扩增产物与参照菌株的扩增产物混合后进行 DHPLC 检测，会产生一个独特的色谱峰图，可以作为鉴定细菌种类的分子指纹图谱。Li 等人利用 DHPLC 检测新技术建立了 β-lactamase 细菌基因的快速基因分型方法。Domann 等（2003）进行了以 16S rRNA 基因的 V6 至 V8 区序列为靶序列，通过 DHPLC 区分致病菌多样性的研究。Giovanna 等利用 DHPLC 技术鉴定产肉毒神经毒素梭菌的 A、B、E 和 F 型肉毒神经毒素基因。方法是在神经毒素基因和 16S rRNA 基因保守区设计简并引物，样本与参考菌株的 PCR 扩增产物杂交后进行 DHPLC 分析。得出结论神经毒素基因靶点可以区别不同基因型的肉毒神经毒素梭菌，而 16S rRNA 基因靶点可以在属或种的水平上进行细菌的区别鉴定。

3. 微生物的鉴定

应用 DHPLC 灵敏检测 DNA 序列差异的特性结合细菌 16s rDNA 等基因分型的原理在属和种的水平上进行细菌鉴定，在部分难以鉴定的菌种间，辅以其他细菌 DNA 靶点进行进一步的分析，不同的细菌显示特异的 DHPLC 峰型。目前国内外食源性致病菌快速检测方法有很多，如 PCR-凝胶电泳法、实时荧光 PCR 法、荧光免疫检测法（VIDAS）、胶体金免疫测试条、基因芯片测试法、API 生化鉴定卡、全自动细菌鉴定等。鉴于传统方法和其他快速检测方法的局限性，变性高效液相色谱对微生物遗传高变区检测，高变区碱基突变形成的异源双链可以被高度敏感特意地洗脱下来，各种亚种或亚型的扩增片段形成相互错开的特异波峰，借此可对同源或相近种型致病微生物进行有效鉴定区分。

人们利用变性高效液相色谱法和 PCR 技术的原理，根据细菌某些特定基因序列的特点设计特异性引物，由 PCR 扩增的产物经 DHPLC 技术进行快速检测。曹际娟、杨春华、徐君怡等人利用 PCR-DHPLC 检测新技术分别建立了单核细胞增生李斯特氏菌、英诺克李斯特氏菌、霍乱弧菌、阪崎肠杆菌、致泻性大肠杆菌的快速筛选方法。2004 年 Hurtle 等以保守基因 ITS（16S～23S intergenic spacer region）和功能基因 gyrA 为鉴定依据，在 42 种待测细菌中准确地检测出 Bacillus cereus 菌和 Bacillus thuringiensis 菌。Mohamed 等应用 DHPLC 区别和检测结核分枝杆菌和牛分枝杆菌中吡嗪酰胺耐药相关的 pncA 基因突变，建立了应用 DHPLC 进行温度介导的异源双链分析来鉴定结核分枝杆菌中吡嗪酰胺（PZA）耐药，同时区别结核分枝杆菌和牛分枝杆菌的技术。实现了通过色谱图的峰型快速检测 PZA 耐药菌株，并能区别结核分枝杆菌和牛分枝杆菌。这种检测耐药基因突变的技术在结核病控制的临床和流行病研究方面具有潜在的应用价值。

在微生物检测和鉴定工作中，有时会面对混合样品中的多种微生物同时需要鉴定分类工作的情况。一个污染的食物样本，需要对所有可能污染的病菌进行鉴定；海洋、土壤、空气等环境介质及人体胃肠道内都存在着种类繁多、结构复杂多变的微生物群落，这些微生物多数不能用现有的培养方法进行分离、鉴定或无法培养，而且绝大多数生长需要厌氧环境，而厌氧培养对于观察菌群结构及其动态变化是非常有限的，这些都需要一种简单、快速、灵敏的检测技术。DHPLC 技术在这方面显示了其良好的应用价值。利用 DHPLC 灵敏检测 DNA 序列差异的特性结合细菌 16S rDNA 基因分型的原理，通过提取样品中微生物的总 DNA，直接从核酸水平对样品进行分析研究，避免了样品中微生物的丢失，16S rRNA 可变区序列因微生物的不同而发生变化，但恒定区序列基本保守，因此可反映不同菌属之间的差异，在属和种的水平上进行细菌鉴定，在部分难以鉴定的菌种间，辅以其他细菌 DNA 靶点进行进一步的分析，不同的细菌显示特异的 DHPLC 峰型，从而得到分离和鉴定，依据序列多态性，对微生物群落或混合微生物样品进行动态分子监测和筛选分析。

在应用 DHPLC 技术对肠道复杂的微生物群落进行快速分子监测实验时得到结果，DHPLC 分析参考菌株的 16S rRNA 扩增片段的结果显示该技术可以成功地区分粪便样本中的主要细菌种类。在抗生素使用前，使用中和使用后，从异基因移植受体患者依次取粪便样本进行分析可以监测肠道均群的变化。DHPLC 技术非常适合复杂微生物群落的分析，能可靠地检测肠道微生物群落的变化。

研究人员对海洋细菌样本进行 DHPLC 检测，分析在不同细菌间 16S rRNA 基因的遗传差异（其结果与 DGGE、测序的检测结果十分接近）。结果显示不同菌种洗脱峰的高度与洗脱时不同，这可为 DNA 复合物提供一种半定性和半定量的特征图谱，同时 DHPLC 检测具有高度自动化的优势，借此可快速分析菌落中的优势菌种、各菌种的存亡，以及季节气候、地理环境或药物使用对菌群结构的影响。随后 Goldenberg 等（2007）利用 DHPLC 技术，成功分析评价了 28 种肠道细菌在治疗前、治疗期间及治疗后菌群的菌属或菌种的动态变化，为临床疗效的评价提供了间接的证据。Hurtle 等（2003）利用 DHPLC 对较广范围的细菌种类进行基因鉴定，几个属的 39 种细菌用来检验 DHPLC 的准确性和可靠性。大多数（36/39）种的细菌拥有可作为分子指纹图谱的特异表达曲线图，而且在 70 余种细菌样品中，Yersinia pestis（10/70）和 Bacillus anthracis（12/74）样品都被准确地鉴定出来。实验结果表明，DHPLC 的检测特异性为 100%，敏感度为 97.7%，预测率为 96.9%，这些数据证明 DHPLC 可以用于细菌鉴定。

（二）DHPLC 在遗传病及流行病诊断学中的应用

1. DHPLC 在遗传病诊断学中的应用

变性高效液相色谱由于其多模式的检测途径，使其具备了灵活多变、适用领域宽泛的检测特点，三种检测模式中非变性和部分变性模式，可针对性地广泛运用于遗传病分子诊断学。遗传异质性是很多复杂疾病的特点，而 DHPLC 技术因其准确性高和敏感性强，是筛查遗传异质性疾病相关基因突变的理想方法，这在对进行性神经性排骨肌萎缩症（Charcot-Marie-Tooth，CMT）相关基因突变的研究中得到了很好的体现。

近年来，人们应用DHPLC技术对一些重要的遗传病开展了基因诊断或突变筛查，包括常染色体显性/隐性遗传病、X染色体连锁遗传病、线粒体疾病、甲基化异常疾病等（表4-1）。对于某些多表型疾病，如感觉神经性耳聋、色素性视网膜炎和外周神经疾病等，它们都有大量的疾病相关基因突变位点，DHPLC技术也不失为一种理想的高通量基因突变筛查方法。还有人应用DHPLC技术对一些常见的复杂疾病开展了相关基因筛查，如精神分裂症、2型糖尿病、充血性心力衰竭、早老性痴呆症等。尤其是一些增加精神分裂症和抑郁症等疾病发病风险的相关突变基因，应用DHPLC技术可望加速其筛查。

（1）应用DHPLC进行遗传性血色素沉着病的基因（HFE）突变筛查

通过计算机预测的熔链温度曲线和经验产生的熔链温度曲线确定每个编码外显子的分析条件。检测筛查HFE基因全编码区序列的准确度和优化DHPLC分析条件，每个熔链域都至少用一个作为参考的突变或多态进行验证。外显子1、2、4、5和6均能通过一个温度进行分析，外显子3显示了复杂的熔链曲线，需要2个温度进行分析，DHPLC检测到了所有的突变，证明DHPLC技术可以用于HC先证者中缺乏常见突变的HFE基因突变的筛查。

（2）DHPLC分析甲型血友病的评估

甲型血友病是一种常见的遗传性出血性疾病，由因子VIII（FVIII）基因的突变引起。目前已经发现了FVIII基因大量的不同突变，这些突变为临床上病人表型的各种显著差异提供了遗传学基础。对于特定突变的了解可能有助于遗传咨询，以及预测抗FVIII抗体产生的风险这种目前甲型血友病治疗中最严重的并发症。鉴于该基因相当大(7.2kb的编码序列，26个外显子)，突变检测面临技术上的挑战，常规的突变筛查方法，如变性梯度凝胶电泳和单链构象多态分析都只能部分满足要求。这些技术耗时，需要特定的经验，突变检出率只有70%～85%。相反，变性高效液相色谱（DHPLC）技术提供了一种非常有前景，快速和灵敏分析PCR扩增产物的新方法。

（3）DHPLC进行马凡综合征突变分析的评估和应用

原纤蛋白（FBN1）的突变引起马凡综合征（MFS），这是一种常染色体显性的结缔组织异常。FBN1基因突变的信息对病人的早期诊断，临床处理和遗传咨询非常重要。但是，FBN1基因突变检测非常困难，因为此基因非常大（约200kb），大约有350个突变散在分布于65个外显子上。应用常规方法进行大规模的突变筛查费用昂贵，技术要求高和耗时。最近，发展了基于变性高效液相色谱（DHPLC）的高效低耗的突变检测方法。为了评估该方法的灵敏度和特异性，我们应用DHPLC技术以盲法筛查了64例已知FBN1基因型的样本，对所有外显子分别以外显子特异的优化条件进行检测。分析了682个PCR扩增产物，从64个已知序列变异中成功检测到了62个变异。在3例未知FBN1基因型的MFS病人中，我们检测到了2突变和8个多态。

（4）应用变性高效液相色谱技术快速筛查威尔逊病携带者

威尔逊病是常染色体隐性遗传病，表现为胆汁中铜排泄减少，血浆铜蓝蛋白中铜掺入降低。致病基因 ATP7B 定位的染色体上，含有 21 个外显子，编码 P 型铜转运 ATP 酶。ATP7B 基因突变散在分布于整个基因上，因而临床对突变携带者的筛查技术提出了需要。我们探讨了应用变性高效液相色谱技术筛查威尔逊病携带者的应用前景。方法：从 5 个撒丁人威尔逊病家系（32 例个体，8 例病人）提取基因组 DNA，PCR 扩增 ATP7B 基因 2～21 外显子和 5′非翻译区，PCR 产物用 DHPLC 分析和直接测序。结果：DHPLC 检测到 3 个致病突变和 7 个序列变异。5 例病人为纯合-441/-427del突变，3 例病人分别为 V1146M 和 1512-13ins T（N505X），或-441/-427del 和 V1146M 的复合性杂合突变。18 例无病个体为突变携带者。序列变异分别为 V290V，A406S，L456V，R832K，A1140V，以及新发现突变 K952R 和 T991T。DHPLC 未检测到新的内含子变异 IVS18-6c>t。说明 DHPLC 是 ATP7B 突变筛查的可靠工具，优于传统的单倍体分析技术。这种技术能对威尔逊病家系进行快速，灵敏，和特异的突变检测以及携带者鉴定。

（5）应用 DHPLC 检测的单基因遗传病目录

① β 地中海贫血（Beta-Thallassemia）
② 葡萄糖-6-磷酸脱氢酶缺乏症（glucose-6-phosphate dehydrogenase，G6PD）
③ 苯丙酮尿症（phenylketonuria，PKU）
④ 马凡综合征（Marfan syndrome）
⑤ 软骨发育不全（achondroplasia，ACH）
⑥ 颅缝骨化早闭综合征（craniosynostosis syndrome）
⑦ 雷特综合征（Rett's syndrome）
⑧ 杜氏肌营养不良（Duchenne muscular dystrophy，DMD）
⑨ 进行性腓骨肌萎缩症 1A 型（Charcot Marie Tooth disease 1A，CMTD1A）
⑩ 遗传性压力敏感性周围神经病（HNPP）
⑪ 脊髓性肌萎缩症（spinal muscular atrophy，SMA）
⑫ 肝豆状核变性（Wilson's disease）
⑬ 成人多囊肾（antosomal dominont polycystic kidney disease，ADPKD）
⑭ 遗传性血色素沉着症（hereditary hemochromatosis，HH）
⑮ 囊性纤维化症（cystic fibrosis，CFIR）
⑯ 白化症（albinism，OCA1）
⑰ 血友病（甲型，乙型）（hemophilia A，B）
⑱ 肾上腺脑白质营养不良症（adrenoleukodystrophy，ALD）
⑲ 家族遗传性高胆固醇血症（familial hyper cholesterolemia，FH）

（6）应用 DHPLC 检测的多基因遗传病目录

① 1 型糖尿病（GAD2）
② 2 型糖尿病（AKT1，APCS，APM1，CRP，GCK，KCNJ10，PBX1，RAGE，SORBS1）
③ 糖尿病（MODY）（TCF1，TCF14）
④ 肥胖症/早发型（MC4R，SORBS1）

⑤ 高血压（BMPR2，HUT2）

⑥ 哮喘（ADRB2，IL4）

⑦ 充血性心衰（GNA11，GNAQ，GNAS，RAB3A，RAB4，RAB5C，RAD）

⑧ 冠心病（LIPC，LPL，PAI-1）

⑨ 阿尔滋海默病（老年痴呆症）（BACE，CAST，NCSTN，OLR1，PS1，CHAT）

⑩ 精神分裂症（DDC，DGSC，DGS1，DISC1，DISC2，DRD3，NTF3，KCNN3，GRM5，NTS，NTSR1GRN1，GRN2A，GRN2B，GRN2C，GRN2D）

⑪ 两相情感性精神病（ABCG1，CUX2，DDC）

⑫ 自身免疫病（HSPCAL4，HSPCB）

2. DHPLC 在流行病学诊断研究中的应用

关于 DHPLC 在流行病学诊断中的使用研究，集中在流行病病原及其传播载体的核酸检测国内外都已经开展的较为成熟，罗阳等对用变性高效液相色谱（DHPLC）技术筛查了 SARS 冠状病毒（SARS-CoV）S 蛋白的受体的正常无关个体中氨基肽酶 N 编码基因 ANPEP 的全部外显子及其两侧部分内含子序列，发现 SARS-CoV 感染和 SARS 发病的易感基因或抗病基因。

（三）DHPLC 技术在肿瘤基因检测中的应用

1. 肿瘤放疗相关基因检测应用

目前，放疗仍是癌症治疗的三大手段之一，放疗治疗肿瘤的原理是利用放射线对癌细胞进行杀灭，但由于肿瘤细胞生长在正常组织中，其形状很不规则，因此放疗时就会伤及正常组织，增加了放疗的副反应。而且，由于副反应的增加，就不能进一步增加放疗剂量，又达不到根治肿瘤的疗效。不同个体间放疗副作用的差异很大，同样的剂量和治疗方案，有些个体基本无毒副作用，而对另外一些个体，则可能产生非常严重的毒副作用。研究表明个体间的这种放疗反应差异，只有 10%～20% 是由于射线的随机效应一起，而 80%～90% 是由个体的基因差异决定的。因此，在放疗前，如果能对病人进行相关基因的检测，就能预测病人可能发生的毒副作用，从而制定更加有效的治疗方案。

ATM 基因在引起个体放射敏感性中起重要作用，也是目前在临床放疗中最受关注的一个基因。ATM 基因突变个体在常规的放疗中，就容易引起严重的毒副作用。CESARETTI 等人应用 DHPLC 技术对进行放疗的前列腺癌病人的 ATM 基因进行突变筛查，发现 ATM 基因发生变异的病人中，63% 的病人出现至少一种副作用，而 ATM 基因正常的病人中，副作用的发生率只有 14%。而如果只以错义突变为指标，则突变病人副作用发生率是 78%，无此突变的病人的副作用发生率为 21%。这一结果表明检测 ATM 基因突变可以预测前列腺癌病人放疗的副作用。除了 ATM 基因，其他几个基因如：TGFβ1、XRCC1、XRCC3、SOD2 和 hHR21 也与肿瘤放疗副作用发生密切相关。采用 DHPLC 技术检测这些基因突变的方法都有报道，因此，应用 DHPLC 技术平台，开展肿瘤放疗病人这些基因的检测，有可能大大降低病人的不良反应。

2. 肿瘤化疗相关基因检测应用

许多基因与肿瘤化疗药物疗效和毒副作用大小密切相关，如代谢酶基因、DNA修复基因、细胞生长及凋亡相关基因和耐药基因等。不同个体对同一种药物具有不同的反应，就是因为这些基因突变或以不同的多态等位基因的形式出现的结果。编码药物代谢酶类的基因发生突变可能影响受药个体对特定药物的反应，进而影响该个体使用该药物的有效性和安全性。比如细胞色素基因家族中的许多基因编码的代谢酶在许多肿瘤化疗药物的代谢中起重要的作用，基因的不同等位基因多态表达的酶活性的差异，导致个体间药物的有效浓度和毒性差异很大。遗传药理学的实验数据可在药物研发和临床用药过程中起到辅助作用。此外，药物靶点本身以及疾病相关基因的遗传变异也可对药物的治疗结果产生影响。这些遗传变异可以成为有力的药效指标，也可以成为临床诊断和预后的标志物。当深入了解了各种疾病的遗传变异机制后，人们就可制定相应的治疗策略对这些疾病进行正确的诊断和治疗了。

比如RCC1是重要的DNA修复基因，它编码的蛋白质与DNA连接酶Ⅲ相互作用，修复DNA单链断裂，并与DNA聚合酶β一起进行碱基切除修复。由于存在SNP，不同个体的XRCC1活性不一样，这可能是导致个体间修复能力差异的分子基础，从而影响铂类药物化疗的疗效。

二氢嘧啶脱氢酶（DPD）突变影响5-氟尿嘧啶（5-FU）的代谢，野生型DPD基因在14外显子含GT序列，这是将5-FU代谢成二氢-5-FU所必需的。14外显子剪接位点一个G到A的转换导致转录时整个外显子缺失，合成无功能的蛋白，肝DPD活性低档的病人不能代谢5-FU（治疗结肠癌和乳腺癌）引起聚集和毒性。胸苷激酶（TS）多态也影响5-FU的功效，在肿瘤组织中，5-FU和5-FdUMP的活化代谢抑制TS。TS基因增强子区域带有3个28bp串联重复比含2个串联重复具有更高的TS活性，对5-FU更低的反应性。以5-FU治疗结直肠癌的标准治疗方法为例，有效率约为30%，而约20%的病人经标准的5-FU治疗后产生严重不良反应。

对肿瘤患者开展这些化疗相关基因的检测，可以指导临床针对病人具体情况选择合适的化疗药物，提高治疗效果，降低毒副作用，作为药物治疗的预测性指标。目前，应用DHPLC技术开展的化疗相关基因突变检测研究的报道非常多，比如细胞色素基因家族中重要药物代谢酶基因的基因分型，有些已经开始应用于临床。

3. 传性肿瘤早期诊断

现在已经公认肿瘤是一种多因素引起的遗传性疾病，许多肿瘤易感基因已经被发现，它们在引起遗传性家族性肿瘤中的机制已经被阐明。这些基因在家族中的胚系突变将大大提高家族成员的患癌风险，因而对高风险家族中肿瘤易感基因突变的检测，能在患癌之前评估患癌风险，进行肿瘤早期诊断，指导临床合理治疗。

乳腺癌分散发性乳腺癌家族性乳腺癌，约5%～10%的乳腺癌来自家族遗传。家族性乳腺癌与乳腺癌易感基因胚系突变高度相关，其中 BRCA1 和 BRCA2 是最常见的乳腺癌易感基因。家族性乳腺癌具有高遗传倾向，在一般家族里，约有 0.5% 的人带有 BRCA1 或 BRCA2 基因之突变，而在具有家族性或早发性乳腺癌之家族中，BRCA1 或 BRCA2 基因之突变发生率，高达 50%，因而 BRCA1 和 BRCA2 的突变与家族性乳腺癌发生有密切关系。一旦此基因产生突变，其家族子代中所有成员皆有 50% 的机会带有此突变基因。对于来自家族性遗传性癌的高风险人群进行基因突变检测是降低患癌风险的首要环节。BRCA 基因突变检测服务，可以评估家族性乳腺癌的发生风险，以尽早采取预防和治疗措施，是为减少家族成员患癌及提高生存率的有效途径。BRCA1 和 BRCA2 基因突变是常染色体显性遗传，有 50% 的可能遗传给子女，对先症者的基因诊断有助于指导对其后代进行产前诊断，降低后代的乳腺癌发病风险。

变性高效液相色谱（DHPLC）作为一种高效和敏感的检测技术，已经成为一种标准的突变预筛查工具。DHPLC 检测以其自动、快速、高通量、准确、稳定、重复性好、检测精度高、低消耗、操作简单（样品准备容易）等优势，在众多筛查方法中脱颖而出，成为目前理想的乳腺癌筛查方法，突变检测的首选技术。DHPLC 技术已广泛应用于肿瘤和遗传病等多种基因突变的研究，许多研究成果已经开始应用于临床诊断服务。在欧美等国家，应用 DHPLC 技术进行 BRCA1 和 BRCA2 基因突变检测的临床服务已经在许多著名的遗传检测服务机构广泛开展，并且他们通过协作制定了一整套应用该技术进行 BRCA1 和 BRCA2 基因突变检测的标准操作程序，最大限度地保证了 DHPLC 技术检测 BRCA1 和 BRCA2 基因突变的可靠性。目前 DHPLC 技术检测 BRCA1 和 BRCA2 基因突变已经成为家族性乳腺癌遗传检测的标准方法。

4. *瘤基因标志物的筛选*

分子生物学和人类基因组学的发展使人们对癌变、侵袭转移的分子机制，以及一些生物信号传导通路的认识得到进一步加深，并为癌症的早期诊断和开发新的治疗方法提供了机会。目前肿瘤的药物治疗正处于从单纯细胞毒性攻击到分子靶向性调节的过渡时期，即癌症靶向治疗，为达到这一目的，我们需要更多地了解靶向药物及其治疗的相关知识。

分子靶向肿瘤治疗是一把双刃剑，高度的靶选择性同时也容易出现耐药。一些新近研发的靶向治疗药物也不断出现耐药的文献报道，而相关基因常见的突变常常不能囊括所有耐药的原因，因而靶向治疗的一个关键问题就是找到最佳的治疗对象，不同个体的肿瘤的“遗传特征”可能成为选择最佳治疗策略的重要指标，对于同一种药治疗同一种病，不同个体的疗效有所不同。比如，表皮生长因子受体（EGFR）抑制剂是肺癌领域研究热点之一，其治疗非小细胞肺癌（NSCLC）的客观有效率为 10%～27% EGFR 突变与吉非替尼（gefitinib）治疗客观有效率相关性最强。如 EGFR 有突变的 NSCLC，无论是吉非替尼还是埃罗替尼（erlotinib，Tarceva）都有较好的疗效。EGFR 基因突变与 gefitinib 疗效相关的发现掀起了一个寻找疗效预测指标的研究高潮，体外检测鉴定突变作为预测性指标，对于肿瘤的靶向治疗具有重要的指导意义。

DHPLC 技术广泛应用于肿瘤靶向治疗中靶基因的突变分析，如最近报道应用 DH-

PLC技术研究NSCLC病人中EGFP基因突变的结果表明该技术比测序技术优越，具有100%的灵敏性，和重要的临床预测价值。

5. 瘤发生发展中体细胞低突变基因的检测

大多数癌症患者是在其生命过程中，通过体细胞遗传改变引起的，检测这些体细胞遗传变异对癌症患者的治疗非常重要，它有助于癌症的早期诊断，治疗方案的确定，治疗反应评价和疗效监测等，以及帮助临床医生对基于靶向药物的个体化治疗方案的选择和决定。

但是，散发性癌症基因变异的分子谱分析面临很大的挑战：①散发性癌症都是进展性的，在癌症发展的早期，只有极少数的突变细胞混合存在于大量的正常细胞背景中；②癌症的发生涉及多种信号通路和基因参与；③由于肿瘤发生部位的限制，有些实体性肿瘤组织样本的获取存在困难。因此，目前迫切需要一种高度灵敏的检测手段来检测血浆或实体肿瘤组织等高度异质性样本中低水平的突变细胞。这种检测手段除了需要满足高灵敏度的要求外，还必须满足能高性价比地对多个基因进行检测。

变性高效液相色谱（DHPLC）技术由于其高准确度，高通量和低成本的特性，已广泛应用于遗传性疾病的临床遗传诊断。一种新的进行癌症基因分子谱分析的高灵敏的DHPLC荧光检测技术平台已成为开展散发性遗传性癌症的低水平体细胞突变检测的临床应用的唯一技术。应用该技术对非小细胞肺癌和结直肠癌中一系列与病理表型相关的体细胞突变，即分别对来自原发肿瘤组织和相应病人血浆抽提的DNA进行了不同基因组合的检测，其中进行突变检测的基因包括：PTEN、TP53、p16、KRAS、NRAS、BRAF、MET和EGFR等。比如，目前已经建立了DHPLC技术高灵敏筛查和检测结直肠癌病人肿瘤组织和血浆样本中基因突变的方法，DHPLC筛查APC和p53突变的检测低限为1∶200到1∶2000。结直肠癌中少于0.5%的APC等位基因的突变和p53等位基因外显子2～11的缺失突变能可重复的检测到。

6. 瘤错配修复基因甲基化检测

甲基化与肿瘤的发生有非常密切的关系。在一般正常的细胞中，基因调控区CpG岛处于非甲基化的状态。而当细胞发生癌变后，这些CG区域往往呈现甲基化状态。DNA甲基化的改变是肿瘤发生的早期信号，可以用于肿瘤的分类诊断。目前DNA甲基化研究是肿瘤分子生物学研究的一个重要领域。快速，高通量，高灵敏的技术仍然是甲基化检测的技术难题。变性高效液相色谱技术结合亚硫酸氢钠转化后的无偏PCR扩增是甲基化检测的一种很好的选择，这种技术特别适用于具有不同甲基化程度的样本的大规模筛查。

DHPLC技术检测DNA甲基化类似基因突变的检测。该技术也是基于亚硫酸氢钠处理DNA后，设计不含甲基化位点的引物，同时PCR扩增所有甲基化和非甲基化的目的片段，直接进行DHPLC分析。亚硫酸氢钠处理DNA，使未甲基化的胞嘧啶（C）脱氨基变成尿嘧啶（U），经扩增后变成胸腺嘧啶（T），而甲基化的C保持不变。这样一来，甲基化和非甲基化的DNA序列在甲基化的位点就出现了碱基差异，甲基化的

DNA 序列比非甲基化的 DNA 序列含有更高的 GC 含量。当甲基化的 DNA 序列和非甲基化的 DNA 序列序列混合后变性，复性，将形成杂合链，在 DHPLC 柱上优先洗脱下来，即便是少至一个位点的甲基化，也可以检测目标片段上的甲基化。

当该序列上甲基化位点较多时，PCR 扩增后，将使甲基化和未甲基化序列之间产生多个杂合位点，抑制它们之间的复性，进行 DHPLC 分析时，往往只有甲基化和未甲基化序列两个同源双链峰，而没有杂合双链峰，或是杂合双链峰较小，非甲基化的 DNA 序列比甲基化的 DNA 序列优先洗脱下来。因而比较两个甲基化和未甲基化序列同源双链峰的高度或面积就能相对定量甲基化的程度。这种方法能检测目标片段任意 CpG 位点的甲基化状态，非常适合高通量的分析。并且无论是一个，还是多个甲基化位点，都能应用 DHPLC 进行快速分析。

应用 DHPLC 技术分析甲基化具有多方面的优点。首先它检测的甲基化位点不受限制，可以检测单个或多个位点的甲基化，提供整个目标片段的甲基化总体水平；其次，由于甲基化与非甲基化的 PCR 产物的色谱峰是分离的，分别测量它们的峰高或峰面积可以进行相对定量的分析；最后，DHPLC 技术分析不需要其他的操作，特别适合大规模筛查，他的结果判断非常直观。

目前已经建立了应用 DHPLC 技术进行肿瘤抑制基因启动子异常甲基化预先筛查的方法。特别是对 p16 基因的异常甲基化进行了大量的分析，结果表明 DHPLC 技术分析甲基化是一种可靠和高敏感，高通量的技术。应用该技术进行甲基化状态分析的基因包括：APC、MLH1、p16、p14、MGMT、GSTP1、DAPK、RASSF1A、RUNX3、RARB2 和 FHIT 等。

（四）DHPLC 在法医学上的应用

1. STRs 分析

作为另一种高效核酸分离手段，IP-RP-HPLC 在非变性条件下，依赖核酸分子质量大小和序列可准确分离长达 2000bp 的 DNA 片段，它除了具有毛细管电泳高效、灵敏、自动化程度高、可重复性好等特点外，还具有无需标记且能选择性收集所分离的片段直接用于克隆或测序等优点。Devaney 等（2000 年）采用 WAVE® 系统对 HUMTH01 基因座进行了分析，该系统不仅能有效分辨相差仅 1bp 的片段（如等位基因 9.3 和 10），而且根据作为内标的分子质量大小标记可以准确确定片段大小，整个分型时间少于 14min。该方法摒弃了传统的电泳技术，无需灌胶、染色或荧光标记，而且经济、简便、快速，为 STR 分型提供了一个较好的技术平台。除了在非变性模式下以类似电泳的方式进行 STR 分型外，DHPLC 还可以在部分变性温度条件下以异源双链的方式进行 STR 分型。此时，纯合子个体则形成同源双链峰，若为杂合子个体，则 2 个不同等位基因间还可以形成异源双链峰（类似于小片段核苷酸的插入或缺失），据此可确定不同的基因型。

2. 二态遗传标记的分析

二态遗传标记包括 SNP、插入和缺失多态性。二态遗传标记因多态性程度较低，要达到相应的鉴别能力就必须检测更多的位点数，由此对其检测手段提出了快速、简单和高通量的要求。具有这些优势的DHPLC技术自出现以来便被广泛应用于筛选未知突变以及SNP的检测。目前，有关DHPLC检测SNP法医学应用的相关报道较少，且多集中于Y染色体。Giordano等采用DHPLC技术搜索了人类第5号染色体5pter-q13区域的124个序列标签位点（STS），在28个STS中发现了30个SNP，且与该区域已知遗传标记的重叠小于10%。1997年，Underhill等用DHPLC对718份样本进行了Y染色体分析，结果发现了22种Y-SNP，其中19种以前未见报道。Shen等（2000年）用DHPLC对53～72名来自五大洲的个体Y染色体上的SMCY、DFFRY、UTY1和DBY四个基因进行了筛选，共发现98个变异。2000年，Underhill的研究小组用DHPLC对人类Y染色体非重组区的160个二等位基因多态标记（其中1个存在两种颠换形式，为三等位基因）进行了研究，其中73个为已报道的，另87个未见报道，结合文献报道的另7个非DHPLC检测的位点，共167个标记（91个转换、53个颠换、22个小插入或缺失以及1个Alu插入），在21个群体中检出116种单倍型，其中42种单倍型（36.2%）仅出现一次，显示出极高的鉴别能力。

3. 性别鉴定

目前常用检测牙釉基因的方法进行性别鉴定。DHPLC的出现使性别鉴定又多了一种技术手段。Kobayashi等利用Promega公司的GenePrint™性别鉴定系统（包括银染检测系统和荧光检测系统）扩增出来源于X、Y染色体的212bp和218bp片段，再利用WAVE®系统在非变性条件下均获得良好分离效果。Shinka等（2001年）则利用部分变性条件下来源于X、Y染色体牙釉基因扩增产物间异源双链的形成成功地进行了性别鉴定，他们将PCR产物缩短至45bp，每个样本的分离时间不超过8min，PCR产物无需任何准备，分离过程自动化，从而使性别的鉴定更加方便。

4. 混合样品分析

混合样品的分析一直是法医学的一个难点，目前的技术手段，如两步消化法和性染色体遗传标记分型等，仅限于解决精液和阴道分泌液混合物的分析，而对其他类型的混合样品则无能为力。DHPLC通过异源双链的有无很容易发现混合样品的存在并对其进行分析，同时还可对不同的混合成分进行分离。Hecker等用荧光标记PCR引物结合荧光检测技术，DHPLC可以区别含量相差500倍的2个等位基因，这使得多份样本混合检测成为可能。LaBerge等（2003年）对不同mtDNA扩增产物的混合物进行成功检测也证明了DHPLC对混合样品分析的潜能，但要进入实际应用还有待时日。

5. 线粒体DNA分析

应用变性高效液相色谱技术（DHPLC）对人线粒体DNA（mtDNA）成对样品的比较和混合样品的鉴定的方法在法医学上的应用。线粒体DNA的D-loop区的高可变区1（HV1）和高可变区2（HV2）序列经PCR扩增后与已知或未知的样品混合，对PCR产物进行变性和复性处理以形成同源和异源双链，然后经DHPLC进行温度介导的异源双链分析。DHPLC 技术为法医科技工作者提供了一个快速和强有力的筛查线粒体 DNA 的工具，并且可成为线粒体 DNA 混合样品鉴定的标准方法。应用此技术的优势可以使以前通过测序技术不能进行分析的案例进行线粒体 DNA 分析，并且使更多的法医样本由于其线粒体 DNA 混合样本的鉴定而进入拟准备建立的联合 DNA 指标系统（CODIS）数据库。

6. 死亡年龄的鉴定

线粒体 DNA（mtDNA）随着年龄的增长，积累不同的突变。根据线粒体的突变特性和 DHPLC 能检测 mtDNA 突变的性能，我们开发了一种新的方法来确定死亡年龄。从不同年龄的尸体组织中（骼腰肌、肝、肾、核壳、心）分别提取 mtDNA，然后对整个 mtDNA 进行扩增和酶切，使之形成 90～600bp 的片段，最后在不同温度下经 DHPLC 进行分离。我们定性和定量的研究了不同组织随着年龄增长，线粒体积累的突变的差异。

（五）DHPLC 在外来有害生物检测中的应用

作为外来入侵有害生物，检疫性植物病原以其危害性大、破坏力强、症状复杂多变，而成为一类重要的检疫对象。植物病原生物在分类学中跨度很大，现发现有真菌、细菌、植原体、病毒、类病毒和线虫等。这些病原生物从致病性这一点讲是相同的，但致病机制及基因结构、调节、控制等特点却大相径庭。总体来说，植物病原不仅种类多，而且近似种多，表现为检疫性病原之间易混淆、检疫性与非检疫性病原之间难区分、同种病原在不同寄主上表现的症状不同、不同种病原在相同寄主上却可能表现相似的症状等具体形式。目前，DHPLC 技术在医学、保健学、环保、生态学领域已得到广泛的应用，检测范围几乎涵盖从原核生物到真核生物、从微生物到植物、动物、从低等生物到高等生物的各种生命形式。DHPLC 是一套经过反复摸索、改进、总结所得到的较为成熟稳定、准确快速的基因型检测分类鉴定技术，是一种能够满足植物检疫工作需要、解决上述难题的行之有效的新型检测方法。

笔者由于自身工作特点，为适应口岸检疫工作新形势的发展，满足进境外来有害生物检疫工作需要，结合检测岗位高通量、快速、准确、节约成本的实际需求进行了五种植物病原细菌和三种植物病毒等共八种检疫性植物有害生物的 DHPLC 专项技术开发，项目实验设计方案如下。

1. 植物病原模板的获取

（1）病原细菌核酸模板制备

采集阳性植物病原，利用筛选培养基（或寄主植物）分离目的菌株（毒株），采用注射法接种寄主植物；利用 CTAB 法或 DNA 提取试剂盒提取细菌及阳性植株总 DNA，得到扩增模板；

（2）病毒核酸模板制备

破碎病毒粒体，释放病毒核酸并进行核酸纯化，设立几种病毒有效的 RNA 提取方法，为今后实验建立基础。

① 试验工具高温处理，溶剂、枪头试管 DEPC 处理；

② 采取植物感病组织，并粉碎；

③ 分离蛋白、DNA、酚等物质；

④ 沉淀 RNA、分光光度计测定核酸浓度。

2. 植物病原核酸扩增体系建立

通过设计专化性引物来确定植物病原细菌、病毒目的片段的核酸序列，确定病原基因型，建立病原常规 PCR 和 RT-PCR 扩增体系。植物病原细菌 PCR 扩增方法如下。

① 查询 Gene Bank 中病原菌的核酸序列，比较各核酸序列的同源性，确定保守区域。

② 根据引物设计原则，可使用相关软件，如 Omega、Primer 等设计上下游引物。

③ PCR 扩增　利用专化性引物和已提取病毒 RNA 进行 PCR 扩增，特异生成大量 DNA 片段

④ 核酸检测　通过琼脂糖凝胶电泳，检测 PCR 产物是否为目的条带。

⑤ 目的基因序列分析　将目的基因连接至 PMBT 载体，送往基因公司测序。

⑥ 优化反应条件，建立病原菌 PCR 扩增体系。

⑦ 查询 Gene Bank 中病毒的核酸序列，比较各核酸序列的同源性，确定保守区域。

⑧ 根据引物设计原则，可使用相关软件，如 Omiga、Primer 等设计上下游引物。

⑨ cDNA 第一链合成　生成 cDNA 第一链，为 PCR 准备模板

⑩ PCR 扩增　利用专化性引物和已提取病毒 RNA 进行 PCR 扩增，特异生成大量 DNA 片段

⑪ 核酸检测　通过琼脂糖凝胶电泳，检测 PCR 产物是否为目的条带。

⑫ 目的基因序列分析　将目的基因连接至 PMBT-载体，送往基因公司测序。

⑬ 优化反应条件，建立病毒常规 RT-PCR 扩增体系。

3. 病原 DHPLC 检测体系建立

将样品体系混合，放入的 96 孔反应板上，启动控制程序，根据片段长度设置变性高效液相色谱 WAVE® 核苷酸片段分析系统反应条件，点击运行。

(1) 走空针：上样量为 0μL，平衡仪器；

(2) 上样：取每个样本的 PCR 产物 5μL，每个程序运行时间由核酸片段预期长度决定；

(3) 进行 DHPLC 检测反应，生成由进样峰、阳性吸收峰、样品洗脱峰组成的检测曲线，打开分析软件，仪器自动实时分析试验结果，反应结束，保存文件。

(4) 摸索并优化反应条件和运行时间参数。

4. 变性高效液相色谱检测的特异性

将感病及健康组织、病原细菌 DNA 模板和病毒 RNA 模板以优化反应体系进行变

性高效液相色谱检测反应，验证其特异性。

5. 变性高效液相色谱检测灵敏度验证

将病原核酸模板进行梯度浓度稀释，分别进行变性高效液相色谱检测实验，构建八种病原变性高效液相色谱定量分析体系，验证检测体系的灵敏度。

6. 实验结果

（1）植物病原细菌核酸扩增体系和基因型的确证

PCR扩增产物测序结果表明，五种植物病原细菌基因克隆片段长都与预期片段长度一致，经测序，与GenBank中病毒保守核酸序列同源性均达99%以上，证明试验结果准确，所获得片段为目的片段，病原体的基因型种类无误。

（2）植物病毒核酸扩增体系和基因型的确证

RT-PCR扩增产物测序结果表明，三种植物病毒基因克隆片段长都与预期片段长度一致，经测序，与GenBank中病毒保守核酸序列同源性均达99%以上，证明试验结果准确，所获得片段为目的片段，病原体的基因型种类无误。

（3）植物病原细菌DHPLC检测体系的特异性

分别利用专化性引物和优化的DHPLC温度条件及时间参数对五种目标病原菌和非目标病原菌及健康植物组织进行特异性检测，只有目标病原菌得到了预期的洗脱吸收曲线和峰值，其他供试菌株及健康植物组织均无特异性峰值及曲线。

（4）植物病毒DHPLC检测体系的特异性

分别利用专化性引物和优化的RT-PCR条件和DHPLC温度条件及时间参数对三种目标病毒和非目标病毒及健康植物组织进行检测，只有目标病毒得到了预期的洗脱吸收曲线和峰值，表现为阳性检测值，其他供试毒株及健康植物组织均无特异性峰值及曲线表现为阴性。说明检测体系有很强的特异性，可以把以上三种病毒与其他病毒分开。

（5）植物病原细菌DHPLC检测体系的灵敏度验证

将一定浓度的DNA模板以10倍梯度稀释5次后，直接进行PCR扩增和DHPLC检测。结果表明，其稀释限点约为$1\sim10^3$ pg/μL。

项目使用专化性引物对传统技术改良，并衔接高效低耗的新型变性高效液相色谱技术，就DHPLC检测体系的建立进行摸索确证，成功研制出完备快速、高通量检测体系，开发了植物病原DHPLC检测试剂盒共8套，如愿地实现植物病原检测高效、快速、准确、灵敏的初衷，满足当前我国口岸检疫新形势的需要，填补了国内外在植物病原定量检测领域的研究空白。

（六）DHPLC在转基因植物鉴定方面的应用

转基因技术是将外源基因转入生物体或细胞内使之表达的技术。在人工构建的外源转基因载体中，人们设计装入了基因表达所需的启动子、终止子序列。为了方便转基因植物的筛选，人们还整合了报告基因和抗性基因。因此针对这个特点，当我们对转入的目的基因并不了解的情况下，通过检测这些基因序列就可对转基因作物进行鉴定。转基因作物DHPLC检测方法可以以目前通用的报告基因（Gus和Gfp基因）、抗性基因（Kan和Lif抗性基因）、启动子（CaMV35S）和终止子（CaMV35S和Nos等）等具有代表性的特异片段为扩增靶序列（或杂交探针），将从待检样品中提取的DNA，利用特异性引物扩增，与以上基因的标准品混合，利用变性高效液相色谱仪进行温度变性，复性形成异源双链或同源双链，并先后从色谱柱洗脱，收集信号形成不同吸收峰后再经计算机软件进行分析判断。目前利用常规PCR、核酸杂交、荧光PCR、基因芯片检测转基因生物的技术日臻成熟，但关于DHPLC检测转基因成分国内外都尚无相关文献报道，可作为一个全新的研究方向去探索。

（七）DHPLC在动物基因组学中的应用

和植物、人类等其他高等真核生物类似，动物组织结构、遗传背景都较细菌、病毒等原核生物更为复杂，基因组构成和基因功能分化更为精细，更多的致病基因突变和单核苷酸多态性有待于进一步确证，丰富的保守基因可用于生物基因型鉴定依据进行研究，这些特点促成了DHPLC在真核生物的研究领域拥有更加宽广的用武之地并发挥了更为强大的功能。陈瑶生等用DHPLC对猪肌肉组织差异表达EST的进行鉴定。李祥龙等（2004）利用测序及变性高效液相色谱（DHPLC）研究了蒙古羊、哈萨克羊、滩羊和藏绵羊黑素细胞刺激素受体（MSHR）基因单核苷酸多态性（SNP）。结果表明，在扩增片段长度为415bp范围内存在一个T317C突变，DHPLC可检测到该突变并被证明是一种高通量且简便的筛选方法。李树珍等（2009年）选取江豚基因组中的2个已知单核苷酸多态性（single nucleotide polymorphisms，SNP）位点，通过PCR扩增，将PCR产物按基因频率不同制备成0～50%的11个DNA池（DNA pool），用于变性高效液相色谱分析，以探讨DNA池中基因频率的最低要求。结果显示，当稀有等位基因的基因频率不少于5%时可在DHPLC检测过程中明显分辨；而利用DNA池进行直接测序时的基因频率则需达到10%。证明了DNA池结合DHPLC技术的高效性与准确性可在大规模的SNP位点筛选中的优势。

第五节　变性高效液相色谱的标准化管理

随着DHPLC技术平台的不断发展与完善，已成为一种标准的基因突变检测预扫描手段，具有高效、高灵敏度的特点。除了普通的软件安装步骤，DHPLC是一种复杂的分析方法，其质量管理体系包含了仪器是否处于最佳运转状态，实验方案分析设计和确认是否完备，以及操作者是否接受过充足的培训，确保其可以进行精确的实验分析。

为了提高DHPLC技术在实验室分子检测中的稳定性和准确性，Els Schollen等专家及其研究团队——DDQA（diagnostic DHPLC quality assurance）工作组对于变性高效液相色谱（DHPLC）的标准化管理（SOP）的定义和规范进行了探索性的专项研究，建立了DHPLC仪器操作和维护常规标准、DHPLC方法检测基因突变的一般标准以及DHPLC检测特定基因突变的特殊标准等三个实验室检测用SOP体系，覆盖了从实验室DHPLC仪器管理维护的宏观层面到某一特定基因检测方法的微观层面的全部三个层次。研究人员就特定病例与瑞特综合征相关联的 MECP2 基因突变 DHPLC 扫描检测 SOP 进行验证，并分别在两个实验室中开展 MECP2 检测比对实验。尽管如此，仍需将普通常规 SOP 程序归为简便易实行的独立实验室质量系统。为保证技术的检测质量，建议每个实验室形成各自的 SOP 体系。

WAVE® 系统使用和维护 SOP 体系。WAVE® 系统主要包括：一个泵，一个缓冲液混合器，一个自动加样器，一个干燥箱（oven），一个探测器，一个协调器和软件。缓冲液和核酸分离柱被视为损耗品。

根据 DDQA 工作组的研究结果，尽管所有的实验室均使用 WAVE® 操作系统，却没有一个标准的操作系统。首先，不同的实验室使用了不同的干燥箱，都是 L7300＋和 L7300，精确度分别为 0.1℃和 1℃，各自都是目前常用的。正常流量 0.9L/min 和高流通量 1.5L/min 系统，这也都是目前普遍采用的。其次，存在多种 WAVE® MAKER 以及 Navigator 版本。目前最新的版本为 WAVE® MAKER4.1.44 build 19 和 Navigator1.5.4。事实上，这些不同的系统和软件并不是问题。因为，目前并没有一个标准的系统，一个详细全面的有关 WAVE® 系统的描述的出版物，可供其他试验者重复和验证。在本书选取 WAVE® 3500 系统和 L7300＋干燥箱，因其均为目前广泛采用的。在 SOP-DHLPC 中，对其与其他系统的重要区别进行了标注。SOP 的大部分内容都来自 WAVE® 系统的用户说明书和 Transgenomic 的维护指南。尽管如此，该 SOP 还是无可取代的，因为它是从特定使用者的角度来编写的，例如开展特定项目的临床基因检测实验室的质量控制体系。

第一方面，关于系统维护：规定每周预试，还给出了一个可行也可接受的实验室季度维护方案。一个常规预防性维护程序，并由 Transgenomic 等服务机构代表提供的公司担保，这是必不可少的。否则将加大质量保证体系实施难度，且更低效。

第二方面，建立每日 WAVE® 系统运行及相关损耗品（包括 column 及缓冲液）监测。大部分 WAVE® 用户依赖于突变标准参照物分析。但是，到目前为止，突变标准品的洗脱图质量评估仍完全依赖于操作者的眼睛和判断。是一个纯主观的结论。DDQA 工作组意识到这种以经验为主推断的突变标准品正常测量范围产生的特定客观标准正是 DHPLC 检测质量保证的薄弱一环。

Transgenomic 公司的研究人员也赞成其重要性。这些关键性数据对于使用者和生产者均具有实用性和价值性。这些低含量突变标准关键性参数是：异源双链核酸分子第一峰（RT-Het1）和同源双链核酸分子最后峰（RT-Hom2），异源双链核酸分子两峰（ΔHet）和同源双链核酸分子两峰（ΔHom）的滞留时间差，以及解析度（Res-Het1/Het2、Res-Het2/Hom1、Res-Hom1/Hom2）。解析度由 Navigator 在分析页中自动算出，用以描述色谱层析图中邻近峰分离的质量。高量突变标准关键性参数只包括：异源双链核酸分子第一峰（RT-Het1）和同源双链核酸分子最后峰（RT-Hom2），异源双链核酸分子两峰（ΔHet）和同源双链核酸分子两峰（ΔHom）的滞留时间差。如果上述 7 个参数中的低量和高量突变标准物的滞留时间在特定限定内，即使未包含最少设定关键性参数，仍认为高量突变标准物获得最佳波峰。

突变控制标准物的正常范围是基于对系统定量数据研究计算，由 Transgenomic 以

SD对移动范围测定后评估而得。数据由WAVE® Model3500和Model 3500HT系统下获得，运行软件为Navigator。如果每个参数、每个相邻注入的突变标准品的两注入物平均值都在特定限定内，则可确立DHPLC最佳实施系统。连续的注入物用以检查和分析系统的一致性和短期稳定性。

一些用户为降低成本，可能更倾向于使用机构内部的控制品代替商业化的突变标准品。理想情况下，像类似于四个二倍体控制品可以在非常窄的温度范围下（2～4℃）完全分离。以此作为标准品施行DHPLC系统，要对各种反复不定的情况进行全面的证明确定可能不太全面。因为它并不是基于大量的生产商的内部质量认证，而只是用以对oven（干燥箱）进行标定。实际上应该使用商业化的标准物对oven进行标定、问题解答和每周及每月的程序维护。机构内部控制品只用于日常维护评估和独立运行。要对系统内部控制品进行验证应采用以下方法：以商业突变标准品为对照在固定的基座上进行，选用多个温度（最少3个，要包括3℃）和不同柱条件等等。

要建立日志或固定格式的文档，记录突变标准品作为系统控制的实施情况，以及便于追溯试剂和其他损耗品的变化对反应的影响，这是必不可少的。最后一个方面，常常被忽视，那就是仪器操作者要经过足够的培训，只有准确的操作才能实施标准的操作程序。

（一）DHPLC方法检测基因突变的一般标准

QA给出了DHPLC中基本情况，不仅包括PCR组分、模板数量、扩增子产量和质量，还包括异源双链核酸分子结构，程序安装，以及图谱的解释说明。但缺少基因组学、cDNA片段及监视下的基因的普通方法学SOP。此SOP酷似CMGS的WAVE®系统最佳操作指导（2001年发布，2003年修订）。但事实上，SOP侧重于确保DHPLC技术人员能准确、独立、高重复性地实施DHPLC，而不仅仅是面向使用者的一系列帮助性建议。

DHPLC的基础是异源双链核酸分子DNA及同源双链核酸分子DNA的热力学特性差异。首先，假定异源双链核酸分子的形成是一个简单的过程，只需先变性后冷却。先前我们也遇到过其他情况，BRCA2的11外显子发生了两个不同的2bp被删除的突变。尽管扩增子被证明由独立突变杂合直接排序得到。但DHPLC一致性差，不可重复，而且有四分之一的样品呈假阳性。可喜的是，DHPLC结果和异源双链核酸分子6% PAGE分析存在完美的相关性。例如用DHPLC方法对存在或缺失异源双链核酸分子进行阳性或阴性检测。用快速降温法（−4℃/cycle）改变异源双链核酸分子构建过程，缓慢降温（−0.03℃或−0.02℃）复性温度下孵育，而后45℃或65℃孵育。这样DHPLC具有了重复性，图谱也能将变异反映出来。当然，这还是建立在假定异源双链核酸分子非常稳定的基础上。而一些有趣的证据显示事实可能并非如此。因此，为了调查研究，我们测定了原纤维蛋白基因（FBN1）8个不同错义突变的稳定性。异源双链核酸分子是在PCR扩增后立即形成的，可直接进行DHPLC分析或于4℃及−20℃下保存再进行DHPLC分析。两者不存在显著差异。当然，片段的物理化学学特性及影响可能存在显著差别。因此，在每次实验中都应设立阳性对照。

第二个因素，扩增子溶解特性预测的精确度，是得到最大敏感度的必要和关键。MECP2基因片段小，具典型突变范围，要确定其验证温度非常容易。但对于大型基因，要控制其突变就几乎不可能了。在这种情况下，温度的选取主要是依据数学预测方法，而得到的温度会因使用软件不同有细微的差别。

不同材料提供的指南也不同。将螺旋率在30%～99%或50%～98%间的温度定为最佳温度。此差异反映出一个根本性的问题：再完美的计算程序也无法得到100%的敏感度，那根本不存在。就大多数片段而言，使用软件计算已经非常精确了。尽管，一些诊断实验室的精于WAVE®系统的专家指出软件经常会检测不到GC富集片段中的已知突变。

（二）MECP2基因的DHPLC检测特定基因突变的特殊标准

DDQA覆盖了目前已被广泛测定的多个疾病基因。包括MECP2（基因突变致瑞特综合征）、MSH2和MLH1（两个主要基因错配，发生于遗传性非息结肠癌）、BRCA1和BRCA2（发生于遗传性乳癌及卵巢癌）、CFTR（囊性纤维化基因），以及FBN1（原纤维蛋白基因，引起马方综合征）等等不胜枚举。

出于实用性考虑，显然应最先选取一个短基因来建立SOP。MECP2基因是个很好的选择。原因在于：①编码区相对较小，且通常只有3个外显子被扫描；②MECP2基因不会发生过多的突变；③引起瑞特综合征，对临床诊断具现实意义。由此不难推断，有更多的实验室可以提供这方面测试。

DDQA协作组的两个实验室对MECP2的DHPLC扫描检测进行了说明，采用发表方法设计了各自的引物。有趣的是，随着试验的进行两者逐渐产生了分歧，两个实验室在对已发表引物序列进行优化后，却没得到哪怕一套引物能在两个实验室的试验当中都适用。不过这不会削弱利用分子遗传学对瑞特综合征进行诊断。标准化的实验室方法大致可等同于比对病患记录，尤其是在未发现突变的情况下。

参照以上两个标准，工作组利用DHPLC技术研制出一套探测瑞特综合征中MECP2的新方法。对MECP2基因编码区中强扩增片段进行单一PCR，探测其8个错义突变及C端的小片段缺失。不改变外显子3和外显子4的原始分配的2～5个片段。使用Optimase聚合酶优化PCR条件，准确校对聚合酶对波峰的影响，要出现单一、均匀的波峰，并使假阳性降到最低。也可使用其他酶，但必须注意，有些酶PCR后也能形成波峰，会造成误读，同时其成分可能影响缓冲液以及缩短分离柱寿命。

主要参考文献

曹际娟，王耀，王顺芝，等．2009．PCR-DHPLC技术快速检测食品中德英诺克李斯特氏菌．生物技术通报，32（2）：235-238

曹际娟，闫平平，徐君怡，等．2008．单核细胞增生李斯特氏菌PCR-DHPLC检测新技术的建立．生物技术通报，（z1）：415-419

曹际娟，闫平平，于珂，等．2008．变性高效液相色谱检测霍乱弧菌．辽宁师范大学学报（自然科学版），31（3）：348-352

韩伟，楼定华，王竞，等．2005．变性高效液相色谱分析法在人类基因组单核苷酸多态性检测中的应用．浙江大学

学报（医学版），34（3）：248-254

侯建国，李加琪，陈瑶生，等．2003．微卫星 DNA 标记与猪肉肉质性状的相关分析．华南农业大学学报，24（2）：63-66

李树珍，万慧荣，杨光．2009．DNA 池结合 DHPLC 和直接测序技术在江豚 SNPs 检测中的应用．兽类学报，29（2）：185-190

李祥龙，巩元芳，刘铮铸，等．2004．利用DHPLC研究我国几个地方绵羊品种黑素细胞刺激素受体基因单核苷酸多态性．遗传，26（6）：841-844

柳满然，潘凯枫，吕有勇，等．2002．聚合酶对变性高效液相色谱在基因突变检测中的影响．癌症，21（10）：1160-1163

罗阳，姜莉，敖雪．2003．SARS 冠状病毒 S 蛋白候选细胞受体氨基肽酶 N 的基因变异研究．遗传学报，30（7）：687-692

施锦绣，杨爽，姜正文，等．2001．变性高效液相色谱与直接测序法在单核苷酸多态性检测中的应用比较．中华医学遗传学杂志，18（3）：198-201

王翀，陈瑶生，李重生，等．2003．DHPLC对猪肌肉组织差异表达 EST 的鉴定．遗传学报，30（12）：1085-1089

徐君怡，曹际娟，郑秋月，等．2008．变性高效液相色谱检测食品中致泻性大肠杆菌．微生物学报，48（11）：1526-1531

杨春华，曹际娟，桂家祥，等．2008．乳及乳制品中阪崎肠杆菌 PCR-DHPLC 检测新技术的建立．微生物学报，35（11）：1845-1849

Devaney JM, Girard JE, Marino MA. 2000. DNA microsatellite analysisusingion- pairreversed -phasehigh-performance liquid chromatography. AnalChem, 72 (4): 858-964

Dobson SC, Cox RD, Lonie L, et al. 2000. Comparison of fluo rescent single strand conformation polymorphism analysis and denaturing high performance liquid chromato-graphy for detection of EXT1 and EXT2 mutations in hereditary multiple exosto ses. Eur J Hum Gene, 8 (1): 24-32

Domann E, Hong G, Imirzalioglu C. 2003. Culture-independent identification of pathogenic bacteria and polymicrobial infections in the genitourinary tract of renal transplant recipients. Journal of Clinical. Microbiology, 41 (12): 3273-3283

Goldenberg O, Herrmann S, Marjoram G, et al. 2007. Molecular monitoring of the intestinal flora by denaturing high performance liquid chromatography. Journal of Microbiological Methods, 68 (26): 94-105

Hayward LA, Oefner PJ, Doris PA. 1996. Rapid quantification of gene expression by competitive RT-PCR and ion-pair reversed-phase HPLC. Biotechniques, 20 (2): 250-257

Hayward LA, Oefner PJ, Sabatibi S, et al. 1998. Modeling and Analysis of Competitive RT-PCR. Nucleic Acids Research, 26: 2511-2518

Huber C, Oefner P, Bonn G. 1995. Rapid and accurate sizing of DNA fragments by ion-pair chromatography on alkylated nonporous poly (styrene-divinylbenzene) particles. Anal. Chem, 67: 578-585

Hurtle W, Bode E, Kaplan RS. 2003. Use of Denaturing High-Performance Liquid Chromatography To Identify Bacillus anthracis by Analysis of the 16S-23S rRNA Interspacer Region and gyrA Gene. Journal of Clinical Microbiology, 41 (10): 475-476

Jones AC, Sampson JR, Cheadle JP. 2001. Low level mosaicism detectable by DHPLC but not by direct sequencing. Hum Mutat, 17: 233-234

LaBerge GS, Shelton RJ, Danielson PB. 2003. Forensic utility of mitochondrial DNA analysis based on denaturing high-performance liquid chromatography. Croat Med J, 44 (3): 281-288

Shen P, Wang F, Underhill PA, et al. 2000. Population genetic implications from sequence variation in four Ychromosome genes. Proc Natl Acad Sci USA, 97 (13): 7354-7359

Shinka T, Naroda T, Tamura T, et al. 2001. A rapid and simple method for sex identification by heteroduplex analysis, using denaturing high-performance liquid chromatography (DHPLC). J Hum Genet, 46 (5): 263-266

Skopek TR, Glaab WE, Monroe J, et al. 1999. Analysis of sequence alterations in a defined DNA region: comparison of temperature-modulated heteroduplex analysis and denaturing gradient gel electrophoresis. Mutation research, 430 (1): 13-21

Underhill PA, Shen P, Lin AA, et al. 2000. Ychromosome sequence variation and the history of human populations. NatGenet, 26 (3): 358-361

Xiao W, Oefner PJ. 2001. Denaturing high-performance liquid chromatography: a review. HumMutat, 17 (6): 439-474

第五章　变性梯度凝胶电泳技术及其应用

变性梯度凝胶电泳（denatured gradient gel electrophoresis，DGGE）最初是 Lerman 等人于 20 世纪 80 年代初期发明的，起初主要用来检测 DNA 片段中的点突变（Fischer and Lerman，1983；Myers et al.，1985a；Myers et al.，1985b）。Muyzer 等人在 1993 年首次将其应用于微生物群落结构研究。后来又发展出其衍生技术，恒定变性凝胶电泳（CDGE）、瞬时温度梯度电泳（TTGE）、温度梯度凝胶电泳（TGGE）。此后十年间，该技术被广泛用于微生物分子生态学研究的各个领域，目前已经发展成为研究微生物群落结构的主要分子生物学方法之一（Muyzer，1999；Muyzer and Smalla，1998）。

第一节　变性梯度凝胶电泳技术的原理

双链 DNA 分子在一般的聚丙烯酰胺凝胶电泳时，其迁移行为决定于其分子大小和电荷。不同长度的 DNA 片段能够被区分开，但同样长度的 DNA 片段在胶中的迁移行为一样，因此不能被区分。DGGE/TGGE 技术在一般的聚丙烯酰胺凝胶基础上，加入了变性剂（尿素和甲酰胺）梯度或是温度梯度，从而能够把同样长度但序列不同的 DNA 片段区分开来。

一个特定的 DNA 片段有其特有的序列组成，其序列组成决定了其解链区域（melting domain，MD）和解链行为（melting behavior）。一个几百个碱基对的 DNA 片段一般有几个解链区域，每个解链区域有一段连续的碱基对组成。当温度逐渐升高（或是变性剂浓度逐渐增加）达到其最低的解链区域温度时，该区域这一段连续的碱基对发生解链。当温度再升高依次达到各其他解链区域温度时，这些区域也依次发生解链。直到温度达到最高的解链区域温度后，最高的解链区域也发生解链，从而双链 DNA 完全解链。（图 5-1 显示的是一个 234bp 长的 DNA 片段的解链区域，横坐标是该 DNA 片段的序列，依次从第一个碱基到第 234 个碱基；纵坐标是解链温度。该 DNA 片段共有 3 个解链区域。MD1 是解链温度最低的一个解链区域，MD3 是温度最高的一个解链区域）。

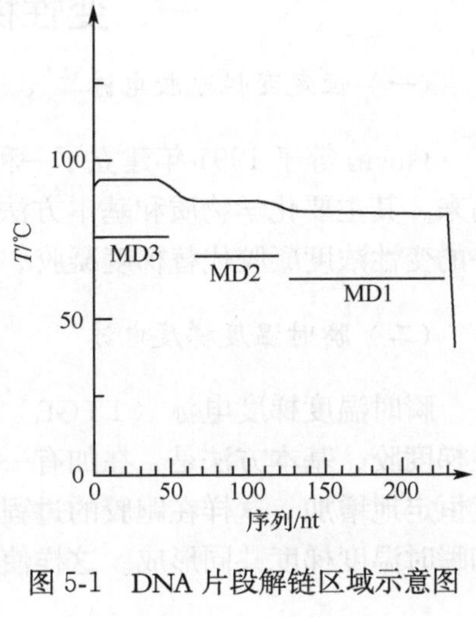

图 5-1　DNA 片段解链区域示意图

不同的双链 DNA 片段因为其序列组成不一样，所以其解链区域及各解链区域的解链温度也是不一样的。当它们进行 DGGE/TGGE 时，一开始变性剂浓度（或温度）比较小，不能使双链 DNA 片段最低的解链区域解链，此时 DNA 片段的迁移行为和在一般的聚丙烯酰胺凝胶中一样。然而一旦 DNA 片段迁移到一特定位置，其变性剂浓度（或温度）刚好能使双链 DNA 片段最低的解链区域解链时，双链 DNA 片段最低的解链区域立即发生解链。部分解链的 DNA 片段在胶中的迁移速率会急剧降低。因此，同样长度但序列不同的 DNA 片段会在胶中不同位置处达到各自最低解链区域的解链温度，因此它们会在胶中的不同位置处发生部分解链导致迁移速率大大下降，从而在胶中被区分开来。

然而，一旦变性剂浓度（或温度）达到 DNA 片段最高的解链区域温度时，DNA 片段会完全解链，成为单链 DNA 分子，此时它们又能在胶中继续迁移。因此如果不同 DNA 片段的序列差异发生在最高的解链区域时，这些片段就不能被区分开来。在 DNA 片段的一端加入一段富含 GC 的 DNA 片段（GC 夹子，一般 30～50 个碱基对）可以解决这个问题。含有 GC 夹子的 DNA 片段最高的解链区域在 GC 夹子这一段序列处，它的解链温度很高，可以防止 DNA 片段在 DGGE/TGGE 胶中完全解链。当加了 GC 夹子后，DNA 片段中基本上每个碱基处的序列差异都能被区分开（Myers et al., 1985a; Myers et al., 1985b）。

目前常用的变性剂有尿素（urea）和甲酰胺（formamide）。根据 DGGE 变性梯度方向与电泳方向是否一致，可将其分为两种形式的 DGGE：垂直 DGGE 和平行 DGGE。垂直 DGGE 的变性梯度方向与电泳方向垂直，可用于优化样本的分离条件，也可用于分析 PCR 产物的组成；平行 DGGE 的变性梯度方向与电泳方向一致，可用于同时分析多个样本。

一、变性梯度凝胶电泳的衍生技术

（一）恒定变性凝胶电泳

Hovig 等于 1991 年建立了一种恒定变性凝胶电泳（CDGE），它是由 DGGE 经改变而来。其主要化学物质和基本方法都一样，只是凝胶浓度由垂直 DGGE 确定后，用均一的变性浓度凝胶代替梯度凝胶，使得整个电泳变得更加简单快速。

（二）瞬时温度梯度电泳

瞬时温度梯度电泳（TTGE）其检测突变的能力和 DGGE 差不多，但却不需要变性梯度胶。基本方法是：在加有一定浓度尿素的聚丙烯酰胺凝胶电泳过程中，使外界温度恒定地增加，这样在跑胶的过程中形成一个温度梯度，变性环境是由恒定浓度的尿素和瞬时温度梯度共同形成。这样使得全过程更加简单迅速，分辨率极高。

（三）温度样度凝胶电泳

温度样度凝胶电泳（TGGE）基本原理与 DGGE 差不多，只是由变性剂形成的梯度被温度梯度所代替。这样的梯度可由微处理器控制，与 DGGE 相比。更加稳定可靠。如在变性高压液相色谱（denaturing high pressure liquid chromatography，DHPLC）

中，其杂合双链和纯合双链的分离就是通过精确的温度控制，使杂合双链部分变性，从而与纯合双链分离开来。

二、PCR-DGGE 方法的优点

（一）不需要培养

直接从所研究的样品中抽提总 DNA，然后对 16S rRNA 的可变区进行 PCR 扩增，扩增产物通过变性梯度凝胶电泳（DGGE）进行分析，能检测到难以培养或不能培养的微生物，发现一些原来没有检测到的新的微生物种类。

（二）检测极限低

Muyzer 等（1993）用这种方法能检测出数量仅占总群落数 1% 的微生物。Omar 等（2000）证实 PCR-DGGE 技术检测极限大约为 1%～3%，如果结合使用 rRNA 杂交技术，还可使检测极限降至 0.1% 左右。

（三）检测速度快、经济

Lerman 等利用该法实时实地地研究了墨西哥玉米面团 Pozol 在发酵过程中不同阶段微生物种类和数量发生了动态变化。Cocolin 等（2001）对意大利香肠发酵动力学变化进行了研究，PCR-DGGE 方法能在取样后 8h 内得到结果，能够实时监测发酵状态，因此可以根据生产的实际需要作出调整。

（四）结果准确可靠

传统的生化鉴定方法虽然也能对细菌进行鉴定，但会出现假阳性或假阴性结果，主观性比较强，而且会漏掉一些不能培养的微生物。而 PCR-DGGE 方法则能客观完整地鉴定微生物，结果也很直观，它根据参考菌株和样品微生物 16S rRNA 的 PCR 扩增产物在凝胶中的相对位置来进行判断。若将凝胶上的条带切割下来测序，然后与 Genbank 中的标准序列进行比较，就可以得出它们的遗传相关性。

（五）同时检测多种微生物

DGGE 凝胶上至少可以区分 10 个清晰可辨的条带，每个条带可能来自不同的微生物。

（六）与其他方法结合

DGGE 可以和许多方法结合，从而全面认识微生态的组成、优势菌群等。实际上，这种结合起来的方法目前被认为是研究微生物真正的系统发育的最有力的手段。近些年来，这一观点得到了强调和重视。PCR-DGGE 可以和传统方法、糖和发酵产物分析、杂交技术、测序技术等结合起来。例如，Cocolin 等将 PCR-DGGE 和传统技术结合起来（2001）；Muyzer 将 PCR-DGGE 和杂交分析结合起来，都得到了较好的结果。

第二节 DGGE技术的引物设计

一、引物设计原则

引物设计有3条基本原则：首先引物与模板的序列要紧密互补，其次引物与引物之间避免形成稳定的二聚体或发夹结构，再次引物不能在模板的非目的位点引发DNA聚合反应（即错配）。

具体实现这3条基本原则需要考虑到诸多因素，如引物长度（primer length），产物长度（product length），序列 T_m 值（melting temperature），引物与模板形成双链的内部稳定性（internal stability，用ΔG反映），形成引物二聚体（primer dimer）及发夹结构（duplex formation and hairpin）的能值，在错配位点（false priming site）的引发效率，引物及产物的GC含量（composition）等。必要时还需对引物进行修饰，如增加限制性内切酶位点，引进突变等。根据有关参考资料，引物设计应注意如下要点：

（1）引物的长度一般为15～30bp，常用的是18～27bp，但不应大于38bp，因为过长会导致其延伸温度大于74℃，不适于Taq DNA聚合酶进行反应（林万明，1993）。

（2）引物序列在模板内应当没有相似性较高，尤其是3′末端相似性较高的序列，否则容易导致错配。引物3′末端出现3个以上的连续碱基，如GGG或CCC，也会使错误引发几率增加。

（3）引物3′末端的末位碱基对Taq酶的DNA合成效率有较大的影响。不同的末位碱基在错配位置导致不同的扩增效率，末位碱基为A的错配效率明显高于其他3个碱基，因此应当避免在引物的3′末端使用碱基A（朱平，1992；郑仲承，2001）。另外，引物二聚体或发夹结构也可能导致PCR反应失败。5′末端序列对PCR影响不太大，因此常用来引进修饰位点或标记物（林万明，1993）。

（4）引物序列的GC含量一般为40%～60%，过高或过低都不利于引发反应。上下游引物的GC含量不能相差太大（林万明，1993）。

（5）引物所对应模板位置序列的 T_m 值在72℃左右可使复性条件最佳。T_m 值的计算有多种方法。

（6）ΔG是指DNA双链形成所需的自由能，该值反映了双链结构内部碱基对的相对稳定性。应当选用3′末端ΔG较低（绝对值不超过9），而5′末端和中间ΔG相对较高的引物。引物的3′末端的ΔG过高，容易在错配位点形成双链结构并引发DNA聚合反应。

（7）引物二聚体及发夹结构的能值过高（超过4.5kcal/mol）易导致产生引物二聚体带，并且降低引物有效浓度而使PCR反应不能正常进行（Rychlik and Rhoads，1989）。

（8）对引物的修饰一般是在5′末端增加酶切位点，应根据下一步实验中要插入PCR产物的载体的相应序列而确定。

二、Primer Premier 5.0 使用简介

Primer Premier 5.0 这款引物设计软件的功能主要体现在两个方面：首先是引物分析评价功能，该功能只有少数商业版软件能够做到，其中以“Oligo6”最优秀；其次是引物的自动搜索功能，自动搜索功能以“ Primer Premier”为最强且方便使用。

“Premier”的主要功能分四大块，其中有三种功能比较常用，即引物设计（Primer）、限制性内切酶位点分析（Enzyme）和 DNA 模体（motif）查找（Motif）。

有时需要根据一段氨基酸序列反推到 DNA 来设计引物，由于大多数氨基酸（20 种常见结构氨基酸中的 18 种）的遗传密码不止一种，因此，由氨基酸序列反推 DNA 序列时，会遇到部分碱基的不确定性。这样设计并合成的引物实际上是多个序列的混合物，它们的序列组成大部分相同，但在某些位点有所变化，称之为简并引物。遗传密码规则因物种或细胞亚结构的不同而异，比如在线粒体内的遗传密码与细胞核是不一样的。“Premier”可以针对模板 DNA 的来源以相应的遗传密码规则转换 DNA 和氨基酸序列。软件共给出八种生物亚结构的不同遗传密码规则供用户选择，有纤毛虫大核（Ciliate Macronuclear）、无脊椎动物线粒体（Invertebrate Mitochondrion）、支原体（Mycoplasma）、植物线粒体（Plant Mitochondrion）、原生动物线粒体（Protozoan Mitochondrion）、一般标准（Standard）、脊椎动物线粒体（Vertebrate Mitochondrion）和酵母线粒体（Yeast Mitochondrion）。

“Premier”软件启动界面如图 5-2：

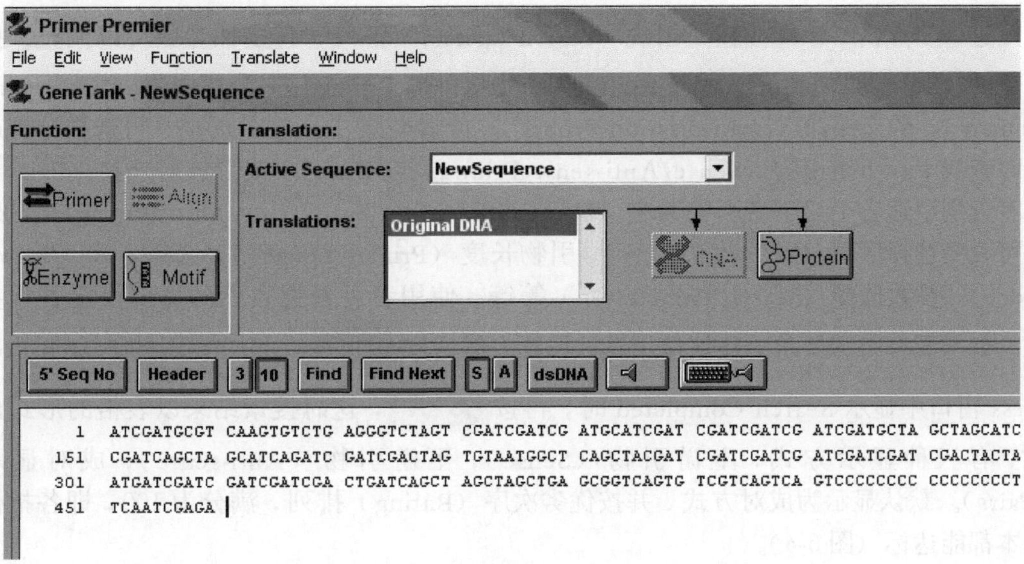

图 5-2　Premier 软件界面示例 1

其主要功能在主界面上一目了然（按钮功能如上述）。限制性酶切点分析及基元查找功能比较简单，点击该功能按钮后，选择相应的限制性内切酶或基元（如-10 序列，

-35序列等），按确定即可。常见的限制性内切酶和基元一般都可以找到。

进行引物设计时，点击按钮，界面如下（图5-3）：

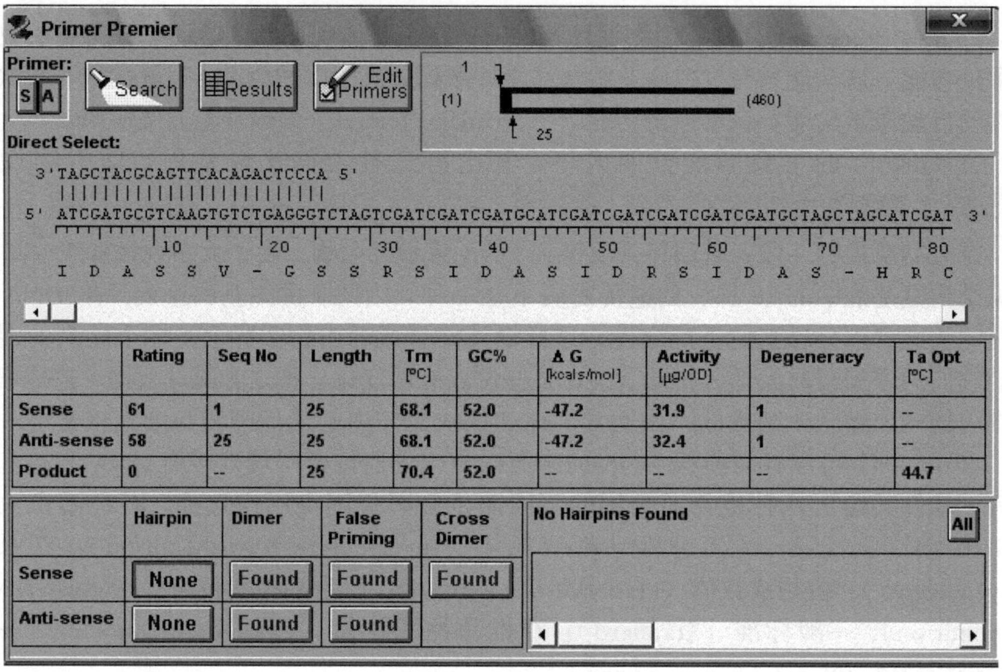

图5-3　Premier软件界面示例2

进一步点击按钮，出现“search criteria”窗口，有多种参数可以调整。搜索目的（Search For）有三种选项，PCR引物（PCR Primers），测序引物（Sequencing Primers），杂交探针（Hybridization Probes）。搜索类型（Search Type）可选择分别或同时查找上、下游引物（Sense/Anti-sense Primer，或Both），或者成对查找（Pairs），或者分别以适合上、下游引物为主（Compatible with Sense/Anti-sense Primer）。另外还可改变选择区域（Search Ranges），引物长度（Primer Length），选择方式（Search Mode），参数选择（Search Parameters）等等。使用者可根据自己的需要设定各项参数。如果没有特殊要求，建议使用默认设置。然后按，随之出现的Search Progress窗口中显示Search Completed时，再按，这时搜索结果以表格的形式出现，有三种显示方式，上游引物（Sense），下游引物（Anti-sense），成对显示（Pairs）。默认显示为成对方式，并按优劣次序（Rating）排列，满分为100，即各指标基本都能达标（图5-4）。

点击其中一对引物，如第1号引物，并把上述窗口挪开或退出，显示“Primer Premier”主窗口，如图5-5所示：

该图分三部分，最上面是图示PCR模板及产物位置，中间是所选的上下游引物的一些性质，最下面是四种重要指标的分析，包括发夹结构（Hairpin），二聚体（Di-

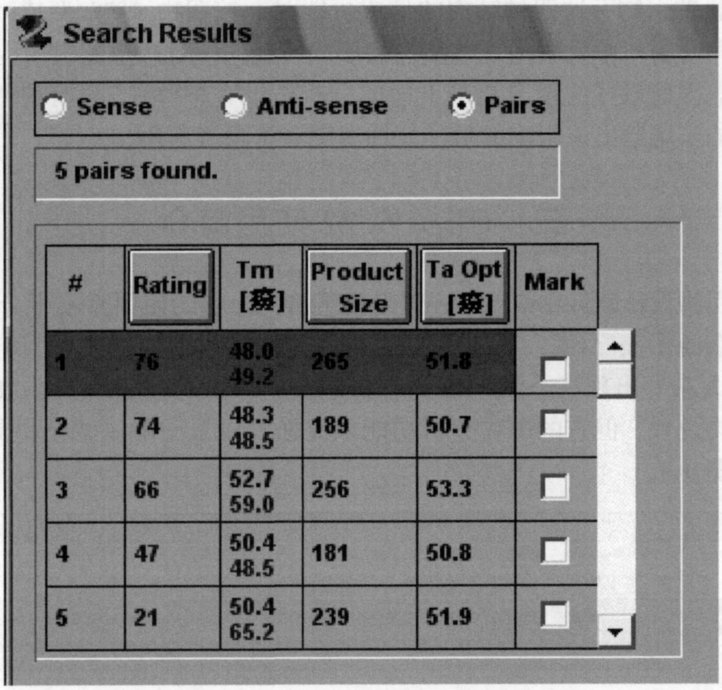

图 5-4　Premier 软件界面示例 3

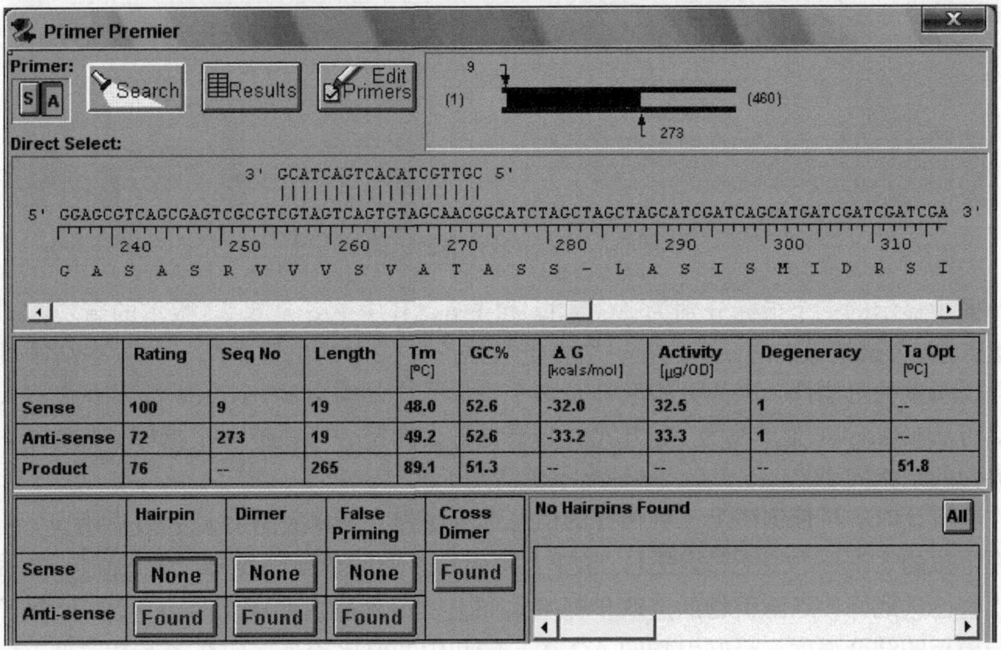

图 5-5　Premier 软件界面示例 4

mer)，错误引发情况（False Priming），及上下游引物之间二聚体形成情况（Cross Dimer)。当所分析的引物有这四种结构的形成可能时，按钮由 None 变成 Found，点击该按钮，在左下角的窗口中就会出现该结构的形成情况。一对理想的引物应当不存在任何一种上述结构，因此最好的情况是最下面的分析栏没有 Found，只有 None。值得注意的是中间一栏的末尾给出该引物的最佳复性温度，可参考应用。

三、Oligo 6.22 使用简介

在专门的引物设计软件中，“Oligo”是最著名的。它的使用并不十分复杂，但初学者容易被其复杂的图表吓倒。Oligo 5.0 的初始界面是两个图：T_m 图和 ΔG 图；Oligo 6.22 的界面更复杂，出现三个图，加了个 Frq 图。“Oligo”的功能比“Premier”还要单一，就是引物设计。但它的引物分析功能如此强大以至于能风靡全世界。Oligo 6.22 的启动界面如图 5-6。

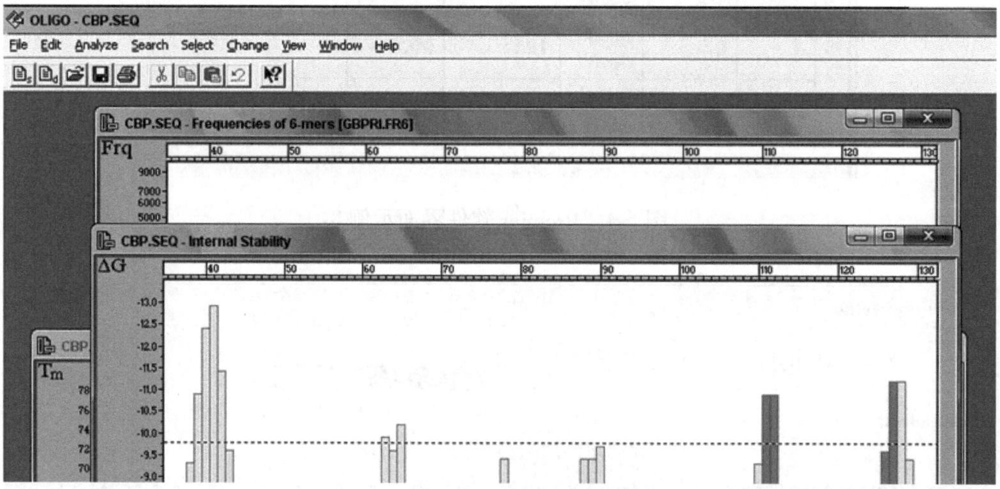

图 5-6 Oligo 软件界面示例 1

图中显示的三个指标分别为 ΔG、T_m 和 Frq，其中 Frq 是 6.22 版本的新功能，为邻近 6、7 个碱基组成的亚单位在一个指定数据库文件中的出现频率。该频率高则可增加错误引发的可能性。因为分析要涉及多个指标，启动窗口的 cascade 排列方式不太方便，可从 windows 菜单改为 tili 方式。如果觉得太拥挤，可去掉一个指标，如 Frq，这样界面的结构同于 Oligo 5.0，只是显示更清楚了。

在设计时，可依据图上三种指标的信息选取序列，如果觉得合适，可点击 T_m 图块上左下角的 Upper 按钮 ○Upper，选好上游引物，此时该按钮变成 ●Upper，表示上游引物已选取好。下游引物的选取步骤基本同上，只是按钮变成 Lower。ΔG 反映了序列与模板的结合强度，最好引物的 ΔG 在 5′端和中间值比较高，而在 3′端相对低。

T_m 值曲线以选取 72℃附近为佳，5′到 3′的下降形状也有利于引物引发聚合反应。Frq 曲线为“Oligo6”新引进的一个指标，揭示了序列片段存在的重复几率大小。选取引物时，宜选用 3′端 Frq 值相对较低的片段。

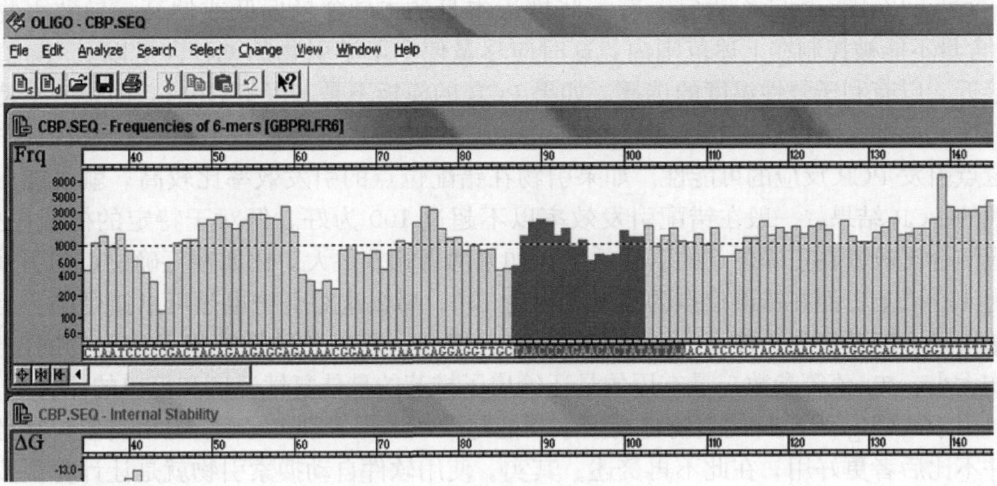

图 5-7　Oligo 软件界面示例 2

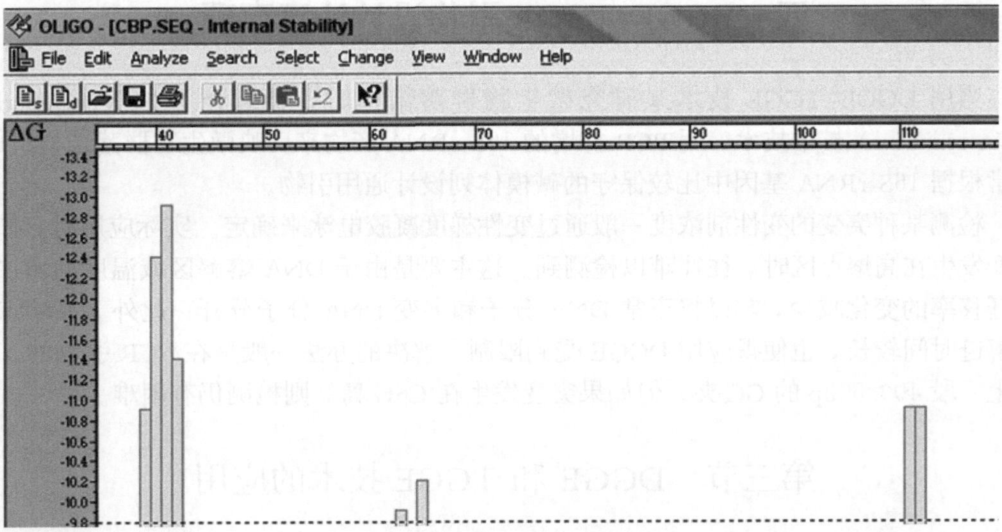

图 5-8　Oligo 软件界面示例 3

当上下游引物全选好以后，需要对引物进行评价并根据评价对引物进行修改。首先检查引物二聚体尤其是 3′端二聚体形成的可能性。需要注意的是，引物二聚体有可能是上游或下游引物自身形成，也有可能是在上下游引物之间形成（cross dimer）。二聚体形成的能值越高，越不符合要求。一般的检测（非克隆）性 PCR，对引物位置、产物大小要求较低，因而应尽可能选取不形成二聚体或其能值较低的引物。第二项检查是发夹结构（hairpin）；与二聚体相同，发夹结构的能值越低越好。一般来说，这两项结构的能值以不超过 4.5 为好。当然，在设计克隆目的的 PCR 引物时，引物两端一般都添加酶切位点，必然存在发夹结构，而且能值不会太低。这种 PCR 需要通过灵活调控复性温度以达到最好效果，对引物的发夹结构的检测就不应要求太高。第三项检查为

GC 含量，以 45%～55% 为宜。有一些模板本身的 GC 含量偏低或偏高，导致引物的 GC 含量不能被控制在上述范围内，这时应尽量使上下游引物的 GC 含量以及 T_m 值保持接近，以有利于复性温度的选择。如果 PCR 的模板不是基因组 DNA，而是一个特定模板序列，那么最好还进行 False priming site 的检测。这项检查可以看出引物在非目的位点引发 PCR 反应的可能性。如果引物在错配位点的引发效率比较高，就可能出假阳性的 PCR 结果。一般在错配引发效率以不超过 100 为好，但对于特定的模板序列，还应结合比较其在正确位点的引发效率。如果两者相差很大，比如在正确位点的引发效率为 450 以上，而在错误位点的引发效率为 130，那么这对引物也是可以接受的。当我们结束以上四项检测，按 Alt＋P 键弹出 PCR 窗口，其中总结性地显示该引物的位置、产物大小、T_m 值等参数，最有用的是还给出了推荐的最佳复性温度和简单的评价。

由于“Oligo”软件的引物自动搜索功能与“Primer Premier 5”的相类似，并且似乎并不比后者更好用，在此不再赘述。其实，使用软件自动搜索引物就是让计算机按照人的要求去寻找最佳引物，如果参数设置得当将大大提高工作效率。

四、DGGE/TGGE 引物设计注意事项

当用 DGGE/TGGE 技术来研究微生物群落结构时，要结合 PCR（polymerase chain reaction）扩增技术，用 PCR 扩增的 16S rRNA 产物来反映微生物群落结构组成。通常根据 16S rRNA 基因中比较保守的碱模体列设计通用引物。

检测某种突变的变性剂浓度一般通过变性梯度凝胶电泳来确定。实际应用时，如果突变发生在高熔点区时，往往难以检测到。这主要是由于 DNA 熔解区域温度的增加导致迁移率的变化减少，难以将正常 DNA 分子和突变 DNA 分子分开。此外，高熔点区的解链时间较长，也使得应用 DGGE 受到限制。解决的办法一般是在 PCR 引物的 5′端加上一段 40～50bp 的 GC 夹。但如果突变发生在 CpG 岛，则检测仍有困难。

第三节　DGGE 和 TGGE 技术的应用

一、在食品微生物研究中的应用

快速鉴定食品中致病微生物：从食品中直接提取总 DNA，经 PCR 扩增，通过 DGGE 得到特征性谱带，进一步采用种或属专一性探针与得到的谱带进行杂交或将谱带切下，重新扩增后测序，或直接与对照标准微生物在同样条件下 DGGE 电泳产生的参考梯度进行比较，可以快速鉴定出未知致病菌微生物。

动态监测食品中微生物变化情况：DGGE 和 TGGE 技术可同时分析多份样品，可用于监测食品中微生物在时间或空间上的动态变化，尤其是食品发酵过程中微生物的动态变化。

分析食品中微生物的多样性：从食品中直接提取总 DNA，经 PCR 扩增，通过 DGGE 得到特征性谱带，因为每一谱带很可能就代表一个不同的微生物物种，所以

DGGE 带谱中条带的数量，即反映出该食品微生物群落中优势类群的数量。

与传统微生物学方法相比，PCR-DGCE 一般不需要采用增菌培养，而是直接从食物样品中提取总 DNA，这样能检测到非可培养或不能培养的微生物，能够同时检测多种微生物，而且检测速度快。

（一）发酵乳制品

DGGE 技术在分析乳制品发酵过程中细菌菌落动态变化的应用。Randazzo 等（2002）在研究 Sicilian 奶酪生产过程微生物传代时，发现发酵过程微生物群落结构有很大变化，原料乳中嗜中温细菌占主要地位，包括嗜柠檬酸明串球菌、乳酸乳球菌等，发酵过程主要为嗜热链球菌，而成熟过程发现了发酵乳杆菌和德氏乳杆菌等 LAB（lactic acid bacteria）。Flórez 等（2006）研究西班牙 Cabrales 奶酪制作过程中的优势菌，直接提取样品 DNA，对细菌 16S rDNA 的 V3 区、真菌 26S rDNA 的 DI 区进行 PCR 扩增，结果表明，粗制凝乳酶中优势菌主要是 Lactobacillus，包括植物乳杆菌 L. plantarum；原料乳中优势菌是乳酸球菌，L. lactis 最多，该菌也是奶酪（包括表面及中心）中的优势菌。Randazzo 等（2006）用常规微生物分离培养方法和 PCR-DGGE 技术研究传统手工制作的 Pecorino Siciliano（PS）奶酪和实验室制作的 PS 奶酪的细菌多样性和动态变化。常规微生物培养分离，进一步用 RFLP 鉴定两种 PS 奶酪中的细菌均主要为 Lactococcus lactis、Streptococcus themophilus 和 Enterococcus faecalis；对手工 PS 奶酪的 V6～V8 区进行 PCR-DGGE 分析，鉴定出优势菌为 Streptococcus bovis 和 Lactococcus lactis；DCGE 分析表明，两种 PS 奶酪成熟过程中 DGGE 的主要条带具有类似的变化趋势。Cocolin 等（2004）用 PCR-DGGE 技术研究 Clostridium 与奶酪后期变味的关系，利用引物 P1V1 和 P2V1 对 16S rDNA 的 V1 区进行 PCR 扩增，通过 DGGE 谱带分析和序列测序，证实 Clostridium 与奶酪后期变味有关。通过扩增 V3 区和 V4～V5 区的 DGGE 发现英格兰传统奶酪 Stilton 是由植物乳杆菌、卷曲乳杆菌、乳酸乳球菌等复杂的微生物组成。

根据 DGGE 特异性指纹图谱，在特定条件下，可以分析发酵乳制品中的微生物结构组成，因此可以作为发酵乳制品的一个特征。Coppola 等（2001）利用 DGGE 技术比较分析了商业奶酪与 Artisanal 奶酪，显示在传统奶酪中有非常丰富的谱带，而在工业化生产的产品中微生物区系复杂度下降，因此 DGGE 能有效区别传统和工业化生产的奶酪。Mauriello 等（2003）首次报道了 DGGE 可有效区别来源于意大利南部不同奶厂传统水牛 Mozzarella 奶酪的天然引子，相同地区的引子有比较相近的 DGGE 谱带，引子的微生物组成很大程度依赖于地理来源，而每种引子在凝乳成熟过程中产生的潜在风味主要与微生物区系的复杂性有关，因此风味与产品的地理来源有关。Flórez 等（2006）研究西班牙 Cabrales 奶酪制作过程中的优势菌，直接提取样品 DNA，对细菌 16S rDNA 的 V3 区、真菌 26S rDNA 的 DI 区进行 PCR 扩增，结果表明，粗制凝乳酶中优势菌主要是 Lactobacillus，包括植物乳杆菌 L. plantarum；原料乳中优势菌是乳酸球菌，L. lactis 最多，该菌也是奶酪（包括表面及中心）中的优势菌。

控制发酵乳制品的产品质量，建立许多已知有益菌标准菌株的 DGGE 简单图谱，从而确定含乳酸菌饮料、含益生菌的功能性保健食品中特定微生物种类，实现对发酵乳制品的管理。Theunissen 等（2005）应用 DGGE 方法分析南非酸乳、冻干胶囊及药片状微生物制剂中的益生菌组成，发现只有 54.4% 含益生菌的酸乳符合标签，只有 33.3% 的冻干产品含有标签上的益生菌，一些产品标示着标签中不存在的嗜热链球菌。Fasoli 等（2003）通过 DGGE 方法鉴定了酸乳的微生物种类，发现一些产品中没有正确标出双歧杆菌或没有标出实际存在的菌株等问题。可见，DGGE 技术能够快速揭示不正确的标签，有效验证含益生菌的食品，从而有效管理发酵乳制品。

（二）发酵肉制品

Cocolin 等（2001）应用依赖培养和不依赖培养的 DGGE 方法研究了意大利一种天然发酵香肠成熟过程中细菌动态变化，直接提取香肠 DNA 和 RNA，对 V1 区进行代 PCR 及反相 PCR 扩增，通过以 DGEE 及序列分析，结果表明，在发酵前 3 天乳酸菌、Micrococcaceae 及一些污染菌（如 Enterococcus 等）共存，3 天后则乳酸菌成为优势菌。发现腊肠中存在卷曲乳杆菌和沙克乳杆菌；采用 PCR-DGGE 方法研究意大利香肠发酵动力学变化，在取样后 8h 内得到结果。Cocolin 等还从意大利自然发酵香肠中分离出 90 株 Micrococcaceae 菌株，提取细菌 DNA，采用引物 338f 和 518r 对 16SrDNA 的 V1 区进行 PCR 扩增及 DGGE，采用标准菌株对 DGGE 条件进行优化，发现发酵香肠中主要是 Staphylococcus。

Rantsiou 等（2005a）研究希腊、匈牙利和意大利的自然发酵香肠发酵过程中乳酸菌的微生态变化，一共分离到了 358 株乳酸菌，对 16SrDNA 的 V1～V3 区进行 PCR 扩增，DGGE 以及序列分析，结果表明：包括 Lactobacillus（8 种）、Weissella（2 种）、Enterococcus（2 种）、Leuconostoc（2 种）以及 Lactococcus lactis subsp. Lactis。意大利香肠中以 Lactobacillus sakei 和 Lactobacillus curvatus 为主；匈牙利香肠中以前一种乳酸菌为主，希腊香肠中以后一种乳酸菌为主。Rantsiou 等（2005b）又研究了意大利东北部当地工厂生产的 3 种自然发酵香肠的微生态变化，采用 PCR-DGGE 及序列分析，结果表明，Lactobacillus sakei 和 Lactobacillus curvatus 在三种香肠均稳定存在，为主要优势菌。香肠中的酵母主要包括 Candida 和 Debaryomyces hansenii。Rantsiou 等（2004）采用 PCR-rpoB/DGGE 技术，用引物 rpoB1698f、rpoB2014r 和 rpoB2 扩增 rpoB 基因 350bp 的区域，研究意大利发酵香肠成熟过程中乳酸菌的微生态变化，结果表明，开始阶段和第 3 天的优势菌群是 Staphylococcus xylosus。第 10 天优势菌群是 Lactobacillus sakei 和 Lactobacillus plantarum，香肠发酵的末期存在 Lactobacillus plantarum 和 Lactobacillus curvatus。

Blaiotta 等（2003）应用 ISR-PCR 和 PCR-DGGE 技术共同分析意大利发酵香肠中分离培养的 Staphylococci。通用引物对 16S rDNA 的 V3 区进行 PCR 扩增以及 DGGE 图谱分析，主要菌群鉴定为：Staphylococci haemolyticus、S. sciuri、S. hominis、S. auricularis、S. condimenti、S. kllosi、S. vitulus、S. succinus、S. psateuri、S. capitis 和 S. caseolyticus。结合 ISR-PCR 分析，绝大部分 Staphylococci 可鉴别出来。

Fontana 等（2005）采用 PCR-DGGE 技术分析手工制作的两种阿根廷干发酵香肠

的发酵过程并分析其中的细菌菌落。采用引物 bact-0124f（GC）-Uni-0515r 对 16SrDNA 的 V2～V3 区进行 PCR-DGGE 分析，结果表明 60% 的菌株为 Lactobacillus sakei。提取 Tucumán 香肠总 DNA，采用引物 V3f（GC）-Uni-0515r 对 16SrDNA 的 V3 区进行 PCR-DGGE 分析，结果表明，从开始阶段到 14 天一共包括 5 条带：Lactobacillus plantarum，Lactobacillus sakei，Lactobacillus saprophyticus、Corynebacterium variabilis 以及一种无法培养细菌。

（三）发酵酒类、谷物制品

酵母在酒类发酵中起着重要的作用，Cocolin 等建立起有效检测酵母的 DGGE 方法。通过 PCR 扩增酵母 26S rDNA 的片段，实验室小规模的发酵酒中对酵母的检测底限达到 103cfu/ml，并且可以至少鉴定 4 种不同的酵母（2000，2001c）。在商业发酵酒中，该方法也有应用：酵母数量和发酵过程的群落分析。在发酵开始阶段主要是假丝酵母和毕赤酵母，发酵后期阶段主要是酿酒酵母。Renouf 等采用 PCR-rpoB/DGGE 技术，用引物 rpoB1、rpoB1o 和 rpoB2 扩增 rpoB 基因 336bp 的区域，在葡萄酒制作过程中研究乳酸菌的多样性和动态变化，结果表明：葡萄酒发酵开始阶段主要是 Oenococcus oeni。Van 等（2002）通过 PCR-DGGE，RT-PCR-DGGE 及一些传统方法，发现麦芽酿制的威士忌酒发酵时存在 LAB，乳杆菌属细菌在发酵中起着重要作用，其中嗜酸乳杆菌和卷曲乳杆菌在发酵最后阶段是主要优势菌群。

Moroth 等（2004）通过 PCR 扩增 16S rDNA 和 28S rDNA 序列，研究两种工业化生产的稻米酸面团中的微生物动态变化，酸面团Ⅱ在发酵初始阶段优势菌主要是 Candida krusei、Saccharomyces cerevisiae 以及乳酸菌 Lactobacillus fermentum、Lactobacillus gallinarum、Lactobacillus kimchii、Lactobacillus plantrum 和 Lactobacillus pontis；发酵第三天后，Lactobacillus pontis 数量减少而 Lactobacillus curvatus 成为优势菌群。Miambi 等（2003）直接从木薯发酵面团提取总 DNA，通过 PCR 扩增 16S rDNA的 V3 区，再通过 DGGE 步序列分析，菌落主要有：Lactobacillus、Pediococcus、Clostridium、Propionibacterium 以及 Bacillus。Ampe 等（1999）采用 DGGE 分析墨西哥玉米面团中的发酵微生物组成，谱图显示乳酸菌占总活性微生物的 90%～97%，链球菌属占总微生物的 25%～50%，还存在植物乳杆菌、发酵乳杆菌和嗜柠檬酸明串球菌属等优势菌。

（四）其他发酵食品

醋：Luciana 等（2006）从传统香醋直接提取微生物总 DNA，研究其中的醋酸菌，采用 WBAC1 和 WBAC2 进行 PCR 扩增，DGGE 谱图分析表明：Acetobacter pasteurianus/ Acetobacter aceti 是优势菌。常规微生物培养，分离得到 19 株醋酸菌，采用 DGGE 分析，发现 Acetobacter malorum/Acetobacter europaeus 是优势菌。Haruta 等（2006）从发酵米醋中直接提取总 DNA，采用引物 357F 和 517R 扩增细菌 16S rDNAV3区，采用引物 NS3 和 YM951r 扩增真菌 18S rDNA，DGGE 结果分析表明：米醋发酵初始阶段，主要是 Aspergillus oryzae 、Saccharomyces 以及乳酸菌，后期醋酸

开始累积，乳酸菌逐渐消失，Lactobacillus acetotolerance 和 Acetobacter pasteurianus 成为优势菌。

泡菜：付琳琳等（2005）从中国家庭自己制作的泡菜液中提取总DNA，PCR扩增16S rDNA 的V7～V8区，利用DGGE技术研究乳酸菌的多样性，发现泡菜中可能含有 Pediococcus parvulus、Lactobacillus plantarum、Lactococcus lactis 以及 Lactobacillus delbruekii 等。Jung 等（2005）研究了一种韩国传统泡菜发酵过程中微生态变化，采用引物 GC338f 和 518r 引物，扩增 16S rDNA 的 V3 区，采用 PCR-DGGE 技术，进行图谱分析后发现乳酸菌 Weissella confusa、Leuconostoc citreum、Lactobacillus sakei 以及 Lactobacillus curvatus 是韩国泡菜中发酵过程中的主要菌群。

二、在口腔微生物研究中的应用

唾液：DGGE 可以用来分析口腔唾液中微生态变化。McBain 等（2003）的研究结果表明，唾液中的优势菌群因人而异。Rasiah 等七年的研究结果表明，同一个体菌群尽管偶尔有过性改变，但唾液中细菌组成基本保持稳定；不同个体的唾液中所含微生物菌群不同。

龋病：龋病被认为是500多种口腔微生物中的一种或数种细菌所导致的感染性疾病。有些学者却认为龋病的致病菌不应仅限于数种细菌。PCR-DGGE 可以直接检测口腔中各种细菌微生物动态变化。通过口腔微生物 16S rRNA 通用引物，Li 等扩增 16S rRNA 的 V4～V5 区域，结果表明：正常人中唾液中的细菌种类明显多于龋病患者，原因可能是龋病患者口腔中某些细菌繁殖占优势，抑制了其他细菌的生长。

牙根和牙周：关于根尖周病患者，Siqueira 等采用 PCR-DGGE 研究无症状和症状明显的患者的细菌类型，发现两种人群图谱完全不同。即使患者的症状相同，其 DGGE 图谱也不完全相同。症状明显患者图谱条带数为2～29条，无症状者图谱条带数平均为7条。牙根管感染的细菌主要是拟杆菌属、螺旋菌属、沃杆菌属、梭杆菌属和放线菌属。通过 PCR-DGGE 分析从根管分离出的细菌，结果表明50%感染根管中的细菌中能检测到 Flexistipes 菌种，而这些细菌分别为螺旋体和 deferribacteries。牙周病患者的研究中，Zijnge 等采用 PCR-DGGE，研究牙周病患者治疗前后菌群的动态变化，发现，牙周病治疗后第1天，细菌种类明显减少，治疗后第3个月，细菌的种类却明显增多，而治疗后细菌的33%～47%与治疗前的细菌组成不同。

三、在土壤微生物研究中的应用

土壤是微生物生活的大本营，蕴藏着丰富的微生物资源，是微生物的菌种库。近年来，DGGE 技术成为微生物群落遗传多样性和动态分析的强有力工具，被广泛用于自然环境条件下土壤微生物变化趋势，土壤难培养微生物微生态调查，不同种植制度下的土壤，污染土壤以及转基因植物、微生物介入的土壤微生物多样性等方面的研究。

(一) 自然环境条件下土壤微生物的变化趋势

自然条件下发生的一切变化都能对土壤造成不同程度的影响。温室气体增加、气候变暖等等对土壤微生物的影响，通过 DGGE 图谱研究土壤微生物的变化可以为其的多样性提出防范和保护措施。

土壤的冻融过程能够引起土壤 N_2O 和 CO_2 的释放，对这个过程中的微生物学多样性进行研究，有助于我们控制这两种温室气体的排放提供基础数据。Shama (2006) 等利用 DGGE 技术研究土壤在冻融过程中微生物多样性和活性的变化，发现土壤在解冻过程中会释放大量的 N_2O 和 CO_2，这样的过程是由冷冻启动了土壤微生物多样性及活性而导致的。Norris 等 (2002) 利用 DGGE 技术研究了美国黄石国家公园不同地点及土壤层次由于地热活动导致土壤温度短期升高所引起的微生物多样性变化。研究结果显示：温度差异越大微生物群落差异越大，温度相同地区微生物的群落结构非常相近，土壤温度从 35℃升高到 65℃会显著影响土壤微生物的多样性。土壤温度短时升高还会使一些常温微生物减少而嗜热微生物增加。另外，Griffiths 等 (2003) 研究了水分对草地微生物多样性的影响，研究结果表明，水分能够明显调节微生物多样性，还会增加微生物本身对水分的抗受性。

(二) 土壤中难培养微生物微生态调查

由于不可培养微生物的大量存在，造成了人们对土壤微生物的全面的了解的限制。利用 DGGE 技术可以更充分地了解土壤中的微生物多样性，特别是人工难培养或者不可培养微生物的多样性。可以为丰富微生物菌种资源，进一步开发利用微生物提供可能性。

甲烷作为重要的温室气体，其中 80%～90% 的甲烷气体都是由生物产生。Knief 等研究了热带丘陵地区不同土地利用方式下甲烷细菌的多样性，研究表明林地土壤与农田土壤中的甲烷细菌显著不同，天然林与恢复林中的甲烷菌极其相似，揭示植树造林对恢复土壤生态系统具有十分重要的意义。针对甲烷细菌的 pmoA 基因，Henckel 等 (2000) 设计特异性引物扩增土壤里的甲烷细菌，利用 DGGE 技术研究在不同季节里，不同森林土壤层次中甲烷细菌的多样性，发现在不同季节和不同的土壤层次里森林土壤甲烷细菌的活性和种群结构都不相同：夏季甲烷细菌的多样性最高，冬季最低；表层土壤的甲烷细菌种群最为丰富，多样性最高；土壤深度的越深，种群丰富度和多样性越低。

氨氧化菌是一类能够将氨氧化成亚硝酸盐的细菌，难以人工培养，过去主要集中于人工易于培养的 Nitrosomonas europaea。针对氨氧化菌，Kowalchuk 等 (1997) 根据 16S rDNA 的特异性引物，分析沙滩堆积土中氨氧化菌的微生态变化，研究表明，β 亚纲中的 Nitrosospira 是广泛存在的一类氨氧化菌。

(三) 不同种植制度下土壤微生物的调查

种植制度包括：轮作制度、耕作措施、种植结构。

Watanabe等（2006）通过DGGE技术，研究水稻田水旱轮作制度下产甲烷细菌的种群多样性，结果表明：农业耕种措施对土壤产甲烷菌类群的影响不大，土壤类型是影响产甲烷细菌种群多样性的主要因素。利用DGGE技术，Sun等研究长期施用不同肥料的情况下，土壤的微生物微生态变化，通过DGGE图谱表明，长期施用有机肥可以有效地保持土壤微生物群落结构的原始性。

（四）污染土壤微生物的调查

金属、化学品、农药、石油等污染对微生物多样性造成了严重的威胁。利用DGGE技术研究污染对土壤微生物的影响，为改善污染土壤微生物的多样性提出生物或物理的修复技术。

Lorenz等（2006）通过研究长期遭受两种重金属（As和Cd）双重污染的土壤微生物，发现两种重金属污染所形成的微生物群落结构显著不同。土壤里的真菌和Proteobacteria面对两种重金属的忍耐性最强，而其他的微生物都相对减少。Ellis等（2003）联合PCR-DGGE技术、FAME技术和平板培养技术研究长期遭受重金属污染的农田土壤微生物微生态变化，发现重金属污染能够影响土壤中细菌的生理特性，但是对土壤微生物遗传多样性并没有显著影响。多聚芳香烃类物质能够显著降低土壤中Sphingomonas属细菌的多样性，造成新的Sphingomonas属细菌出现（Leys et al.，2004）。长期使用（10年）苯基脲类除草剂会明显降低土壤微生物的多样性，并且土壤中一些不可培养的微生物种群出现显著消亡现象。采用DGGE技术，分析了采样点地理位置差异以及石油烃类物质污染对土壤微生物多样性的影响，结果表明：石油烃类物质和地理位置差异都会影响土壤中的微生物群落结构，石油烃类物质影响更大（Maila et al.，2006）。

（五）转基因植物、微生物介入的土壤微生物的调查

Castaldini等（2005）应用DGGE技术研究转Bt基因玉米根际土壤微生物，发现含有转基因玉米的根际土壤微生物群落结构与非转基因玉米的土壤群落结构显著不同。而Fang等采用DGGE技术，发现种植转基因玉米不会影响根际土壤微生物的多样性，认为影响土壤微生物多样性的主要因素是土壤类型（Fang et al.，2005）。

四、在环境微生物研究中的应用

采用DGGE技术分析废气、废水和固体废弃物的微生物处理研究中的应用。

废气：殷峻等（2004）应用DGGE技术对处理含氨废气的生物滤塔中微生物多样性进行研究，发现滤塔填料中微生物多样性都随着反应器运行时间的延长而有所减少；填料中微生物多样性程度最高，反应器的去除能力最好。李建军等（2007）利用DGGE技术对处理甲苯废气的生物滴滤池中微生物生态学进行研究，发现随着生物滴滤池对甲苯去除能力的不断增加，填料当中的微生物种群也发生显著的变化。在甲苯的选择压力下，微生物种类减少，但是优势微生物种群增加。

废水：许玫英等（2003）利用 PCR-DGGE 技术对活性污泥样品中的总的细菌类群的差异进行研究。通过分析处理含高浓度氨氮的废水处理系统不同驯化时期的 4 个活性污泥样品，发现所检测到的氨氧化细菌优势菌群均属于变形细菌的 β 亚类，与 Nitrosomonas sp. 具有较高的相似性。王峰等（2004）通过 PCR-DGGE 技术分析活性污泥与生物膜中微生物种群结构，结果表明活性污泥培养前后微生物种群结构发生很大的改变。许春红等（2006）利用 DGGE 技术研究含抗生素的废水，结果表明：产甲烷菌为主要优势菌群，污泥床层与填料层中的菌群与产甲烷菌之间有协同作用。孙宝盛等（2008）通过 DGGE 技术揭示膜生物反应器中活性污泥的微生物多样性。DGGE 的 DNA 图谱显示，不同的膜生物反应器（MBR）在长期稳定运行后形成了各自特定的生态群落结构，既有共同的优势种群也有各自特有的种群。相同的微生物种群在不同反应器中的优势地位不同。各自特有的微生物群落则是由于水质的不同经过长期演替而来。

固体废弃物：刘有胜等（2007）利用 PCR-DGGE 技术对城市餐厨垃圾堆肥过程中细菌种群结构随时间的变化进行研究，发现不同时间堆肥样中细菌 DGGE 图谱有显著差异；堆肥升温时，细菌种群丰富，无优势菌群；高温期优势菌群显著；堆肥降温时，细菌种群结构基本保持稳定。

五、在其他领域中的应用

朱伟云等（2003）利用 PCR-DGGE 技术分析了 12 头仔猪在断奶后其粪样细菌区系的变化。经 PCR 扩增粪样细菌 16S rDNA 的 V6～V8 可变区。结果表明，仔猪断奶当天粪样 DGGE 谱带少，同窝仔猪间图谱相似。断奶后，随着断奶时间的推移，每头仔猪的 DGGE 图谱带逐渐增多，变得复杂和多样，仔猪个体间 DGGE 图谱差异逐渐增大。仔猪是否同窝以及所采食日粮类型对 DGGE 图谱没有明显影响。兰和愧等（2005）利用 PCR-DGGE 技术研究喂养方式对早产新生儿肠道菌群的影响。结果表明：喂养前肠道菌群以梭状芽孢杆菌、链球菌和克雷伯菌为主；开奶后母乳喂养以双歧杆菌为主，奶粉喂养儿肠道菌群显示其明显的多态性，有双歧杆菌、梭状芽孢杆菌、链球菌、大肠杆菌、克雷伯菌等。

曾巾等（2008）利用 PCR-DGGE 技术研究南京玄武湖底泥中的微生物群落结构分布，结果表明，玄武湖底泥中分离出的微生物属于 Proteobacteria、Actinobacteria、Verrucomicrobia 和 Nitrospira，它们都属于富营养化湖泊中常见的微生物类群。王晓丹等（2009）利用 PCR-DGGE 技术研究密云水库中的微生物群落结构分布，结果表明，优势类群有 β-Proteobacteria、Actinobacteria、Cytophaga/Flexibacter/Bacteroides（CFB）类群和 Cyanobacteria。这些资料有望为以后进一步从微生物角度评价水质提供参考。

柴丽红等（2004）利用 PCR-DGGE 技术研究青海柯柯盐湖、茶卡盐湖底泥及周边土壤样品的细菌多样性。结果表明，两个盐湖存在大量的未知细菌，分离到的纯培养仅占实有细菌的一小部分。

不到十年的时间里，PCR-DGGE 技术已经成为微生物群落遗传多样性和动态分析的强有力工具。但是仍然存在不足：①由于不同微生物细胞壁结构不同，尤其是革兰氏阳性菌，肽聚糖结构复杂，因此容易导致提取的核糖体 DNA 不完全；②有些微生物核糖体 DNA 条数不同会造成 PCR 结果的代表性下降；③理论上对于 500bp 以内含 GC 堆积核糖体 DNA，DGGE 图谱可以分离其所有点变异的 95%，但实际上来自一种微生物的 DNA 量不到样品 DNA 量的 1% 时，肉眼难以检测其条带；④实际 PCR 扩增过程中出现的不均等扩增也会造成 PCR 结果的代表性下降。

所以，作为一种新兴的技术，DGGE 需要从以下两个方面优化条件：①适合具体样品的 DNA 提取方法和最佳 PCR 条件；②DGGE 电泳条件的优化以及图谱的分析。

为了充分利用 DGGE 技术，可以联合其他分子生物学技术。例如采用双梯度 DGGE/TGGE，达到更好的分辨率；DGGE 技术与基因组文库等技术，可以克服其局限性；使用功能性基因作为分子标记，能区别关系相近但生态差异较大的菌群；采用荧光标记 PCR 产物，可以与精确样品进行比较。

因此，DGGE 技术与其他分子生物学技术，地球化学方法以及微生物的方法联合使用，取长补短，才能更真实地揭示环境微生物群落结构和功能的本质。

主要参考文献

柴丽红，崔晓龙，彭谦，等．2004．青海两盐湖细菌多样性研究．微生物学报，(44) 3：271-275

付琳琳，曹郁生，李海星，等．2005．应用 PCR-DGGE 技术分析泡菜中乳酸菌的多样性．食品与发酵工业，31 (12)：103-105

兰和魄，苻薇，陈丽珊．2005．变性梯度凝胶电泳分析喂养方式对早产新生儿肠道菌群的影响．中国微生态学杂志，17 (1)：5-7

李建军，陈进林，岑英华，等．2007．处理甲苯废气的生物滴滤池中微生物生态学研究．微生物学通报，34 (3)：638-641

林万明．1993．PCR 技术操作与应用指南．北京：人民军医出版社

刘有胜，杨朝晖，曾光明，等．2007．PCR-DGGE 技术对城市餐厨垃圾堆肥中细菌种群结构分析．环境科学学报，27 (7)：1151-1152

孙宝盛，张斌，吴卿，等．2008．应用 PCR-DGGE 技术解析 MBR 中微生物群落多样性．天津大学学报，41 (3)：356-361

王峰，傅以钢，夏四清，等．2004．PCR-DGGE 技术在城市污水化学生物絮凝处理中的特点．环境科学，25 (6)：74-79

王晓丹，翟振华，赵爽，等．2009．密云水库不同季节细菌群落多样性．生态学报，29 (7)：3919-3927

许春红，买文宁，赵继红．2006．PCR-DGGE 研究厌氧复合床反应器中微生物种群多样性．河南科学，24 (5)：754-756

许玫英，曾国驱，任随周，等．2003．分子检测技术对活性污泥中氨氧化细菌的比较研究．微生物学报，43 (3)：372-378

殷峻，陈英旭，刘和，等．2004．应用 PCR-DGGE 技术研究处理含氨废气的生物滤塔中微生物多样性．环境科学，25 (6)：12-15

曾巾，杨柳燕，梁医，等．2008．南京玄武湖底泥微生物群落结构研究．生态科学，27 (5)：351-356

郑仲承．2001．寡核苷酸的优化设计．生命的化学，21 (3)：254-256

朱平．1992．PCR 基因扩增实验操作手册．北京：中国科学技术出版社．

朱伟云，姚文，毛胜勇．2003．变性梯度凝胶电泳法研究断奶仔猪粪样细菌区系变化．微生物学报，43 (4)：503-508

Ampe F, Ben Omar N, Moizan C, et al. 1999. Polyphasic study of the spatial distribution of microorganisms in Mexican pozol, a fermented dough, demonstrates th need for cultivation-independent methods to investigate traditional fermentations. Appl Environ Microbiol, 65: 5464-5473

Blaiotta G, Pennacchia C, Ercolini D, et al. 2003. Combining denaturing gradient gel electrophoresis of 16S rDNA V3 region and 16S-23S rDNA spacer region polymorphism analyses for the identification of Staphtlococci from Italian fermented sausages. Systematic and Applied Microbiology, 26: 423-433

Castaldini M, Turrini A, Sbrana C, et al. 2005. Impact of Bt corn on rhizospheric and soil eubacterial communities and on beneficial mycorrhizal symbiosis in experimental microcosms. Applied and Environmental Microbiology, 71: 6719-6729

Cocolin L, Bisson L F, Mills DA. 2000. Direct profiling of the yeast dynamics in wine fernentations. FEMS Microbiol Let, 189: 81-87

Cocolin L, Heisey A, Mils DA. 2001. Direct identification of the indigenous yeasts in commercial wine fermentations. Am J Enol Vitic, 52: 49-53

Cocolin L, Innocente N, Biasutti M, et al. 2004. The late blowing in cheese: a new molecular approach on PCR and DGGE to study the microbial ecology of the alteration process. International Journal of Food Microbiology, 90: 83-91

Cocolin L, Mabazano M, Cabtion C, et al. 2001. Denaturing gradient gel electrophonesis analysis of the 16S rRNA gene V1 region to monitor dynamic changes in the bacterial population during fermentation of Italian sausages. Applied and Environmental Microbiology, 67: 5113-5121

Coppola S, Blaiotta G, Ercolini D, et al. 2001. Molecular evaluation of microbial diversity occurring in different types of Mozzarela cheese. Appl Microbiol, 90: 414-420

Dilly O, Bloem J, Vos A, et al. 2004. Bacterial diversity in agricultural soils during litter descomposition. Applied and Environmental Microbiology, 70: 468-474

Ellis RJ, Morgan P, Weightman AJ, et al. 2003. Cultivation-dependent and independent approaches for determining bacterial diversity in heavy-metal contaminated soil. Applied and Environmental Microbiology, 69: 3223-3230

Ercolini D, Hil P J, Dodd CER. 2003. Bacterial community structure and location in Stilton cheese. Appl Environ Microbiol, 69: 3540-3548

Fang M, Kremer RJ, Motavalli PP, et al. 2005. Bacterial diversity in rhizospheres of nontransgenic and transgcnic corn. Applied and Environmental Microbiology, 71: 4132-4136

Fasoli S, Marzotto M, Rizzotti L, et al. 2003. Bacterial composition of commercial probiotic products as evaluated by PCR-DGGE analysis. Int J Food Microbio, 182: 59-70

Fischer SG, Lerman L S. 1983. DNA fragments differing by single base-pair substitutions are separated in denaturing gradient gels: correspondence with melting theory. Proc Natl Acad Sci U S A, 80: 1579-1583

Flórez AB, Mayo B. 2006. PCR-DGGE as a tool for characterizing dominant microbial population in the Spanish blue-veined Cabrales cheese. International Dairy Journal, 10: 1205-1210

Fontana C, Vignolo G, Cocconcelli PS. 2005. PCR-DGGE analysis for the identifiacation of microbial populations from Argentinean dry fermented sausages. Journal of Microbiological Methods, 63: 254-263

Gelsomino A, Cacco G. 2006. Compositional shifts of bacterial groups in a solarized and amended soil as determined by denaturing gradient gel electrophoresis. Soil Biology Biochemistry, 38: 91-102

Griffiths R, Whiteley AS, O'Donnell AG, et al. 2003. Physiological and community responses of established grassl and bacterial populations to water Stress. Applied and Environmental Microbiology, 68: 6361-6368

Haruta S, Ueno S, Egawa I, et al. 2006. Succesion of bacterial and fungal communities during a traditional pot fermentation of rice vinegar assessed by PCR-mediated denaturing gradient gel elctrophoresis. International Journal of Food Microbiology, 109: 79-87

Henckel T, Jâckel U, Schnell S, et al. 2000. Molecular analyses of novel Methanotrophic communities in forest soil that oxidize atmospheric methane . Applied and Environmental Microbiology , 66 : 1801-1808

Jung S L , Gun YH . 2005 . Analysis of kimchi microflora using denaturing gradient gel electrophoresis . International Journal of Food Microbiology , 102 : 143-150

Knief C, Vanitchung S , Harvey W, et al . 2005 . Diversity of methanotrophic bacteria in tropical upland soils under different land uses . Applied and Environmental Microbiology , 71 : 3826-3831

Kowalchuk GA , Stephen JR, De BW, et al . 1997 . Analysis of ammonia-oxidizing bacteria of the β sub-division of the class proteobacteria in coastal sand dunes by denaturing gradient gel electrophoresis and sequencing of PCR -amplified 16S ribosomal DNA fragments . Applied and Environmental Microbiology , 63 : 1489-1497

Leys N, Ryngaert A , Bastiaens L , et al . 2004 . Occurrence and phylogenetic diversity of sphingomonas strains in soils contaminated with polycyclic aromatic hydrocarbons . Applied and Environmental Microbiology , 70 (4): 1944-1955

Lorenz N, Hintemann T, Kramarewa T , et al . 2006 . Response of microbial activity and microbial community composition in soils to long-term arsenic and cadmium exposure . Soil Biology Biochemistry , 38 : 1430-1437

Luciana DE , Gala E , Gullo M , et al . 2006 . Application of denaturing gradient gel electrophoresis (DGGE) analysis to evaluate acetic acid bacteria in traditional balsamic vinegar . Food Microbiol , 23 (8): 809-813

Maila MP , Randima P , DrĀĀnen K , et al . 2006 . Soil microbial communities : Influence of geographic location and hydrocarbon pollutants . Soil Biology Biochemistry , 38 : 303-310

Mauriello G , Moio L , Genovese A , et al . 2003 . Relationship between flavouring capabilities , bacterial composition and geographical origin of Natural Whey Cultures (NWCs) used for water-bufalo Mozzarela cheese manufacture . Dairy Sci , 86 : 486-497

Miambi E , Guyot J P , Ampe F . 2003 . Identification , isolation and quantification of representative bacteria from fermented cassava dough using an integrated approach of culture-dependent and culture-independent methods . International Journal of Food Microbiology , 82 : 111-120

Moroth CB , Hammes WP , Hertel C . 2004 . Characterisation of microbiota of rice sourdoughs and tlescription of Lactobacillus spicheri sp . Nov . Systematic and Appl Microbiol , 27 : 151-159

Muyzer G . 1999 . DGGE/TGGE a method for identifying genes from natural ecosystems . Curr Opin Microbiol , 2 : 317-322

Muyzer G , Smalla K . 1998 . Application of denaturing gradient gel electrophoresis (DGGE) and temperature gradient gel electrophoresis (TGGE) in microbial ecology . Antonie Van Leeuwenhoek , 73 : 127-141

Myers RM , Fischer SG , Lerman LS , et al . 1985a . Nearly all single base substitutions in DNA fragments joined to a GC-clamp can be detected by denaturing gradient gel electrophoresis . Nucleic Acids Res , 13 : 3131-3145

Myers RM , Fischer SG , Maniatis T , et al . 1985b . Modification of the melting properties of duplex DNA by attachment of a GC-rich DNA sequence as determined by denaturing gradient gel electrophoresis . Nucleic Acids Res , 13 : 3111-3129

Norris TB , Wraith JM , Castenholz R W , et al . 2002 . Soil microbial community structure across a thermal gradient following a geothermal heating event . Applied and Environmental Microbiology , 68 : 6300-6309

Randazzo CL , Torriani S , Akkermans A D L , et al . 2002 . Diversity , dynamics and activity of bacterial communities during production of an artisanal Sicilian cheese as evaluated by 16S rRNA analysis . Appl Environ Microbiol , 68 : 1882-1892

Randazzo CL , Vaughan EE , Caggia C . 2006 . Artisanal and experimential Pecorino Siciliano cheese : mocrobial dynamics during manufacture assessed by culturing and PCR-DGGE analyses . Journal of Food Microbiology , 109 : 1-8

Rantsiou K , Comi G , Cocolin L . 2004 . The rpoB gene as a target for PCR-DGGE analysis to follow lactis acid bacterial population dynamic during food fermentations . Food Microbiology , 21 : 481-487

Rantsiou K , Drosinos EH , Gialitaki M , et al . 2005a . Molecular characterization of Lactobacillus species isolated from naturally fermented sausages produced in Greece . Hungary and Italy . Food Microbiology , 22 : 19-28

Rantsiou K, Urso R, Iacumin L, et al. 2005b. Current-dependent and-independent methods to investigate the microbial ecology of Italian fermented sausages. Appl Environ Microbiol, 71: 1977-1986

Rychlik W. 1989. Rhoads REA computer program for choosing optimal oligonucleotides for filter hybridization, sequencing and in vitro amplification of DNA. Nucleic Acids Res, 17: 8543-8551

Shama S, Szele Z, Schilling R, et al. 2006. Influence of freeze-thaw atress on the structure and function of microbial communities and denitrifying populations in soil. Applied and Environmental Microbiology, 72: 2148-2154

Theunissen J, Britz TJ, Torriani S, et al. 2005. Identification of probiotic microorganisms in South African products using PCR-based DGGE analysis. Int J Food Microbiol, 98: 11-12

Van Beek S, Priest FG. 2002. Evolution of the lactic acid bacterial community during malt whisky fermentation: a polyphasic study. Appl Environ Microbiol, 68: 297-305

Watanabe T, Kimura M, Asakawa S. 2006. Comunity structure of methanogenjc archaea in paddy field soil under double cropping (rice-wheat). Soil Biology Biochemistry, 38: 1264-1274

第六章　肽核酸探针技术及其应用

第一节　肽核酸探针技术的产生及发展

肽核酸（PNA）探针技术的发明是分子生物学发展的必然结果，它的理化特性使它具有了超越其他探针技术的优势，从它被发明以来的短短不到 20 年的时间里，已被越来越多的人关注并得到迅猛的发展。从它的骨架结构到它结合的碱基都可以根据实际需要作出相应的调整，从而更加适用于临床医学检测和环境微生物检测。而 bis-PNA、pcPNA 等的提出更是为现代分子生物学开辟了广阔的研究空间。作为一种分子生物学工具，PNA 探针技术在微生物检测领域、分子生物学领域具有极大的潜力。尽管目前对其研究仍然在初级阶段，很多生化特性及生物学功能仍然只停留在理论和假设阶段，但是随着进一步的研究，其在现代分子生物学领域必然会发挥愈来愈重要的作用，它的广泛应用也指日可待（赵欣等，2008）。

一、肽核酸探针技术的产生

核酸是遗传信息的携带者，是基因表达的基础，它在个体的生长、发育以及繁殖等正常生命活动中具有十分重要的作用。因此分析核酸序列，探测核酸结构与功能具有非常重大的意义。早在 1988 年，Bains 等人就将短的 DNA 片段固定到支持物上，以反向杂交的方式进行核酸序列测定。如今，随着生命科学与众多相关学科（如计算机科学、材料科学、微加工技术、有机合成技术等）的迅猛发展，为 DNA 探针的实现提供了可能。20 世纪 90 年代美国 Affymetrix 公司实现了 DNA 探针分子的高密度集成，即将特定序列的寡核苷酸片段以很高的密度有序地固定在一块玻璃、硅等固体片基上，作为核酸信息的载体，通过与样品的杂交反应获取其核酸序列信息。由于该技术采用了微电子学的并行处理和高密度集成的概念，因此具有高效、高信息量等突出优点。现行通用的基因芯片技术一般多采用这样的寡核苷酸为探针，但是这种探针存在灵敏度不够高，特异性不强和对杂交条件有严格的依赖性（Tang，et al.，1995，Jurinke，et al.，1996，Blaiotta，et al.，2002）三个难以克服的问题。

为解决上述问题，丹麦有机化学家 Ole-Buchardt 和生物化学家 Peter Nielsen 于 20 世纪 80 年代开始潜心研究一种新的核酸序列特异性试剂。于 1991 年，在第一代、第二代反义试剂的基础上，通过计算机设计构建并最终人工合成了第三代反义试剂—肽核酸（peptide nucleic acids，PNA）。从此，科学家们对 PNA 探针技术展开了深入的研究，并使其在细菌检测、环境监测以及临床致病微生物检测等研究中发挥了重大作用。

二、肽核酸探针技术的迅速发展历程

从 1991 年 Nielsen 等报道了肽核酸以后，在短短的不到 20 年时间里，肽核酸探针技术取得了日新月异的进展。与 DNA 探针相比，PNA 探针具有杂交速度快、所需探针浓度低、要求的序列短等优点，但也存在不足，如 PNA 类化合物水溶性差、细胞膜通透性不强、有一定程度的自聚集现象等等。所以，科学家们在 PNA 基本骨架基础上进行了结构改造，从而形成了多种 PNA 类似物，包括骨架原子顺序的改变、基团的替换、侧链的变化等。如 bis-PNA、pc-PNA、（PNA）$_2$DNA、PNA-多肽共轭产物、α-PNA、P-PNA、2-5PNA 等，它们都能在一定程度上改善 PNA 的性质及功能，达到实验的要求。

（一）PNA 与核酸杂交的特点

1. 高亲和性

由于 PNA 的电中性骨架，其分子中不含磷酸基团，因此 PNA 链更容易和带有负电荷的互补序列的 DNA 或 RNA 链结合。而且形成的复合物分子较之 DNA/DNA 双链或 DNA/RNA 杂交链更为稳定。有报道证实（Egholm，et al.，1993），在同样的杂交条件下，同样序列的 15 聚体的 DNA/DNA 双链的 T_m 是 53.3℃，DNA/RNA 为 50.6℃，而相应的 PNA/DNA 的 T_m 为 69.5℃，PNA/RNA 更高，为 72.3℃。即 PNA/DNA，PNA/RNA 与同样序列的 DNA/DNA，DNA/RAN 双链相比，每增加一个碱基数，T_m 增加 1℃。

2. 高特异性

PNA 与核酸杂交不仅具有很高的亲和性，还有很高的特异性。PNA 对互补 DNA 的错配容忍程度比相应的 DNA/DNA 更低，一个 15 聚体的 PNA/DNA 分子在其中间段出现一个错配碱基，其 T_m 下降 8～20℃，两个碱基错配则完全不能杂交。

3. PNA 以平行或反平行的方式与核酸结合

PNA 的另一个特质是以平行或反平行的方式与核酸结合。所谓平行，就是 PNA 的氨基末端对着寡核苷酸 5′末端，反平行，就是 PNA 的 N 端对着寡核苷酸 3′末端。PNA 与 DNA（或 RNA）形成的双螺旋倾向于反平行结合（Egholm，et al.，1993），而形成的三螺旋倾向于平行结合（Nielsen，et al.，1994）。且两种结合方式都得到非常稳定的复合物（Egholm，et al.，1993）。当一个 PNA 分子侵入靶 DNA 序列时，一条 DNA 链被置换（Nielsen，et al.，1991，Peffer，et al.，1993），通过 Watson-Crick 碱基配对原则迅速而高度特异的与其互补 DNA 结合（Egholm，et al.，1993）。此后，第二个 PNA 分子又与 PNA/DNA 双螺旋以 Hoogsteen 键形成非常稳定的（PNA）$_2$/DNA 三链结构，而未结合的链则呈单链状态。

（二）PNA 与核酸的杂交模式

1. bis-PNA 的结构特点以及杂交模式

bis-PNA 即双体 PNA，1995 年 Egholm 等（1995）将 2 个含 7 个碱基长的 PNA 单体用一个柔韧的接头连接起来而形成。在与 dsDNA 反应的过程中，bis-PNA 比单体 PNA 更容易也更快发生三链侵袭现象，形成的 bis-PNA/dsDNA 四链复合物有更高的稳定性。

这种“链侵袭”的模式通常发生在多聚同源嘧啶 PNA 和相应的多聚嘌呤 dsDNA 靶序列之间，其结合模式：bis-PNA 的一条链以 Watson-Crick 氢键的方式在 dsDNA 双螺旋内部与靶序列中的互补碱基以反向平行的方式结合，另一条链则以 Hoogsteen 键的方式在 DNA 双螺旋结构的大沟处与靶序列以正向平行的方式结合，原 dsDNA 中靶序列的互补片段则突出于复合物外，形成一个著名的“P 环”（Ploop）的结构。在理论和实际研究中，都证实了 bis-PNA 不仅可以高亲和力地和 dsDNA 形成稳定的“P 环”结构，同时 bis-PNA 在识别 dsDNA 的过程中，还显示了很高的序列特异性。这为设计利用 bis-PNA 探针直接检测病原微生物基因组提供了坚实的理论及实践基础，而且也非常符合临床检测的实际需要。

2. pcPNA 的结构特点以及杂交模式

经典的 PNA 有一些先天缺陷，尤其是其互补双链间的超强结合能力显著限制了其在反义、反基因药物等领域的应用。在此基础上，1999 年 Nielsen 又提出 PNA 的碱基修饰衍生物—假互补肽核酸（pseudo-complementary PNA，pcPNA）。

pcPNA 的结构是在 PNA 的 4 种 ATCG 碱基基础上进行了碱基修饰取代，抑制其相互结合。在这种模式中，dsDNA 两条链上的某段序列同时作为靶片段，分别设计两条 pcPNA 探针。探针中的腺嘌呤（A）全部用二氨基嘌呤（D）取代，胸腺嘧啶（T）全部用巯基尿嘧啶（sU）取代。当两条含有 D、sU 的 pcPNA 与相应的 dsDNA 发生反应的时候，pcPNA 可同时与 dsDNA 两条链中相应的靶序列结合，形成稳定的 PNA-dsDNA-PNA复合物。而 pcPNA 本身两条链间由于 D 和 sU 立体结构的位阻作用却无法结合，这就保证了 pcPNA 在识别靶序列的同时不会自己互补。Lohse 等（1999）的实验结果证实了这种结合特异而高效，估计 80% 以上的靶序列是考 Watson-Crick 键的方式与 PNA 结合的。Demidov 等更是对这种模式的动力学过程和可能的机制进行了详尽的探讨。与 bis-PNA 链侵袭的模式比较，这种模式显然更具有广泛的应用前景。因为 PNA 不需要非得是多嘧啶不可，它可以设计成任何与靶序列互补的碱模体列。

pcPNA 可以与双链 DNA 甚至是超螺旋结构的 DNA 结合，因此，将 pcPNA 应用于探针领域理论上可以大大简化标本的处理纯化过程，尤其应用于完全基因组、粗制样本或未纯化样本操作的应用研究。对于基因的快速诊断，特别是特殊环境（如战争情况下）的疾病、病原体快速准确诊断提供了方便。

3. 其他肽核酸类似物的结构和功能

（1）α-PNA

α-PNA 的主链由 L-α-氨基酸构成，主链上每单元骨架多一个羰基。与 PNA 的不同主要在于 PNA 碱基距主链的一段中不含羰基。α-PNA 比 PNA 更类似 DNA，所以可作为 PNA 的替代物。

（2）手性 PNA

手性 PNA 的每一单元只含一个肽键，是一种在合成上和结构变化上都比较灵活的类似物，它具有手性，且比 PNA 更易变换形状，使其在与 DNA 等结合是更具灵活性。

（3）P-PNA（phosphono-PNA）

针对 PNA 的细胞通透性差，水溶性差和自聚集的缺点，有人设计得到 P-PNA 系列。它基本上克服了 PNA 这 3 大缺点，而且 P-PNA-PNA 缀合体可以与 DNA 形成更稳定的络合物，并可抑制核酸酶对其的降解，降解温度高于 PNA。

（4）转位 PNA 类似物

转位 PNA（retro-inver-so PNA）虽与 PNA 相比只将酰胺键进行了翻转，但性质却比 PNA 改进了许多，它比 PNA 有更好的识别 DNA 序列的能力，其构型的变化还减少了与水溶性介质的相互作用。

（5）O-PNA

O-PNA 的水溶性好于 PNA，可能因其醚键的灵活性，对互补的 DNA 呈现全或无的杂交形式，其手性也使其结构变化更为丰富。

综上所述，科研人员设计合成了各种结构的 PNA，从骨架原子顺序的改变、基团的替换到侧链的变化等，用以优化 PNA 的生物学稳定性、利用度、靶结合特性以及药代动力学特性，为将 PNA 应用于临床微生物检测和治疗等领域开创了一个新的研究领域。

第二节　肽核酸探针技术的原理

肽核酸（peptide nucleic acids PNA）是一种以中性酰胺键为骨架的全新的 DNA 类似物，可序列特异的靶向作用于 DNA 的大沟槽，其骨架的结构单元为 N（2-氨基乙基）-甘氨酸，碱基部分通过亚甲基羰基连接于主骨架的氨基 N 上（Knudsen，et al.，1996，Franck，et al.，2004）。

两条来源不同，但具有互补序列的核酸，按碱基配对原则复性形成一个杂交体，这个过程即杂交，或称分子杂交。

PNA 靶向作用于双链 DNA 时有以下 4 种结合方式，如图 6-1 所示（Nielsen，2001）

PNA 以一种序列依赖的方式与互补的 DNA 或 RNA 杂交，遵从 Watson-Crick 氢键结合的准则，也可形成既包含 Watson-Crick 又包含 Hoogsteen 碱基配对的三链体结构。其中，一条全嘧啶的 DNA 或 RNA 链与两条序列互补的 PNA 链间形成杂交复合体

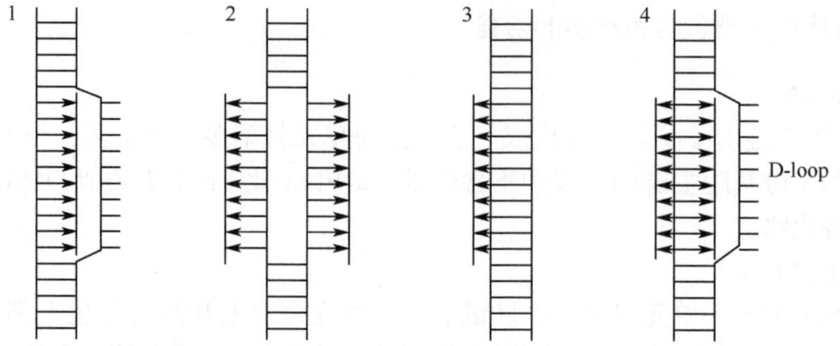

图 6-1　PNA 靶向作用于双链 DNA 的结合方式

1，标准的多聚嘌呤 PNA 入侵双链 DNA；2，PNA 双重双链入侵，形成稳定的复合物，但只能发生在含有修饰碱基的 PNA 分子上；3，传统的三链体结构，由富含胞嘧啶的多聚嘧啶 PNA 与互补的多聚嘌呤 DNA 靶标结合；4，稳定的三链体入侵复合物，导致右侧被取代的 DNA 单链形成 D 环结构

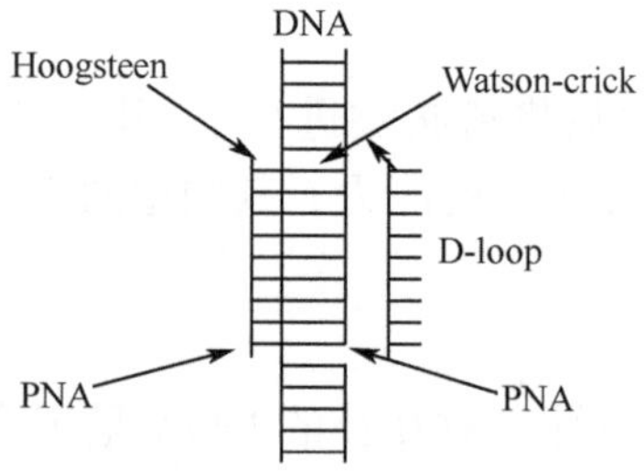

图 6-2　全嘧啶 PNA 寡聚物的三链体侵入

DNA 双链体被一内部的（PNA）$_2$-DNA 三链体所侵入，被替代的右侧 DNA 单链形成 D 环结构。一条 PNA 链通过 Watson-crick 碱基配对方式与 DNA 结合，另一条 PNA 链通过 Hoogsteen 碱基配对方式与 DNA 结合

时，不是常规的（PNA）$_2$DNA 三链体，而是形成一种三链侵入复合物（其中 DNA 双链体被一内部的（PNA）$_2$DNA 三链体所侵入），被替代的 DNA 单链形成 D 环结构。如图 6-1 所示（Nielsen，1991），这种结合类型仅限定于全嘧啶/全嘌呤的 DNA 靶标。另外，双重双链体侵入方式（图 6-2）也被认为是非常重要的，因为，对混合嘌呤-嘧啶序列的靶标来说，只要其有适量的 A/T 含量（约 50%），就能形成十分稳定的双重双链体复合物。

PNA-DNA 杂交严格地受碱基错配的影响，PNA 具有对单个碱基错配的分辨能力。相反，碱基错配对相应的 DNA-DNA 杂交的影响则没有这样严重。PNA 与 DNA、RNA 不同，它的骨架是不带电的。

因此，当 PNA 结合到它的靶核酸链上时没有静电排斥现象。PNA-DNA 或 PNA-RNA 双链的稳定性比天然的同源或异源双链稳定性更强。这样强的稳定性使其热解链温度 T_m 比观察到的 DNA-DNA、DNA-RNA 的 T_m 高；另外，PNA 杂交不受盐浓度的影响。因此，PNA-DNA 双链的 T_m 在低盐强度下几乎不受影响，这就大大便利了 PNA 的杂交。PNA 的非天然骨架也意味着 PNA 可以抵挡蛋白酶和核酸酶的降解。例如，PNA 与 S1 核酸酶或 DNA 聚合酶 Ⅰ 共育对它没有影响。由于对酶解作用的抗性，PNA 的寿命无论在体外还是生物体中都被延长了。同时，由于 PNA 不能被聚合酶识别所以不能直接用做引物进行复制和转录。

PNA 对 DNA/RNA 的识别特异性，非常好的生物稳定性、化学合成的灵活性使其具有无以比拟的基因调控的功能和作为分子探针的检测功能。

第三节　肽核酸相探针技术的引物和探针设计

肽核酸（PNA）是将核酸分子中带电荷的磷酸戊糖骨架置换成电中性、非手性、类似多肽的骨架，后者是由酰胺键连接的 N（2-氨乙基）-甘氨酸单元重复组成，AGCT 碱基与骨架以亚甲基羰基相连。PNA 以其独特的构象决定了它具有一些特有的性质，如不易被已知蛋白酶和核酸酶降解，与互补的 DNA 或 RNA 序列杂交有极强的特异性和热稳定性，并可以与配基相连共转染进入细胞。这些都是其他寡核苷酸所不具备的优点。

一、PNA 探针的设计原则

PNA 探针的设计除了要考虑到常规的 DNA 探针的设计原则如二聚体、发夹结构、错配等因素外，还要考虑探针长度、嘌呤核苷酸含量、自身互补等因素。

（一）PNA 探针应反义取向

PNA 可形成两种衍向德双链复合物，但最好是反义取向，尤其是在 PNA 用作 DNA 探针或反义用途时。PNA 寡聚物的 N 端相当于寡核苷酸的 5′端，常被称作 PNA 的 5′端。

（二）PNA 探针长度应适中

探针越短，它的特异性越强；探针的序列越短，则一个错配的影响越大。通常 PNA 探针的长度为 12～15bp 时最好，在有些条件下更短的探针特异性也较好。较长的 PNA 探针容易聚集，难以纯化和鉴定，杂交效率也降低，但可以通过在探针两端各加一个赖氨酸来解决。

（三）嘌呤含量不宜过多

富含嘌呤尤其是 G 的 PNA 寡聚物容易发生自身聚集。所以在 PNA 探针中嘌呤的含量≤60%，最好不要有 6 个连续的嘌呤，如 CTAGAT AGAAGGTTC；不能有连续的 4 个 G，如 ATTA GGGGCATCTAC。遵守这个规则将明显的降低 PNA 寡聚物聚集的可能性；序列越长，在序列设计时越要注意。

（四）应避免序列的自身互补

PNA/PNA 的互补作用比 PNA/DNA 更强，为了避免产生自我互补序列（如反向重复、形成发夹和回文序列），CCGG 不能连续，中间必须有其他碱基，如不允许 GAT CCGGTAC，而可以是 TAT CCT GGTA；另外，也允许 GAT AATTGCA，不能有 6 个连续的碱基互补，例如 CT ATTAATG，但允许不连续的碱基互补如 AGTGCT ACT。除非这些互补的碱基仅仅是 CG 之间的互补，如不允许

GCGGCT CGC；不允许只有 GC 的互补，例如 GCGGCTCGC；避免 8 个碱基的互补，如ACTGT CAGT。

PNA 序列的设计和 DNA 探针比较虽然有着很多的限制，但 PNA 探针在杂交中有许多 DNA 探针无法比拟的优点。

二、PNA 探针的设计方案和流程

根据 PNA 探针的设计原则，依实验要求，设计 PNA 探针。下面以利用等位特异性的 PNA 杂交探针，来对 PCR扩增的人 DNA 的多重单核苷酸多态性（SNP）进行检测的 MALDI-TOF-MS 方法为例，说明 PNA 探针的设计方案和流程。

（一）设计方案

以人酪氨酸酶基因外显子 4 的 182 个碱基对为模型，选择外显子 4 基因的 4 个单碱基替代的多态性位点进行分析。对这 4 个多态性位点中的每一个位点，设计两条等位特异的 PNA 探针，一条与野生型的等位基因互补（在分析的全部 4 个多态性位点都含有 G），另一条与单碱基替代的变异等位基因互补（全部 4 个多态性位点为 A）。这些探针由 WT（野生型序列）或 VAR（变异序列），再加上酪氨酸酶基因外显子 4 的多态性碱基的相应的编码数来区别。PNA 探针设计序列见表 6-1。

表 6-1　PNA 探针的设计

探针名*	序列#	M+H/Da△
WT419	L_1-TT G-GAC-ATA	2621
VAR419	L_2-TT A-GAC-ATA	2751
WT422	F-L1-ACC-GGG-AAT	2991
VAR422	ACC-AGG-AAT	2471
WT446	L_4-AGA-TCT-G GG	3098
VAR446	L_6-AGA-TCT-G AG	3371
WT448	L_3-CT-AT G-ACT-A	2871
VAR448	L_5-GCT-AT A-ACT	3161
WT448（orig）	L_8-AT G-ACT-ATA	3620
VAR448（orig）	L_{10}-AT A-ACT-ATA	3895

*：探针按文中方式命名，原始的编码 448 探针加（orig），重新设计的 448 探针只写做 WT448 或 VAR448。#：给出的每条 PNA 探针方的碱模体列（5′→3′）多态性的碱基下划线表示，Ln 吸附于每个探针的质量标记数，吸附于 WT422 探针的 F 代表荧光素基团。△：显示每条探针的（M+H）分子离子峰。

以上设计的每条探针都用不同质量进行标记，以便于用 MALDI-TOF-MS 进行分析时，很容易分辨出单电荷的分子离子峰。附着于这些探针上的质量标记分子是 8-氨基-3，6-二羰基辛酸，分子质量为 146Da。这些标记分子在 PNA 分子的 N 端合成中，很容易被吸附。WT422 探针还含有一荧光素标记。所用的每条探针的（M+H）+分子离子的分子质量值。

（二）设计流程

1. PNA 探针的合成和制备

PNA 探针由 Perseptive Biosystems，Framingham，MA 合成，通过 RP-HPLC 进行纯化，在 UV260nm 处定量，探针的纯度和 m/z 可通过 MALOI-TOF-MS 进行核对。

2. 赖氨酸酶基因外显子 4 的 PCR 扩增

利用两对 PCR 引物，第一对引物 5′-biotin-CTGAATCTTGTAG-ATAGCTA-3′和 5′-TATTTTTGAGCAGTGGCTCC-3′，模板为含有酪氨酸酶外显子 4DNA 插入片段的质粒，扩增产物为 182 个核苷酸片段。

第二对引物为：5-biotin-GGAATTCTAAAGTTTTGTGTTATCTCA-3′和 5′-TTAATATATGCCTTATTTTA-3′，用于人基因组样品，扩增产物为含有外显子 4 及邻近内含序列的 347 个核苷酸片段。由于第一对引物从基因组 DNA 中可扩增假的酪氨酸酶外显子 4 基因，所以把第二对引物用于人基因组 DNA 的初步扩增。

3. PNA 探针与固定的基因靶标的杂交

经过纯化的、双链的、生物素化的酪氨酸酶外显子 4PCR 扩增产物，加入到含有 160μg 链亲和素 Dynabeads M280 的 100μl 结合缓冲液（10mmol/L Tris pH=7，1mol/L NaCl）中，室温下结合 15min。用 100μl 结合缓冲液洗一遍，然后加入 100μl 0.1mol/L 的 NaOH 作用 10min，使双链 DNA 解离。珠子用 100μl 0.1mol/L 的 NaOH 洗涤一次，然后再用 100μl 杂交缓冲液（10mmol/L Tris pH=7，不加 NaCl）洗涤 3 遍，除去解离的、未被固定的 DNA 链。每个固定化的单链 PCR 扩增样品分成 4 等分，分别放在 4 只含有 50μl 杂交缓冲液的管中。向其中一只管中，加入一对 PNA 探针，PNA 探针对按下列比例加入（pmol WT pmol VAR）419 探针 7.5∶30，422 探针 15∶7.5，446 探针 7.5∶30，448 探针 7.5∶15，在室温下杂交 15min。根据所加的 PNA 探针不同，每个反应管按照下面的温度加热 5min：419 探针 37℃，422 探针 58℃，446 探针 58℃，448 探针 37℃，这些洗涤温度都是由实验得到的（数据略）。第一次洗涤后，除去管中上清液，加入 50μl 洗涤缓冲液（10mmol/L Tris pH7.0，0.1% SDS），然后在各自的温度下加热 5min；除去上清液，再洗涤一遍并加热 5min。珠子用洗涤缓冲液浸洗 1 次，然后用冷的杂交缓冲液除去珠子上的 SDS。珠子放在 1μl 杂交缓冲液中培育。每个反应管中的 1μl 珠子被点在 MALDI 探头上，约干燥 10min。加入 1.3μl 基质（0.02mg/μl 的 2，5-二羟基苯甲酸，溶剂为水∶乙腈（9∶1）进行结晶，如果没有形成满意的晶体，可再加入 0.5μl 基质。

4. MALDI-TOF MS 分析

在 Bruker Reflex Ⅱ飞行时间质谱仪（Billerica，MA）上获得质谱，该仪器装备有

337nm N_2 激光器，阳离子检测模式，初始加速电压 25kV。对每个被分析的样品，可得到 4 个多态性位点的质谱，然后用质谱获取软件将这 4 张质谱合在一起，给出每个样品的合成的质谱。仪器用牛胰岛素作为内标进行校正。

5. UV 减色性实验

在以 PNA 作为探针的 UV 减色性（T_m）试验中，所用的寡核苷酸靶标设计如下：5′-biotin-（dT）$_{12}$-XXXXXXXXXXXXXXX-3′，Xs 代表酪氨酸酶外显子 4 内某个多态性位点的 15 个核苷酸的等位特异序列。在该序列的中间，这些寡核苷酸也可被用来固定等位靶标；而附着于 5′端的生物素基团和 12 核苷酸 dT 序列，则被用来分离珠表面的杂交序列。T_m 实验在 10mmol/L Tris pH7.0 缓冲液中进行，不加 NaCl。PNA 探针和寡核苷酸靶标的浓度均为 1.4μmol/L，以保证在 260nm 处有满意的 UV 吸收读数。样品加热到 90℃，保持 3min，然后冷却至室温；放至 4℃储存，至少 0.5h。在装备上由 Peltier 温度控制附件的 Hewlett-Packard 8452A 分光光度计上，得到 260nm 处的 UV 吸收对温度的变化曲线。温度的增长幅度为 1℃/min，T_m 可由 HP 软件提供的一次导数计算方法测定。

以上所用 PNA 探针的较宽的杂交稳定范围也呈现一定的局限，如每对 PNA 探针要求有不同的洗涤条件，才能使野生型和变异型探针间得到较好的杂交分辨。除上述描述的工作外，也开发出一个用于预测 PNA：DNA 双链体稳定性的方法，在使用 PNA 杂交探针的应用中，将会非常有用。

第四节　肽核酸探针技术的应用

肽核酸以其生物稳定性高、与核酸亲和力强和具有较强的抗核酸酶和蛋白水解酶降解的能力等特性，成为现代分子生物学的一把利器，不仅可用于疾病诊疗，如治疗癌症、艾滋及细菌、病毒引起的疾病（Norton et al., 1996，Mologni et al., 2001，Nielsen et al., 2001，Gong et al., 2002），同时在分子生物学领域和高新技术生物传感器领域，PNA 作为探针在进行原位杂交检测、PCR 特异性扩增以及和生物传感器结合等方面有着 DNA 探针不可比拟的优势。随着对 PNA 研究的不断深入，它的价值将被更多人所认识，应用空间将更为广阔。

一、PNA 探针技术在微生物检测领域的应用

（一）应用于乙型肝炎病毒检测

张效萌等（2002）根据从 GenBank 上下载的 HBV 基因组序列，用 Alignment 软件进行对比分析，选取 HBV 的保守序列，根据设计引物的一般原则，分别设计了扩增产物，从 Promega 公司购买 dNTP，自主生产 Taq 酶，乙型肝炎病毒 PCR 诊断试剂盒购自安普利生物工程有限公司。分别进行单碱基突变检测和 HBV DNA 的检测，检测结果显示无论用 DNA 作为探针还是用 PNA 作为探针检测单碱基突变，都可根据杂交信

号的比值得到正确的杂交结果。而 PNA 作为探针时对盐浓度的要求更低，杂交信号更强，阴性、阳性探针信号强度的对比也更强烈；DNA 做探针时为得到相对较好的结果，对洗脱条件的要求更苛刻。而检测 HBV DNA 的结果显示，用 PNA 探针检测乙肝患者（大三阳）血清 16 份，所得结果与使用乙型肝炎病毒 PCR 诊断试剂盒所得结果完全相同，其中有 1 例使用试剂盒确定为极弱的阳性，但通过本方法检测为明显阳性。肽核酸探针对核酸链间错配的强识别能力使得该技术在乙型肝炎病毒的检测中发挥重大作用。

此外，陈鸣等（2004）设计了 bis-PNA 探针序列，结合基因传感器技术，以之检测 HBV，结果显示 bis-PNA 可直接与 dsDNA 稳定地结合，无须进行热变性，使待测的 HBV 基因组 DNA 可直接加至传感器和 bis-PNA 探针反应。这样一来，既简化了操作步骤，又增加了传感器的质量，频率效应，极大地提高了传感器的灵敏度，同时还避免了温度对传感器的干扰，充分展示了 PNA 探针技术在微生物检测领域的巨大优势。

（二）应用于鼠疫耶尔森氏菌的检测

鼠疫是由鼠疫耶尔森氏菌（Yersinia pestis，以下简称鼠疫菌）引起的，它是传统生物战剂之一，是恐怖分子用于制造生物恐怖的首选微生物之一（李书保等，2000；岳明祥等，2004），因此对该菌的快速检测与鉴定具有重要意义。F1 抗原是鼠疫菌中发现最早的抗原，也是该菌最重要的保护性抗原，因其具有非常高的特异性，caf1 基因是 F1 抗原的结构基因，编码 F1 抗原的亚单位，读码结构为 510 个核苷酸。谭亚芳等（2006）针对鼠疫菌的 caf1 基因，设计并合成一对 PNA 探针，分别与链霉亲和素包被的磁性纳米颗粒（磁珠）和 cy5 荧光纳米颗粒结合后，与样品中的 DNA 杂交，利用荧光扫描技术检测样品中的鼠疫菌。他们从 BBDJ 中调出 caf1 基因序列（序列号 M24150），使用软件 primer premier5.0 完成 2 条探针（PNA 探针 1 为捕获探针，PNA 探针 2 为检测探针）和待测 DNA 引物序列的设计，以鼠疫菌 DNA 作为阳性对照进行特异性试验，检测了 7 种非鼠疫菌株（包括金黄色葡萄球菌、假结核耶尔森氏菌、鼻疽伯克霍尔德氏菌、鼠伤寒沙门氏菌、枯草芽孢杆菌、类白喉棒状杆菌、布鲁氏菌），结果显示只有阳性对照鼠疫菌和伤寒沙门氏菌的信号高于空白对照，其他菌种对应的信号均低于空白对照。出现此结果可能的原因是探针与磁珠或 cy5 颗粒结合的效率不可能达到 100%，使部分颗粒表面缺少探针的覆盖而产生非特异的结合，所以这种检测方法的灵敏度和特异性较荧光定量 PCR 和常规 PCR 方法有一定的差距，但作为一种新技术，经过改进，且在研制专用单分子检测仪器的基础上，本方法有望成为不需要 PCR 扩增、检测灵敏度可与 PCR 媲美的具有广泛应用前景的单分子检测技术。从中可见在微生物检测领域内充分应用 PNA 探针技术还有待发展，但 PNA 探针的优势使其具有广阔的应用前景。

（三）其他 PNA 探针技术在微生物检测中应用

目前，美国缅因州立大学的 Laurie Connell 等以有毒赤潮生物 Alexandrium 藻作为目标藻。采用半自动的三明治杂交方式，研究比较了双标记的 PNA 探针和相应的双标记 DNA 探针及三标记 DNA 探针的检测效果，结果表明，PNA 探针的检测效果明显高于DNA探针。在其他相关研究方面，Worden等（2000）通过全细胞原位杂交法，使用PNA探针检测未固定的海洋蓝细菌，发现能大大提高检测仪号，是DNA探针的5倍。该杂交反应能在低盐和较高温度的条件下进行，而这些条件明显地降低了rRNA和DNA的二级结构的稳定性，因此使PNA探针能有效地和比较难到达的靶位点发生高效结合。这是使用PNA探针的优势，从而提高了蓝细菌的杂交效果。

此外，针对病原微生物的分子化石-rRNA的序列，设计PNA探针并使之与荧光原位杂交（FISH）技术相结合可有效用来分离、鉴定病原微生物。Oliveira等（2003）利用该技术从血培养的标本中分离、鉴定出了金黄色葡萄球菌。

总之，PNA探针技术自身的诸多优势在微生物检测领域内得到了很好的展示，它的检测方法灵活多样，不光可以在骨架结构上、碱基构成上针对被检测物质进行相应的自身调整，更可以结合荧光标记技术、PCR检测技术、生物传感器技术、生物芯片技术等进行微生物的检测，它拓展了杂交探针在生物检测领域的应用，得到了更多人的关注。

二、PNA探针技术在疾病诊疗中的应用

（一）诊断疾病

基因探针应用一套已知序列的寡核苷酸链，与待测的DNA样品进行杂交，寻找靶DNA链上的互补序列，从而测得样品碱基的信息，其在临床上能够快速、特异诊断临床疾病。现已发展成由探针阵列组成的基因芯片，在大规模测序和基因诊断中发挥重要作用。而PNA因其能消除静电排斥力，易进入DNA分子，且构建比较方便，其特异性、亲和性比传统的基因探针和基因芯片更强，因而是一种优良的探针，诊断疾病效果更佳。

（二）治疗疾病

PNA作为反义、反基因药物可调节转录、反转录、翻译等过程，它具有良好的生物稳定性，除了能抵抗核酸酶降解外，对蛋白酶也有高度的稳定性，在人血清和细胞抽提物中均无明显降解。经修饰以及结合介质或脂质体后的PNA可以明显增加细胞对其摄取。研究表明，除脑以外，PNA能快速输送到所有组织，其血清半衰期为6～10min，静脉半衰期大约为10min，从而实现了PNA对疾病的治疗作用。

（三）反义药物

1. 抑制病毒感染

PNA作为反义药物可抑制病毒感染，PNA以链置换方式识别靶DNA链，形成PNA/DNA双链或$(PNA)_2 \times DNA$三螺旋。研究表明，结合于DNA嘌呤富含区的PNA可阻止DNA的复制和转录。试验表明，PNA有效地抑制HIV-1 gag基因反转录反应。HCV复制过程中NS3解链酶起重要作用，而PNA/DNA（或RNA）异源双链

体对 NS3 解链酶不敏感，故 PNA 可通过抑制解链酶而阻止 HCV 基因组的复制（Nielsen，et al.，1994）。可见，病毒基因组作为 PNA 的靶标，可将 PNA 开发为有效的抗病毒药物。

2. 抑制细菌感染

目前，在大肠杆菌所致腹膜炎/败血症的小鼠体内实验中显示，PNA 可有效抑制大肠杆菌的生长。在体外，极低浓度的 PNA 就可以抑制细菌中 50% 的蛋白表达，而由相同碱基构成但序列与作用靶点无关或不匹配的 PNA 则无反义作用。Good 等证明，针对大肠杆菌 β-半乳糖苷酶和 β-内酰胺酶基因起始编码位点的反义 PNA 能抑制 mRNA 翻译过程。设计针对核糖体 RNA 功能和结合位点的反义 PNA 可有效地抑制大肠杆菌 β-内酰胺酶基因的表达，从而抑制大肠杆菌的生长。可见，反义 PNA 不仅可以阻碍细菌中蛋白质的生成，亦可抑制病毒的翻译，从而达到抑制细菌感染的目的。

3. 抑制癌细胞的生长

Villa 等针对人端粒酶设计的 PNA，结果发现该 PNA 能明显抑制人乳腺癌上皮细胞端粒酶活性，证明 PNA 是一种很有前途的抗肿瘤药物，与急性早幼粒细胞白血病与早幼粒细胞白血病融合蛋白 PML/RARA 的形成有关。

总之，大量的证据表明，反义药物（包括 PNA）是无副作用的（李晓旭等，1998），但在一些试验中也发现了一定的毒副作用（如免激性和激活补体的能力等），但 PNA 比传统反义寡核苷酸的毒性要小得多，并显示与动物种类和用药剂量有关（Akhtar S，et al. 1997）。目前，绝大多数 PNA 反义与反基因药物尚处于临床前阶段，其安全性同题尚未有确切结论。

4. 反基因药物

反基因策略的作用靶标是 DNA，通过在每个基因组中形成 PNA/DNA 复合物，理论上就可抑制转录。当作用靶标是 mRNA 时，PNA 必须与细胞中大量 mRNA 结合才可抑制翻译，所以反基因策略更有吸引力。PNA 能与双链 DNA 结合形成很稳定的链取代复合物，因此它们是很好的反基因试剂。试验表明，PNA_2/dsDNA 复合物在体外能阻断原核及真核 DNA 聚合酶 I 的延伸（Norton，et al.，1996）；通过研究，PNA 对噬菌体 RNA 聚合酶 T3 及 T7 参与转录的影响，结果表明，其靶序列位于 blue script KS^+ 质粒上 T3 或 T7 启动子的下游。实验发现，结合于模板链上针对高嘌呤位点的 10 聚 PNA 可阻止转录，而非结合于模板链的 PNA 则不能阻止转录。Nielsen 等（1994）进行引物延伸试验发现，在 PNA 结合的位点，TaqDNA 聚合酶和 E. coli DNA 聚合酶大片段受到抑制。同样 PNA 可抑制 RNA 聚合酶，终止基因的转录。另外，PNA 除了阻止 DNA、RNA 聚合酶外，针对 DNA 结合蛋白识别基因控制区的 PNA 也可能下调基因复制和转录。

三、PNA在分子生物学领域中的应用

（一）作为探针

PNA在杂交中的高度稳定性和对错配的分辨力使其在疾病基因诊断、点突变、基因序列和结构分析中作为杂交探针具有明显的优势。PNA探针与DNA探针相比具有杂交速度快，所需探针浓度低、要求的序列短等优点。PNA探针的优点还在于它的检测方法比较灵活，除可用荧光标记检测外，还可根据PNA不含磷原子这一特点，利用质谱进行检测（赵旭海等，2003）。目前为止，发展较为成熟的是PNA用于荧光原位杂交（FISH）分析。这项技术可以针对病原微生物的分子化石-rRNA的序列来设计PNA探针，利用该探针结合FISH的方法来分离、鉴定、计数病原微生物。这项技术也可以利用卫星重复序列来设计针对人染色体的特异性PNA探针，用于染色体异常性疾病的诊断。还可以设计出端粒酶PNA探针用于检测癌症及衰老问题。

（二）作为“PCR夹”

PNA-DNA复合物的高度稳定性和序列选择性，使其广泛应用于PCR技术。PNA可以作用于引物结合位点、引物相邻位点以及PCR扩增序列中的中间区域。由于PNA不能作为DNA多聚酶的引物，当其竞争结合到引物结合区可导致PCR扩增下降。PNA能调控PCR反应使PNA的应用更为广阔。在肿瘤研究中，PNA可抑制正常基因的PCR扩增，从而检测低水平的癌基因。另外，PNA还可抑制等位基因以及遗传性疾病的临床诊断（陈鸣等，2003）。与其他以PNA为基础的突变检测手段相比，PNA发卡技术有以下两个主要优点：首先它更加精确，不易发生漏检；另外不受突变种类的限制，几乎可以检测所有突变。

（三）捕获核酸

为制备DNA样本，可利用PNA捕获核酸。PNA对单链核酸序列可进行特异性捕获，而对于双链DNA的捕获可利用基因捕获探针T72bis-PNA或两个bis-PNA来实现（Bukanov，et al.，1998）。在基因分离中，根据PNA与DNA/RNA的序列特异性结合特点，将生物素标记的DNA与含待分离DNA片段的DNA样本杂交，然后用磁性亲和素微球蛋白与其结合，可将特定基因片段分离。PNA在核酸捕获和基因分离技术中的应用为我们获得所需要的特定核酸和基因序列提供了有效的工具。

（四）PNA在分子生物学技术上的应用

PNA不带电荷，不会被核酸酶或蛋白酶降解，也不会与血清蛋白结合，并且PNA与DNA或RNA连接能力强、特异性很高。PNA具有普通寡核苷酸所没有的众多特性，在分子生物学技术方面应用广泛。

1. 分析 DNA 中的点突变

PNA 与 DNA 或 RNA 链结合形成的 PNA/DNA 和 PNA/RNA 热稳定性高且对碱基错配敏感，一个碱基的错配可使 T_m 大幅度下降，利用 PNA 此特点可以不用测序就能分析 DNA 序列中的点突变。Czerny 等发明了一种 PNA 定向 PCR 钳技术，它不需要测序，仅用简单的一步就能发现点突变的存在。这种技术主要用来探测 DNA 片段中某种已知的点突变，在 Czerny 设计的 PCR 反应体系中含有待扩增的模板 DNA 以及一个 PNA 片段和两条 DNA 引物。其中，PNA 与野生型 DNA 的 5′端互补，DNA 引物中一条与 DNA 突变型的 5′端互补而另一条则是两者共有的 3′端引物。如果待扩增的 DNA 模板中没有发生点突变，则 PNA 片段与 DNA 模板相连，PCR 反应被终止；反之，则 DNA 引物与 DNA 模板相连，PCR 反应得以进行。通过改变相应 DNA 引物和 PNA 片段，不同的点突变可以用这种方法检测出来。

2. 扩增较长序列的 DNA

PCR 技术由于可以特异性扩增极微量的 DNA 片段，而在法医学、亲子鉴定和分子生物学研究中得到广泛的应用。但是，被扩增的 DNA 片段中可能含有多个不规则重复序列。这些含重复序列的基因可以在复性时发生模板链内或链间杂交从而妨碍较长序列 DNA 的扩增。PNA 的出现解决了这个问题。在 PCR 反应体系中，加入与 DNA 模板中间重复序列互补的 PNA 片段，该 PNA 片段与 DNA 模板复性杂交，从而封闭已变性的 DNA 模板中的重复序列。PNA 与 DNA 模板复性杂交温度一般较高（78℃），在此温度下，模板中间的重复序列彼此不会杂交，当 PNA 封闭已变性的 DNA 模板中的重复序列后，降低温度使 PCR 引物与变性的 DNA 模板两端杂交（温度一般为 60℃），然后升高温度（72℃）以完成 PCR 反应的延伸过程，与此同时将 PNA 与模板分离。用此方法可以扩增出较长序列的 DNA 片段（Demers，et al.，1995）。

3. 特异性切割 DNA

同源嘧啶组成的 PNA 可以与含有一段同源嘌呤的模板牢固结合，PNA 这个特性可以使限制性内切酶只对个别位点进行特异性切割。Veselkov 等（1996）合成了一段由同源嘧啶组成的 PNA，然后用它去封闭 DNA 上一段同源嘌呤组成的序列。在未被封闭的 DNA 的其他部分甲基化后，再去掉 PNA 片段。因为 DNA 模板中的同源嘌呤部分受到了 PNA 的保护，所以只有此段避免了被甲基化，因此也只有此段能被限制性内切酶有效的切割。另外，PNA 可以用来从复杂的混合物中捕获特异性 DNA 和 RNA 片段，并且在捕获的效率和特异性方面比使用 DNA 更好。Boffa 等用生物素标记的 PNA 先与染色体中互补 DNA 片段结合，再与磁性亲和素微球连接后将含 CAG 重复序列的转录基因从染色体中分离出来。DNA 杂交实验亦证实用该法提取的基因特异性高，信息量完整。

4. 直接用于 Southern 印迹和 Northern 印迹（张晨等，2000）

这是 PNA 最原始的应用领域，PNA 一投入使用就显示了优良的应用前景。首先，杂交时间从 3h 缩短到了 30min，大大节省了常规分析所需要的时间。另外，由于它结合力的提高，可以将探针的长度缩短到 10～12 个碱基，这样在设计 PNA 探针的时候，只要保证序列特异性就可以了，不需要为了提高探针结合力而增加其长度，牺牲其特异性。对于肽段，只要 3～4 个残基就可以设计一段 PNA 探针。对于已知的长的氨基酸序列，设计较短的 PNA 探针就可以避免过多的简并密码子而不必再在反应体系中掺入数种简并的探针。

5. PNA 的电泳前杂交

这是用 PNA 来改良 Southern 印迹技术的另一种新方法，主要是利用 PNA 杂交的非盐依赖性和骨架的电中性。首先使标记的 PNA 直接与变性的 DNA 靶序列杂交，如果能将杂交体系始终控制在低盐条件下，就可以充分抑制靶序列自身复性，保证探针与靶序列之间充分的特异性结合。杂交后的样品再结合毛细管电泳技术进行分离，带电荷的单链 DNA 迅速聚集到阳极，由于 PNA 是电中性的，它的电泳迁移率远远低于 DNA 单链和杂交分子，在电场中几乎不发生迁移，而是停留在进样点附近，所以过量的 PNA 探针很容易通过电场分离。PNA 的电中性还有一个优势就是它几乎不改变互补单链的迁移率，例如，1kb 的 DNA 单链结合了一段 15nt 的 PNA 之后，其荷质比只有 1% 的变化，如果不是要求十分精确，普通的单链分子质量标准就可以直接用于测量靶序列的分子质量。这样就可以依据长度和序列两种特征达到分离靶序列的目的。

与传统的 Southern 印迹技术相比，大大简化了操作步骤，不需要在电泳之后进行繁琐的转印、变性、杂交标记、洗脱，只要将电泳的结果转移到尼龙膜上就可以进行荧光等非同位素检测，尤其是不需要再对过量探针进行洗脱，降低了标记探针所引入的高本底问题。为了验证这种检测技术的序列专一性，作者将单碱模体列差异的几对 PNA 同时掺入 30% 甲酰胺的反应体系中进行毛细管电泳，由于毛细管电泳技术允许改变杂交体系的温度，所以可以把序列的专一性作为变性温度的函数，结果证明完全配对的 PNA 比单碱基差异的解离温度要高出 25℃，在±13℃的温度范围内，可以观察到野生型 PNA 探针几乎完全结合，而即使只发生单碱基错配，也几乎观察不到阳性信号。

6. PNA 分子信号

为了达到对 PCR 产物的快速准确的检测，人们发明了一种“分子信号”，就是构建一种探针分子，在它的主干结构上外挂相互靠近的荧光剂分子和一个猝灭剂分子，荧光剂所发出的荧光波长恰好被猝灭剂所吸收，所以当分子信号的空间构象被破坏时，荧光剂不再受到猝灭剂的作用，就发出可以检测的荧光。现在已经初步构建出含有 PNA 和 DNA 的分子信号，其中 PNA 部分含有特异性识别靶序列的信息，并且在它的氨基端连接了荧光剂 AMCA（7-氨基-4-甲基香豆素-3-乙酸），它能在 354nm 紫外光下发出 440nm 的蓝色荧光，PNA 的羧基端则通过二硫键与 DNA 部分共价线性连接，DNA 分子的另一端则被生物素所修饰，通过生物素-链霉亲和素的相互作用，将整个分子信号固定在覆盖有链霉亲和素的微孔板上。此外，DNA 分子上还带有猝灭剂分子二甲基氨基苯偶氮苯甲酸（DABCYL），它的吸收波长范围恰好覆盖了 AMCA 的荧光波长。

DNA 分子的另一特征性结构就是一段能与 PNA 部分形成双链的区域，在结合靶序列之前，荧光剂和猝灭剂就借助双链的形成相互靠近。当 PNA 与靶序列形成更稳定的双链之后，分子信号内部的双链被打开，荧光剂就不再受到猝灭剂的作用，发出可以检测的荧光。这就是利用 PNA 分子信号来检测靶序列的机制。

7. PNA 与生物芯片技术

生物芯片技术，又称微阵列技术。是近年来应用日益广泛的一种生物学检测手段。它通过原位合成或者机械点样的方法，可以在一张芯片上集成数百种甚至上千种不同的寡核苷酸探针，与以往的检测技术相比，信息量大大增加，机械化程度提高，而且操作更加简便，检测更方便。因此人们不断尝试将 PNA 技术与生物芯片技术相结合，制出了固定有一千多条代表不同序列的寡聚 PNA 的阵列，促进了超快速的 DNA 测序。

8. 非标记探针技术

PNA 不但具有优良的杂交特性和易于标记的特点，它作为检测探针的另一大优势就是与靶序列 DNA 之间存在着较大的结构差异，为检测提供了新的依据，使非标记检测技术成为可能。新技术的出现，使检测过程中不需要再对靶序列进行标记，也减少了因为标记过程而导致灵敏度的损失，以及标记水平差异带来的高本底。除了上述的磷酸基影像，还有①检测核糖。靶序列骨架中的核糖部分也是探针所没有的，所以就可以用脉冲或正弦电流分析法或铜电极结合生物传感器来检测靶序列②碱基替代法。用次黄嘌呤 I 代替鸟嘌呤 G 合成 PNA 探针，这样鸟嘌呤也就成了靶序列所特有的结构，也可以成为检测的依据。

（五）基因组切割和图谱分析

嘧啶同聚体 PNA 与 dsDNA 结合形成的 D-环结构为单股 DNA，它对 S1 酶和绿豆核酸酶敏感（Nielsen，et al.，1991），因此可以用 S1 酶对基因组 DNA 进行定点切割和基因克隆。但这样切割的 DNA 有片段缺失。采用 PNA 对，即一分子 PNA 与基因的模板链结合，另一分子 PNA 与非模板链结合，如此形成的 P-环能限制 S1 酶的切割范围（Nielsen，et al.，1991）。S1 酶定点切割 dsDNA 虽然简单、有效，且不需要甲基化的步骤，但它不能产生黏性末端，也不能进行基因组 DNA 酶切图谱的分析。

PNA 与 dsDNA 结合后，可以保护重叠区内或距结合区 2～3 个核苷酸以远的核酸限制性内切酶位点不被甲基化酶所甲基化，也不被限制酶所切割（Nielsen. 1993）。PNA 与染色体或大片段 DNA 结合后，用甲基化酶处理，PNA 结合区以外的甲基化酶识别位点被甲基化，不会被匹配限制酶所切割。当 PNA 从 dsDNA 链上洗脱下来后，PNA 结合区内的限制酶位点因未被甲基化而可被特异的限制酶切开，从而达到对染色体和大基因组片段进行定点切割的目的。

（六）基因表达调控

从基因到蛋白质要经过转录形成 mRNA，再以 mRNA 为模板译成蛋白质的过程。PNA 通过与 dsDNA 或 RNA 结合而影响转录和翻译的过程。用 T3、T7 及哺乳动物细胞 pol Ⅱ所做的实验表明（Neilsen，et al.，1994），PNA 与dsDNA中的模板链结合能抑制转录的延伸。这种抑制效率与 PNA 组成有关，一般 10～15 聚体 PNA 即可有效抑制。T10 同聚 PNA 导致的转录在 PNA 的第一位碱基，T5C1T4PNA 在第 2 或第 3 位碱基上。T2C1T2C1T4PNA 则在最后的 3 位碱基上。PNA 抑制转录延伸的作用比寡核苷酸强，且不需要进行修饰。实验证明同聚嘧啶 PNA 与 dsDNA 进行结合形成的 P-环可以作为转录的启动子，与 DNA 自身启动子竞争转录系统（Mllegaard，et al.，1994）。启动反义 RNA 链的合成，这是很有意思的结果。如果 PNA 将来能作为基因打靶的药物，它可从反基因（antigene）和反义 mRNA（antisense）两个环节阻断基因表达。

PNA 与 RNA 结合能阻断反转录合成 cDNA，与寡核苷酸不同，这种阻断是直接的。在转染了 SV40 大 T 抗原的细胞内注射 PNA，发现大 T 抗原的表达从 PNA 靶序列处剪短，而对β-半乳糖苷酶蛋白则能完整表达，说明这种阻断作用是特异的，与用细胞质提取物所做的实验结果一致，说明 PNA 在细胞内至少能从 RNA 水平上发挥基因靶向药物的作，一般 15 聚体 PNA 即可。

（七）PNA 在基因治疗上的应用

基因治疗是指制备正常基因代替遗传缺陷基因或关闭、抑制异常基因。基因原位修复是最理想途径，但目前在技术上很难做到。由于肽核酸具有广泛生物学效应，作为基因治疗药物有很大潜能。

四、PNA 探针在生物传感器检测中的应用

PNA 生物传感器通常是将单链 PNA 序列（探针）固定在传感器表面与互补的靶标链杂交，输出电信号，用于生物医学检测。PNA 探针的使用，使杂交条件具有更大的选择范围，为生物传感器的发展提供了全新的策略。根据换能器种类的不同，PNA 传感器又分为电化学感受器、石英晶体微平衡（QCM）感受器和表面等离子体激光共振感受器（SMR）和光敏传感器等几种。

（一）电化学传感器

由于 PNA 分子结构的特殊性，可以实施无指示剂的检测策略。如电化学策略可用于检测被杂交的 DNA 靶标的糖基（PNA 中不存在糖基），也可以利用靶标鸟嘌呤碱基的电活性，并再采用无鸟嘌呤（肌苷代替）的 PNA 碱基等来实行无指示剂的检测。Ozkana 等（2002）利用 PNA 用于电化学传感器测定 DNA 的电化学参数。Steichen 等（2007）将钌离子固定在传感器金膜表面，在杂交反应完成后，钌离子与 DNA 的磷酸戊糖骨架结合，形成 PNA/DNA 复合物，然后用电化学的方法记录杂交反应引起的信

号变化，从而达到快速检测的目的。

（二）压电石英晶体传感器

Chen 等设计针对 HBV 的 bis-PNA 探针，将其固定在传感器阵列表面，并探索出当 pH6.8，离子浓度 20nmol/L、探针浓度为 1.5μmol/L 时杂交条件最佳。成功构建了 HBV PNA 压电阵列传感器检测系统，该检测系统无需 PCR 扩增，为临床标本中 dsDNA 病毒的直接检测提供了新的技术平台。陈鸣等（2003）利用 PNA 探针与石英谐振式基因传感器相结合，成功地直接检测出从临床标本中提取的乙肝病毒基因组 DNA。

目前人们将 DNA 生物传感器用于与疾病相关的点突变序列的检测，但大多数 DNA 生物传感器还达不到单碱基错配的辨别。PNA 的引入可以明显的改善生物传感器的序列识别能力，对于十分相近的序列的分辨率也提高了许多，且具有较大自由的实验杂交条件选择。目前已经证明，PNA 探针比 DNA 探针有更强的杂交信号和更强的单碱基突变识别能力，且它的检测方法比较灵活：除可用荧光标记检测外，还可根据 PNA 不含磷原子的特点用质谱进行检测。这初步证明了 PNA 芯片的可行性与优越性。

（三）表面等离子共振传感器

Sato 等（2003）利用表面等离子共振（surface plasmon resonance，SPR）传感器，将 15 聚体的 PNA 探针固定于传感器的表面，分别在 25℃和 40℃检测 K-ras 基因的点突变，DNA 作为探针只能在 40℃检测到，敏感性有了很大的提高。Kai 等（2000）将标有生物素 PNA 探针固定在 BIAcore 2000 SPR 检测系统的传感器表面，实时检测人大肠杆菌 O157：H7 生物分子。在室温条件 10min 内就可以特异性杂交，并且传感器的响应与靶 DNA 的质量变化相关。Feriotto 等（2001）采用 Biacore SPR 检测技术，通过将 X 囊性纤维化基因突变的 PCR 产物作为靶标，并与固定在传感器金膜表面的 PNA 探针杂交，在标准的 Biacore 分析条件下错配和完全匹配的 PNA-DNA 杂交体可得到确切的区分，有效的鉴定点突变。这一技术的主要优点在于 PNA 更大的适应性，一次可以检出 4～6 个碱基突变，并适于大批标本筛查。

五、PNA 在其他领域的应用

肽核酸不仅可以用于直接的杂交检测，像寡核苷酸一样，在其他许多领域也能得到广泛应用。例如，经过对 PNA 氮端修饰后，可以提高它的细胞吸收能力和溶解度，而且 PNA 本身是自然界所没有的，也就很少能被蛋白水解酶等体内的酶类所识别，导入体内后，能够在生理条件下稳定存在，可以特异性地抑制癌基因的异常表达，成为一种极具开发潜力的反义核酸药物。也有人设想用 PNA 作为反义核酸抑制病原微生物的致病基因，开发高效低毒的抗菌药物。在分子生物学的其他领域，也开始了对 PNA 应用的开发，例如用链侵入性 PNA 可以直接侵入染色体双螺旋 DNA，改变基因组的限制-修饰系统，人为减少限制性酶的识别位点，也就是为基因组引入特异的稀有切割位点（Sacsson，et al.，2000）；而且被 PNA 所修饰的质粒除了修饰位点以外，丝毫不影响其他位点的表达能力，以及质粒的细胞定位能力等生物活性，与其他的质粒修饰物相比，特异性更高，稳定性更好（Izvolsky，et al.，2000）。也有人共价连接了 PNA 与 SV40 的核定位信号，再利用 PNA 的质粒识别能力，将核定位信号与质粒稳定连接起来，不但将质粒定位到细胞核内，而且成功地得到了质粒上的报告基因—绿色荧光蛋白在细胞核里的表达（陈鸣等，2004）。甚至还出现了一种能被 DNA 聚合酶 I 的大片段（Klenow 片段）所识别的 PNA，所以也有人正致力于开发 PNA 作为 PCR 反应的引物的特性。

六、PNA 探针发展前景

综上所述，PNA 在疾病诊疗和分子生物学研究中具有广泛的应用前景。根据 PNA 的代谢稳定性，主要将其用于抑制基因表达的反义药物研究领域，国外几家制药及生物技术公司，ISIS、PE 等公司均投入大量精力从事开发研究；根据其与 DNA 优良的杂交稳定性，PNA 又被广泛用于 DNA 分子识别和操纵。PNA 可以广泛用于病原体、遗传病检测的分子杂交、原位杂交、突变分析、抗癌、抗病毒反义核酸研究和应用。尤其是 PNA 可以取代寡核苷酸用于基因芯片的制备，将比普通基因芯片更稳定，特异性也更好，被认为是基因芯片的升级产品，在基因芯片中大有取代 DNA 而成为芯片制造的首选材料的趋势。另外，PNA 可有效解决细菌抗药性和肿瘤化疗耐药性的同题。PNA 也可用于定量 PCR，可以用于实时检测 PCR 的扩增反应；也可将其做成 PNA Beacon，用于实时监测细胞内的 RNA 表达。随着 PNA 基础研究的不断深入和新技术的不断出现，PNA 将显示出无比优越的性能和更为广阔的应用前景。

当然，仍然存在制约其发展的因素，主要难点在于 PNA 的低细胞摄入率将 PNA 导入细胞的技术有限，在体内的生物物理机制（主要是其跨膜转运及靶向性的细胞内集聚）尚不完全清楚等。因此，今后提高细胞对 PNA 的吸收，对 PNA 的修饰和改造以增强靶向性的研究是面临的重大课题。目前 PNA 探针的研究还不如 DNA 探针成熟，还有许多问题尚需解决，例如，如何解决 PNA 自身的聚集问题和水溶性问题，怎样降低合成成本和提高产率，以及在与核酸修饰酶作用时不能作为底物被识别等问题。而这些问题也引出了一些研究热点，如 PNA 的修饰，PNA/DNA 嵌合体等。但是，不难相信，随着人们对 PNA 研究的不断深入并取得突破，PNA 在疾病诊疗和分子生物学研究中的应用将更广泛，从而必将带来更大的经济和社会效益。

主要参考文献

陈鸣，府伟灵，蔡国儒，等．2004．一种新型肽核酸基因传感器阵列检测系统的构建．中华医院感染学杂志，14（1）：6-10

雷小勇，张洹．2001．肽核酸在基因诊断和治疗中的研究进展．生命科学，13（1）：6-10

李书保，戴绘．2000．世界鼠疫疫情态势及研究进展．中国地方病防治杂志，15（1）：21

李晓旭，张亮仁，张礼，等．1998．肽核酸的分子生物学效应及应用．生物化学与生物物理进展，25（1）：21-25

谭亚芳，杜宗敏，何晓晓，等．2006．应用肽核酸探针检测鼠疫耶尔森氏菌．生物技术通讯，17（3）：370-373

岳明祥，高志贤．2004．鼠疫耶尔森菌检测技术研究进展．中国地方病防治杂志，19（6）：342

张晨，杨瑞馥．2000．肽核酸相关技术在杂交检测中的应用．生物技术通讯，11 (3)：226-230

张效萌，韩金祥，鲁艳芹，等．2002．肽核酸芯片技术初探．临床检验杂志，20 (3)：148-150

赵欣，李震，顾大勇．2008．肽核酸探针技术及其在微生物检测中的应用．微生物学杂志，28 (1)：76-82

赵旭海，李志高．2003．肽核酸性质及应用前景．实用肿瘤学杂志，17 (4)：320-322

Akhtar S, Agrawal S. 1997. In vivo studies with antiSense oligonuCleotides. Tren Pharmacol Sci, 18 (1): 12-18

Blaiotta G, Pepe O, Mauriello G, et al. 2002. 16S-23S rDNA intergenic spacer region polymorphism of Lactecoccus garvieae, Lacto coccus raffinolactis and Lactecoccus lactis as revealed by PCR and nucleotide sequence analysis. Syst Appl Microbiol, 25 (4): 520-527

Bukanov NO, Demidov VV, Nielsen P E, et al. 1998. PD-Loop: A complex of duplex DNA with an oligonucleotide. Proc Nat A cad Sci USA, 95: 5516-5520

Demers DB, Curry ET, Egholm M, et al. 1995. Enhanced PCR amplification of VNTR locus D1S80 using peptide nucleic acid (PNA). Nucleic Acids Res, 23 (15): 3050-3055

Ecker DJ, Freier SM. 1998. PNA, antisense, and antimicrobials. Natl Biotechonl, 16 (4): 332

Egholm M, Buchardt O, Christensen L, et al. 1993. PNA hybridizes to complementary oligonucleotides obeying the Watson-Crick hydrogen-bonding rules. Nature, 365: 566-568

Egholm M, Christensen L, Ducholm K L, et al. 1995. Efficient pH-independent sequence-specific DNA binding by pseudoisocytosin- containing bis-PNA. Nucleic Acids Res, 23 (2): 217-222

Feriotto G, Corradini R, Sforza S, et al. 2001. Peptide nucleic acids and bicsensor technology for realtime detection of the cystic fibrosis W1282 X mutation by surface plasmon resonance. Lab Invest, 81 (10): 1415-1427

Franck P, Petra P. 2004. The peptide nucleic nucleic acid (PNAs): in-troduction to a new class of probes for chromosomal investigation. Chromosoma, 112: 375-380

Gong X, Yue GW, Shi YH. 2002. Peptides and gene expression. Anim Sci & Vet Med, 19 (1): 9-12

Izvolsky KI, Demidov VV, Nielsen P E, et al. 2000. Sequence-specific protection of duplex DNA against restriction and methylation enzymes by pseudocomplementary PNA. Biochemistry, 39 (35): 10908-10913

Jurinke C, Van den Bomm D, Jacob A, et al. 1996. Analysis of Ligase Chain Reaction Products via Matrix-Assisted Laser Desertion/Ionization Time-of-Flight-Mass Spectrometry. Analytical Biochemistry, 6: 174-181

Kai E, Ikebukuro K, Hoshina S, et al. 2000. Detection of PCR products of E. coli O 157: H7 in human stool samples using surface Plasmon resonance (SPR). FEMS Immunol Med Microbiol, 29 (4): 283-288

Knudsen H, Nielsen PE. 1996. Antisense properties of duplex and Triplex-forming PNAs. Nucleic Acid Res, 24: 494-500

Lohse J, Dahl O, Nielsen PE. 1999. Double duplex invasion by peptide nucleic acid: A general principle for sequence-specific targeting of double-stranded DNA. Proc Natl Acid Sci USA, 96 (21): 11804-11808

Mologni L, Marchesi E, Nielsen PE, et al. 2001. Inhibition of promyelocytic leukemia (PML)-retinoic acid receptor-alpha and PML expression in acute promyelecytic leukemia cells by anti-PML peptide nucleic acid. Cancer Res, 61: 5468-5473

Nielsen PE, Egholm M, Buchardt O. 1994. Peptide nucleic acid (PNA). A DNA mimic with a peptide backbone. Bioc Chem, 5: 3-7

Nielsen PE. 2001. Peptide nucleic acid targeting of doublestrand DNA. Methods Enzymol, 329-340

Nielsen PE. 1991. Sequence 2 selective recognition of DNA by strand displacement with a thymine-substituted polyamide. Science, 254: 1497-1500

Nielsen PE. 2001. Peptide nucleic acids as antibacterial agents via the antisense principle. Expert Opin Investing Drugs, 10: 331-341

Norton JC, Piatyszek MA, Wright W E, et al. 1996. Inhibition of human telomerase activity by peptide nucleic acids. Nat Bioteelmol, 14: 6156-6162

Norton JC, Piatyszek MA, Corey D R, et al. 1996. Inhibition of human telomerase activity by peptide nucleic acids.

Nature Bio-tech, 14 (5): 615-619

Oliveira K, Brecher SM, Durbin A, et al. 2003. Direct identification of Staphylococcus aureus from positive blood culture bottles. J Clin Microbiol, 41 (2): 889-891

Oliveira K, Precop GW, Wilson D, et al. 2002. Rapid identification of Staphylococcu aurous directly from blood cultures by fluorescence in situ hybridization with peptide nucleic acid probes. J Clin Microbiol, 40: 247-251

Ozkana D, Karaa P, Kermana K. 2002. DNA and PNA sensing on mercury and carbon electrodes by using methylene blue as an electrochemical label. Bioelectrochemistry, 58 (1): 119-126

Sacsson J, Cao H, Ohlsson L, et al. 2000. Rapid and specific detection of PCR productsu sing light-upp robes. Mol Cell Probes, 14 (5): 321-328

Sato Y, Fujimoto K, Kawaguchi H, et al. 2003. Detection of a K-ras point mutation employing peptide nucleic acid at the surface of a SPR biosensor. Biointerfaces, 27 (1): 23-31

Steichen M, Decrem Y, Godfroid E, et al. 2007. Electrochemical DNA hybridization detection using peptide nucleic acids and [Ru (NH3) 6] 3+on gold electrodes. Biosens Bioelectron, 22 (9-10): 2237-2243

Stendor H, Fiandaca M, Nielsen HJJ, et al. 2002. PNA for rapid microbiology. Journal of Microbiological Methods, 48: 1-17

Tang K, Fu D, Kotter S, et al. 1995. Matrix-assisted laser desorption/ionization mass spectmmtry of immobilized duplex DNA probes. Nucleic Acids Res, 25 (23): 3126-3131

Veselkov AG, Demidov VV, Frank-Kamenetskii M D, et al. 1996. PNA as a rare genome-cutter. Nature, 379: 214

Worden AZ, Chisholm SW, Binder BJ. 2000. In situ hybridization of Prechlorococcus and Synechococcus (marine cyanobacteria) spp with rRNA-targeted peptide nucleic acid proes. Appl Environ Microbiol, 66: 284-289

第七章 基因芯片

自从 1953 年 DNA 双螺旋结构被发现后，人们开始从分子生物学的角度去研究生物的生长、发育等生命现象。从基因概念的提出到 2002 年人类全基因组序列的测定成功，半个世纪以来，有关基因的研究得到飞速发展。而随着越来越多生物的基因组得到测定，生物基因的数据以令人难以置信的速度激增。对如此大量的基因如何进行具体研究成为摆在生物学家面前的重要问题。

早在 20 世纪 80 年代，Bains 等就将短的 DNA 片段固定到支持物上，借助杂交方式进行序列测定。但基因芯片从实验室走向工业化却是直接得益于探针固相原位合成技术和照相平版印刷技术的有机结合以及激光共聚焦显微技术的引入。1991 年，Fodor 等提出了生物芯片的概念，是指能够快速并行处理多个样品并对其所包含的各种生物信息进行解剖的微型器件，它的加工运用了微电子工业和微机电系统加工中所采用的一些方法，由于其所处理和分析的对象是生物样品，所以叫生物芯片。

第一节 基因芯片技术介绍

在生物芯片技术中，基因芯片又称 DNA 微阵列（DNA microarray），建立最早也最为成熟。是把大量已知序列探针集成在同一个基片（如玻片、膜）上经过标记的若干靶核苷酸序列与芯片特定位点上的探针杂交，通过检测杂交信号，对生物细胞或组织中大量的基因信息进行分析，它综合了分子生物学、信息科学、材料科学、计算机技术等多学科技术的核酸固相杂交检测技术。其突出特点在于高度并行性、多样性、微型化和自动化。高度的并行性不仅可以大大提高实验的进程，而且有利于 DNA 芯片技术所展示图谱的快速对照和阅读。多样性可以再单个芯片中同时进行样品的多参数分析，从而避免因不同实验条件产生的误差，大大提高分析的精确性。微型化可以减少试剂用量和减小反应液体积，降低实验费用。高度自动化则可以降低制造芯片的成本和保证芯片的制造质量。基因芯片技术充分利用了生物学、信息学等当今前沿科技成果，因其快速、高效、简易等优点得到迅速发展和应用，成为基因研究的主要技术平台之一。1994 年第一张商业化基因芯片由 Affymetrix 公司推出。1995 年 Science 杂志首次报道了 Schena 等人用 DNA 微阵列技术并行检测拟南芥多个基因的表达水平。

基因芯片技术的建立得益于人类基因组计划的实施，20 世纪 80 年代启动的由多个国家参加的人类基因组计划，被称为是继曼哈顿原子计划、阿波罗登月计划之后的第三大科学计划，这个计划的完成对人类认识自身，提高健康水平，推动生命科学、医学、生物技术、制药业、农业等的发展具有极其重要的意义。2000 年 6 月 26 日由美国、英国、法国、德国、日本和中国科学家同时向世界宣布人类基因组工作草图已基本完成，2002 年 2 月又公布了“精细图”。这是基因组学研究领域的一个里程碑式的工作。随着人类基因组计划的实施，也推动了模式生物基因组的测序，在这期间还完成了大鼠、小鼠、水稻等物种的测序。众多物种的基因组序列被解开，大量的基因通过基因组测序被识别，接下来的工作是要对这些基因的结构、功能、表达和分布进行深入的研究，急需高通量、大规模的分析手段和方法来解决这些需求。

20 世纪 80 年代初，科学家就提出了固相核酸杂交的设想，其后，俄罗斯、美国及英国的科学家分别报道了用杂交测定核酸序列的方法。1994 年，俄美科学家共同研制了用于β-地中海贫血基因突变筛查的基因芯片，并用于β-地中海贫血已知突变检测。由于其测序的速度比传统方法提高了近 1000 倍，被认为是一种全新的快速测序方法。故 20 世纪 90 年代建立起来的基因芯片技术是高通量研究基因结构和功能的比较重要的技术，推动了功能基因组和系统生物学研究的发展。

美国 Wisconsin 大学的 Singh-Easson 等人利用计算机设计的虚拟掩模来制备 DNA 芯片，他们使用一种包 480 000 个微小铝镜阵列的光学数字微镜设备，通过计算机精确地控制光线在微镜上的反射方向，将紫外光束直接照射到玻璃基片上从而在基片的特定区域上选择性地脱除保护基。采用虚拟掩模技术不用耗资费时去加工光掩模，降低了基因芯片的制备时间和成本。Nimblegen 公司利用这一技术进行了高密度芯片的商业化生产。

目前，国内外已经有许多从事基因芯片研究的公司，每家公司的芯片技术都各具特色，应用目的也不尽相同。但尚未形成大规模的应用，其原因有以下两个方面：一是费用高，从芯片的制备来看，需要较多的昂贵仪器，如用于原位合成寡核苷酸的光刻机器和合成仪及用于合成后点样的全自动点样仪。二是芯片技术本身还存在一定的问题，比较典型的有：①现阶段芯片检测的灵敏度决定了需要首先扩增模板，一般采用 PCR 方法进行这一步骤，不可避免地带来 PCR 所具有的局限；②目前广泛采用的荧光标记方法存在检出灵敏度较低的问题，而一些新的检测方法如质谱法、化学发光法、光导纤维法、DNA 生物传感器法等正在研究之中；③分子杂交步骤亦存在一些有待解决的问题，加之芯片杂交的条件高度个性化，难以形成比较统一的杂交环境，给应用带来了障碍。1998 年 6 月，Nanogen 公司的科学家首次报道了通过芯片，实验室所实现的从样品制备到反应结果显示的全部分析过程。这个试验的成功是基因芯片技术研究领域的一大突破，它向人们揭示了用生物芯片制作缩微实验室的可能。

我国在基因芯片研究方面刚刚起步，20 世纪 90 年代末，中国政府和科学家开始启动生物芯片的研究与开发。我国最早的一张 DNA 微阵列膜，是在中国科学院的人类基因组项目的支持下，利用了国家人类基因组南方研究中心所积累的大量人类 cDNA 克隆模板点制成功的。这张“基因芯片”成功地运用于首例肝癌及癌旁组织的比较转录组研究，其成果于 2001 年发表于 PNAS 杂志。1998 年 10 月，中国科学院将基因芯片技术列为“九五”特别支持项目，利用其在微电子技术、生化技术、物理检测技术等方面的优势，组织跨所、跨学科的合作。在基因芯片设计、探针固定、样品标记、杂交和检测等方面的技术都有较大的突破，并且已研制出乙肝病毒多态性检测芯片、多种恶性肿瘤病毒基因芯片等有一定实践意义的基因芯片和 DNA 芯片检测仪样机。

国内的东南大学生物芯片研究小组，组合化学合成与软光刻微印刷技术的原理，用一套组合的分子印章印刷的方式——压印的方式分配DNA合成试剂到基片的特定位点，多次压印直至指定的探针微阵列形成而制得DNA芯片。该技术利用预先制作的分子印章实现空间寻址原位合成，设计适当的合成顺序与设计凹凸位点不同的印章即可在基片上原位合成出位置和序列预定的寡核苷酸或寡肽阵列。东南大学利用软光刻原位合成法，成功得到特征位点尺寸为100μm与30μm的寡核苷酸微阵列。

“九五”末期国家高技术研究发展（863）计划又连续拨出专款，支持北京、上海和南京若干个课题组开始实施包括基因芯片的“生物芯片”研制工作，成立上海的“华冠”公司专门从事诊断用生物芯片的研发。国内若干民营企业也开始投入对生物芯片的研发。比较突出的包括广州“益生堂”、上海“博星”和浙江湖州的“江南生物”等企业。

从2000年开始，政府陆续投入近5亿元人民币，建立了北京、上海两个生物芯片国家工程研究中心，国家高技术研究发展（863）计划在“十五”和“十一五”期间对生物芯片技术的研究与产品的开发进行了重点资助，已经取得了一批重要的研究成果和开发了一批生物芯片产品。如生物芯片北京国家工程研究中心，开发了基因芯片的扫描仪，基因芯片的点样仪，杂交仪以及样品处理的仪器，形成了基因芯片的制备和应用的一套仪器设备。同时，利用自主研发的基因芯片技术平台，开发了几十种基因表达谱芯片、miRNA芯片、GGH芯片、DNA甲基化芯片以及应用于食品安全检测，临床诊断的基因芯片。生物芯片上海国家工程研究中心，建立了基于点样的基因芯片技术平台，开发了20余种基因表达谱芯片和Pathway芯片，主要的物种有人、大鼠、小鼠以及微生物全基因组芯片。同时还引进了国际上用的最多，技术也最为成熟的Affymetrix、Agilent、Illumina和Nimblegen的系统和体系，建立了严格的质量控制和应用体系，提供基因芯片的全面解决方案。承担了国家重点基础研究发展计划（973）、国家高技术研究发展计划（863）和上海市科委的项目，为国家重点基础研究发展计划（973）、国家高技术研究发展计划（863）、自然科学基金和地方政府的项目提供了技术支持和技术服务，为完成这些项目提供了技术保障。

第二节 基因芯片技术的原理及操作流程

基因芯片（gene chip）的原型是20世纪80年代中期提出的，借助激光共聚焦显微扫描技术对杂交信号进行实时、灵敏、准确的检测和分析。作为生物芯片（biological chip）的一种，是指按照预定位置固定在固相载体上很小面积内的千万个核酸分子所组成的微点阵阵列。

一、基本原理

基因芯片的基本原理是分子生物学中的核酸分子原位杂交技术，即利用核酸分子碱基之间互补配对的原理，通过各种技术手段将核苷酸固定到固体支持物上，在一定条件下，载体上的核酸分子与荧光素标记的样品核酸进行杂交。通过检测杂交信号的位置及强弱判断样品中靶分子的性质与数量，从而获得样品的序列信息，以实现对所测样品基因的大规模检验（图 7-1）。

由于用该技术可以将大量的、序列不同的探针分别固定在同一个固体支持物上，并排成易于分辨的阵列，所以可同时对样品中复杂的 DNA 分子或 RNA 分子的序列信息进行检测分析，其效率比传统核酸印迹杂交（Southern blotting 和 Northern blotting 等）大幅度提高。该技术实现了在微芯片固相载体上对大量目的 DNA/RNA 的特异杂交检测，具有高通量、多样化、微量化、集成化、自动化等显著优点，在生物学领域具有十分广泛的应用前景。

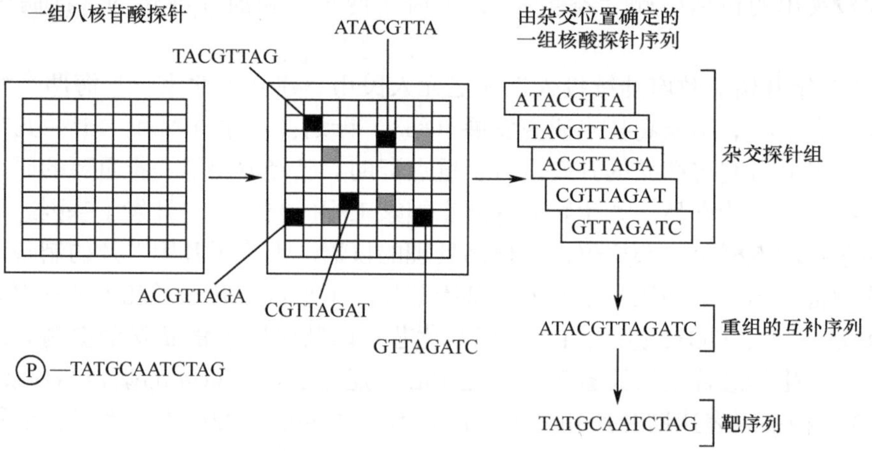

图 7-1　基因芯片的测序原理

二、基 本 分 类

基因芯片技术的分类方法很多，下面我们介绍常用的分类方式：

（1）按载体上所点探针的长度分类

一是 cDNA 芯片，由 Schena 建立，是将特定的 cDNA 经 PCR 扩增后借助机械手直接点到基片上；二是寡核苷酸芯片，由 Fodo 首先报道，用照相平板印刷术和固相合成技术在基片上生成寡核苷酸，分为长寡核苷酸芯片和短寡核苷酸芯片，与 cDNA 芯片制作的一个主要不同点是多一步转录获得 cDNA 的过程。目前，关于不同基因芯片技术的灵敏度和特异性仍存在争议。起初，人们认为长寡核苷酸芯片和 cDNA 芯片有更高的特异性和灵敏度，现在看来，短寡核苷酸芯片同样有很高地特异性，因为每一个基因代表 11～20 个寡核苷酸。基因芯片根据不同的分类标准，可以分为以下主要类型。

（2）根据芯片的功能分类

根据芯片的功能可分为基因表达谱芯片和 DNA 测序芯片两类。基因表达谱芯片可以将克隆到的成千上万个基因特异的探针或其 cDNA 片段固定在一块 DNA 芯片上，对来源于不同个体（正常人与患者）、组织、细胞周期、发育阶段、分化阶段、病变、刺激（包括不同诱导、不同治疗手段）下的细胞内 mRNA 或反转录后产生的 cDNA 进行检测，从而对这些基因表达的个体特异性、组织特异性、发育阶段特异性、分化阶段特异性、病变特异性、刺激特异性进行综合的分析和判断，迅速将某个或几个基因与疾病联系起来，极大地加快了对这些基因功能的确定，同时可进一步研究基因与基因之间相互作用的关系。基因表达图谱的绘制是目前基因芯片应用最广泛的领域，也是人类基因组工程的重要组成部分，它提供了从整体上分析细胞表达状况的信息，而且为了解与某些特殊生命现象相关的基因表达提供了有力的工具，对于基因调控以及基因相互作用机制的探讨有重要作用。

DNA 测序芯片则是基于杂交测序发展起来的。其原理是，任何线状的单链 DNA 或 RNA 序列均可分解成系列碱基数固定、错落且重叠的寡核苷酸，又称亚序列（subsequence），假如我们能把原序列所有这些错落重叠的亚序列全部检测出来，就可据此重新组建出原序列。

另外也可根据所用探针的类型不同分为 cDNA 微阵列（或 cDNA 微阵列芯片）和寡核苷酸阵列（或芯片），根据应用领域不同而制备的专用芯片如毒理学芯片（toxchip）、病毒检测芯片（如肝炎病毒检测芯片）、p53 基因检测芯片、表达谱芯片、诊断芯片、指纹谱芯片、测序芯片等等。

三、基因芯片的制作

基因芯片的制备综合了生命科学、化学染料、微电子技术、激光、统计学等领域的前沿技术，主要包括芯片的制备（选择点样仪和玻片、靶基因的扩增和固定）、杂交探针的制备（mRNA 的抽提、mRNA 的反转录、PCR 和探针荧光标记）、杂交条件的优化技术（杂交液、杂交条件和洗涤条件的选择）和数据分析技术。其中，基因芯片的制备主要依赖于微细加工（microfabrication）、自动化及化学合成技术。制备过程就是将特定的一组寡核苷酸片段或 cDNA 作为基因探针，按顺序排列在载体上。芯片的制备除了用到微加工工艺外，还需要使用机器人技术，以便能快速、准确地将探针放置到芯片上的指定位置。

制作芯片的固相支持材料常用的是硅片、玻璃片、金属片、有机高分子薄膜等。玻片来源方便，其表面经硅烷处理后可与各种生物分子偶联，即可用透射光或反射光检读，又可用光刻法在玻璃上刻出微流路，利用微量分子泵在载体上完成生物分子的连接、杂交、清洗及检测等，因此，玻璃材料的应用较为广泛。固定于片基上的靶基因探针可以是寡核苷酸探针，也可以是克隆化的基因。靶基因可选择染色体 DNA（或基因组 DNA），也可选择 cDNA（或人工合成 DNA）。目前，以 cDNA 的研究为主，因为 cDNA 是染色体上编码蛋白质的 DNA 序列，具有医疗和其他领域的研究价值和商业价值。

常用的基因芯片制作方法有光导原位合成法和自动化分区点样法两大类。

（1）光导原位合成法：具体方法是在经过处理的载玻片表面铺上一层连接分子（linker），其羟基上加有光敏保护基团，可用光照除去，用特制的光刻掩膜（photoliographic mask）保护不需要合成的部位，而暴露合成部位，在光作用下去除羟基上的保护基团，游离羟基，利用化学反应加上第一个核苷酸，所加核苷酸种类及在芯片上的部位预先设定，所引入的核苷酸带有光敏保护基团，以便下一步合成。然后按上述方法在其他位点加上另外三种核苷酸完成第一位核苷酸的合成，因而 N 个核苷酸长的芯片需要 4^N个步骤。每一个独特序列的探针称为一个 feature，这样的芯片便具有 4^N个 feature，包含了全部长度为 N 的核苷酸序列。这种原位直接合成的方法无须制备处理克隆和 PCR 产物，但是每轮反应所需设计的光栅则是主要的经费消耗。运用这种方法制作的芯片密度可高达 10^6 个探针/cm^2，即探针间隔为 5～10μm，但只能制作Ⅱ型 DNA 芯片。

（2）自动化分区点样法：点样分子可以是核酸也可以是寡核苷酸。一些研究者采用人工点样的方法将寡核苷酸分子点样于化学处理后的载玻片上，经一定的化学方法处理并干燥后，寡核苷酸分子即固定于载玻片上，制备好的 DNA 芯片可置于缓冲液中保存。由于方法费时费力，不适于大规模 DNA 芯片制作，因而实现自动化点样就显得尤为重要。有的研究者用多聚赖氨酸包被固相支持物玻片，经过分区后用计算机控制的微阵列点样机按照预先设计顺序点上核酸分子，点样量很小，约为 5nl。大规模 cDNA 芯片多采用这种方法，与其寡核苷酸微芯片相比 cDNA 芯片的潜在优越性是具有更强的亲和势和特异性杂交，但是需要大量制备、纯化、量化、分类 PCR 产物。有的研究者将玻片上覆盖 20μm 厚薄层聚丙烯酰胺凝胶作为支持物，采用机械刻写或光刻的方法在其表面划上网格，并用激光照射蒸发掉单元间隙的多余凝胶，以实现 DNA 芯片分区，单元大小为 40×40μm 或 100×100μm 间隔分别为 50μm 和 100μm。然后将化学方法合成的寡核苷酸探针自动化点样于各个单元内而制成 DNA 芯片，点样速度可达 2000 单元/s。

（3）其他制作方法

此外，目前还发展了一些较有特色的芯片，它们的制作方法略有区别，如：

① 三维芯片：三维芯片（microarray of gel-immobilized compounds on a chip，MAGIchip）是由美俄合作开发的一种芯片。它是在一片载玻片上固定了多达 10 000 个聚乙烯酰胺凝胶微条，每个微条均可用作生物分子分析。三维化的微凝胶条增加了杂交反应的面积和探针分子数，从而提高了芯片检测的敏感性，并且在芯片上可同时进行扩增与检测。

② 肽核酸芯片：肽核酸芯片是一种将肽核酸（peptide nucleic acid，PNA）作为探针制作的芯片。PNA 是一种以甘氨酸为骨架的核酸衍生物，与核酸结构相似，它能够根据碱基互补配对原则识别特定序列的靶核酸，并能与其牢固结合。由于 PNA 不带电荷，与 DNA 结合的特异性和有效性都比同样序列的 DNA 探针优越。

③ 流过式芯片：流过式芯片（flow-thru chip）是美国 Gene Logic 公司开发的一种微通道芯片。它将寡核苷酸探针结合于微通道内的特定区域，然后让荧光标记后的样品流过该区，以完成探针与模板的杂交。由于增大了探针吸附表面，该芯片检测灵敏度有较大的提高；加之微通道加速了杂交反应，因而反应速度快；由于采用了特殊的共价化学技术将探针吸附于微通道内，使每一种流过式芯片可反复使用多次，从而使其成本降低。清华大学用生物芯片所制作的具有不同用途的全功能缩微芯片实验室（Lab-on-chip)，可使分析过程全自动化。

四、基因芯片的检测方法

样品核酸需要经过体外扩增和标记才能经与芯片杂交而被检测。目前最常用的是把PCR方法扩增待检测靶核酸同时掺入标记物以获得足量的标记待检靶分子。由于所使用的标记物不同，因而相应的探测方法也各具特色。大多数研究者使用荧光标记物，也有一些研究者使用生物素标记，联合抗生物素结合物检测DNA化学发光。通过检测标记信号来确定DNA芯片杂交谱型。

基因芯片的分子杂交原理和普通核酸杂交一样，即单链的标记靶核酸分子根据碱基互补配对的原则，与固定在固体基质上的与之互补的单链探针结合成双链结构，滞留在杂交位点而被检测，未能与探针结合的核酸分子则被洗掉，根据标记物的不同，检测方法常见的有以下两类。

（一）荧光标记杂交信号的检测方法

简要过程是：靶DNA先被荧光素标记，如荧光素或丽丝胺（lissamine）等，杂交后经过SSC和SDS的混合溶液或SSPE等缓冲液清洗，用连有“电荷耦联装置照相机”（charge-coupled device camera，CCD camera）的荧光显微镜分析杂交的荧光信号模式，后者经计算机分析后重建靶DNA序列。由于荧光显微镜可以选择性地激发和探测样品中的混合荧光标记物，并具有很好的空间分辨率和热分辨率，特别是当荧光显微镜中使用了共焦激光扫描时，分辨能力在实际应用中可接近由数值孔径和光波长决定的空间分辨率，而在传统的显微镜是很难做到的，这便为DNA芯片进一步微型化提供了重要的检测方法的基础。由于基因芯片获取的信息量大，所以对基因芯片杂交数据的分析、处理、查询、比较等需要一个标准的数据格式。目前，一个大型的基因芯片的数据库正在构建中，若能将各实验室获得的基因芯片的结果集中起来，那么今后对数据的交流及结果的评估与分析将非常有利。

（二）生物素标记方法中的杂交信号探测

以生物素（biotin）标记样品的方法由来已久，通常都要联合使用其他大分子与抗生物素的结合物，再利用所结合大分子的特殊性质得到最初的杂交信号，按照与抗生物素结合的不同分子主要分为以下两类。

(1) 荧光素结合物：使用这种方法的研究者一般所选用的固相支持物多为载玻片。当生物素标记的靶分子与DNA芯片杂交并经缓冲液清洗后，用抗生物素-异硫氰酸盐（FITC）或抗生物素-藻红蛋白等抗生物素-荧光携带物进行染色。由于抗生物素与生物素结合的作用使荧光携带物定位于DNA芯片上发生杂交的位点，由此便可通过前面所述荧光标记杂交信号检测方法检测。有些研究者联合使用荧光素直接标记方法，可得到多波长的荧光杂交信号图谱。

(2) 化学发光底物酶结合物：许多研究者采用抗生物素化学发光底物酶如抗生蛋白

链霉素结合物，化学发光底物可选用鲁米诺（Lumino）和 1,2-dioxe-tane 等，相应的酶为辣根过氧化物酶（horseradishperoxidase）和碱性磷酸酯酶（alkaline phosphatase）等。生物素标记的样品与芯片杂交并清洗之后，通过抗生物素与生物素结合，将化学发光底物酶-抗生物素结合物结合于杂交部位。随即在芯片表面均匀喷涂化学发光底物，由于杂交部位含有化学发光底物酶可激活化学发光底物发光，便可通过探测化学发光束得知芯片上分子杂交情况。

五、扫描阅读

杂交反应结束后，经过清洗芯片，去除未杂交的标记靶分子及其他杂质后在基因芯片扫描仪上进行芯片的荧光扫读，并把荧光扫描信号转变成可供分析的图像数据，再利用计算机分析和处理这些数据，给出检测结果。同芯片的制作、杂交一样，芯片扫读也直接影响芯片的分析结果。

商业化芯片扫描仪主要有两类：激光共聚扫描仪和 CCD 扫描仪。前者以激光作为激发光源，可以产生较高强度的发射荧光，从而有较高的检测灵敏度，检测极限可达 0.1 个荧光分子每平方微米。又由于激光经聚焦后产生极小的光斑，因此具有较高的分辨率，最高可达几个微米。扫描时间较长，完成一次扫描一般需时 5min 左右，比较适合于研究使用。CCD 芯片扫描仪结构比较简单，其激发光多采用氙气或高压汞灯。芯片经激发产生的图像信号由 CCD 摄像头直接传送到图像卡，变成数字信号，由计算机储存和分析，给出检测结果。其特点是扫描时间短，灵敏度和分辨率稍低，比较适合于临床诊断使用。荧光检测方法重复性好，但其缺点是灵敏度偏低。一些更快速、灵敏的检测方法正在被研究中，包括质谱法、化学发光法、光导纤维、DNA 生物传感器法等均是有希望取代荧光法的手段。

第三节 基因芯片技术的应用

基因芯片技术将生命科学研究中许多不连续的分析过程，如样本制备、生化反应和定性、定量检测等手段连续化和微型化，将现在需要几个实验室完成的工作，集中到指甲盖大小的芯片上，使基因分析过程全自动化，故有人称其为“芯片实验室”（Lab-on-a-Chip）。该技术使基因分析效率成千上万倍地提高，所用样品和试剂则大大地减少，实验结果更具全面、直观和可重复性。所以，基因芯片技术已越来越广泛地被用于分子生物学及医学研究的各个方面。1998 年底，美国科学促进会将基因芯片技术列为 1998 年度自然科学领域十大进展之一，足见其在科学史上的意义。

一、在基础研究中的应用

（一）基因组测序

基因芯片的思想是在基因测序的早期提出的，由于当时传统的 Sanger-Coulson 及

Maxim-Gilbert 测序速度不够快，不足以解决人类基因组的大量工作，因此基因芯片早期主要用来研究基因结构。适用于这种目的的主要是寡核苷酸芯片。1996 年 Chee 等采用固定有 136、528 个寡核苷酸探针（25 聚体）的硅片对长度为 16.6kb 的人线粒体基因组进行测序，测序精确度为 99%。Hacia 在 NatureGenetics 上对用寡核苷酸微阵列进行基因重复测序和基因突变分析进行了较为详细的叙述。

人类基因组编码大约 35 000～50 000 个不同的功能基因，只知道基因序列信息资料，要理解其基因功能是远远不够的，因此，具有监测大量 mRNA 的实验工具很重要。基因芯片技术可清楚地直接快速地检测出以 1∶300 000 水平出现的 mRNA，且易于同时监测成千上万的基因。

（二）寻找新基因

基因表达水平的定量检测在阐述基因功能、探索疾病原因及机制、发现可能的诊断及治疗靶等方面是很有价值的。如 Helle 等在炎症性类风湿性关节炎和炎症性肠病（IBD）的基因表达研究中，以 RA 或 IBD 组织制备探针，用 Cy3 和 Cy5 荧光素标记，然后与靶 cDNA 微阵列杂交，在检测出炎症诱导的 TNF-α、IL 或粒细胞集落刺激因子基因的同时，又发现一些以前未发现的基因，如 HME 和黑色素瘤生长刺激因子基因。

Schena 等报道了 cDNA 微阵列在人类基因表达监测、生物学功能研究和基因发现方面的应用。采用含 1046 个已知序列的 cDNA 微阵列，对 T 细胞热休克反应进行了检测，结果发现 17 个阵列成分的荧光比例明显改变，其中 11 个受热休克处理的诱导，6 个呈现中度抑制，对相应于 17 个阵列成分的 cDNA 测序发现 5 个表达最高的成分是 5 种热休克蛋白，17 个克隆中发现 3 个新序列。上述实验提示在缺乏任何序列信息的条件下，微阵列可用于基因发现和基因表达检测。目前，大量人类表达序列标记物（EST）给 cDNA 微阵列提供了丰富的资源，数据库中 400 000 个 EST 代表了所有人类基因，成千上万的 EST 微阵列将为人类基因表达研究提供强有力的分析工具。这将大大地加速人类基因组的功能分析。

（三）基因表达分析

基因芯片已被用来测定植物、酵母菌和人类样品中的基因表达水平。这种技术于 1995 年首先由 Schena 使用，他将拟南芥基因组的 45 种基因点到玻璃上，研究了其根与叶两种组织中基因的差异表达。

利用芯片杂交对基因表达进行分析能够用很少的样品提供有关多基因差异表达的信息，对疾病的研究、诊断、治疗和药物筛选有促进作用。Behr 等利用基因芯片技术发现结核杆菌 BCG 疫苗株的缺失区，此区正好是有毒株 H37RV 株的毒力相关区，另外还发现了 38 个 ORF 在牛分枝杆菌中存在，而在部分或全部 BCG 株中缺失有助于设计更好的诊断系统和疫苗株。Ichikawa 等利用基因芯片技术分析了铜绿假单胞菌感染对肺上皮细胞基因表达的影响，从而对铜绿假单胞菌感染引起肺炎的机制有了明确的认识。Tanaka 等利用基因芯片技术检测了 1500 只小鼠妊娠中期子宫及胚胎发育过程中基因的表达情况，从而了解到哺乳类动物胚胎发育过程中基因表达的动态变化。Raulf 等利用基因芯片技术分析了同种异体移植后组织细胞基因表达的变化，对移植的效果进行监测及预测。Hu 等通过构建了两个人类食管鳞状细胞癌（EscC）细胞系（HKEsc-1 和 HKEsc-2）和相应的正常形态的食管上皮组织样品，用 DNA 阵列研究 Escc 中不同基因表达。Golub 等应用 6817 个人类基因表达图谱将 38 个白血病样本自动分成 AML，和 ALL 两组和以前阐述的实验结果比较，证实了其自动分类方法的高度有效性和准确性；同时又进一步使用基因表达图谱将白血病病人样本分为 ML、T 系 ALL、B 系 ALL 和 BAML 四类。Dessens 等利用 SSH 技术与基因芯片技术相结合研究了疟原虫在不同生活周期基因表达调控的变化从而对疟原虫的致病机制有了进一步的认识。Bull 等用包含前列腺癌、损害前身和正常组织的 DNA 微阵列研究前列腺癌中基因表达标记从 TURP 或前列腺根治术得到的肿瘤样品的 cDNA，分析其表达发现许多上调转录和基因过表达。

（四）突变体和多态性的检测

基因芯片技术还可规模地检测和分析 DNA 的变异及多态性。以往的突变及多态性检测手段，如 PCR-SSCP、异源双链分析、蛋白截短试验等都不适应大规模、低消耗和自动化的要求，实践证明，基因芯片恰好能满足这一要求。而且随着芯片技术的不断发展，其检测速度、特异性和敏感性也不断提高。

1994 年，Guo 等利用结合在玻璃支持物上的等位基因特异性寡核苷酸（ASO）微阵列建立了简单快速的基因多态性分析方法。将 ASO 共价固定于玻璃载片上，采用 PCR 扩增基因组 DNA，其一条引物用荧光素标记，另一条引物用生物素标记，分离两条互补的 DNA 链，将荧光素标记 DNA 链与微阵列杂交，通过荧光扫描检测杂交模式，即可测定 PCR 产物存在的多种多态性，该方法对人的酪氨酸酶基因第 4 个外显子内含有的 5 个单碱基突变进行分析，结果显示单碱基错配与完全匹配的杂交模式非常易于区别。这种方法可快速、定量地获得基因信息。

1998 年，Hacia 用含 96 000 个寡核苷酸探针的基因芯片来检测遗传性乳腺癌和卵巢癌基因 BRCAI 第 11 个外显子 3.45kb 长度内的所有可能的杂合性突变（LOH），其准确率高达 99%。Kurg 等人以寡核苷酸阵列为基础，将地中海贫血病人的 DNA 的 5′端固定在玻片上，经 PCR 扩增，加入四种荧光素标记的双脱氧核苷酸，通过颜色的改变检测突变取得成功，并提出该法可以高可信度检测杂交突变，用于 DNA 的突变分析和多态性分析。

二、在疾病诊断中的应用

目前，基因诊断是基因芯片中最具有商业价值的领域。由于许多疾病（如癌症、遗传病、传染病等）都与基因相关，利用基因芯片技术，可以找到与该疾病相关的基因，实现对该疾病快速、简便、高效的诊断。

（一）传染性病原体的检测

该技术的制作方法是针对传染性病原体的特异基因，将其特异基因片段或者寡核苷酸（探针）固定于芯片上，利用核酸分子之间碱基互补配对原理，使其与待检测的样品核酸分子杂交。通过检测每个探针分子杂交信号，获取样品核酸分子的数量和序列信息，从而对一份生物样品进行诊断，也可同时检测多种病原体是否存在。如上海博道公司研制的肝炎双检芯片就具有同时检测乙型肝炎和丙型肝炎的作用。

基因芯片技术所具有的高灵敏度和高特异性低假阳性率和假阴性率，以及操作简便，自动化程度高，结果客观性强，是传染性病原体诊断的一个发展方向。

（二）遗传病诊断型基因芯片

遗传病主要有三大类。单基因遗传病：约有3360多种，如血友病、先天聋哑、苯丙酮尿症、家族性多发性结肠息肉症等等，人群中受累人数约为10%；多基因遗传病：病种虽不多，但发病率高，多为常见病和多发病，如原发性高血压、糖尿病、冠心病等，人群中受累人数约为20%；染色体病：近500种，人群中受累人数约为1%。以上各类遗传病发病率加起来约为30%，而且还有逐年增加的趋势。

以往，在临床上，人们因为无法鉴定基因的分子缺陷，对遗传病的诊断主要是通过对病史、症状和体征进行分析，并通过家系分析以及实验室检查等手段来完成的。这些方法都是对疾病的结果进行分析，再由结果追溯原因。近20年来，随着分子生物学技术的发展，人们可以直接从遗传病因即导致疾病的基因入手来进行遗传病的诊断。利用基因芯片技术，通过分析和检测患者某一特定基因，既可诊断遗传病患者，也可诊断有遗传病风险的胎儿（产前诊断），甚至是着床前的胚胎（着床前诊断）。

（三）肿瘤病的分类与诊断

目前认为，肿瘤的发生和发展实际是多种肿瘤相关基因表达失常或许多肿瘤抑制基因失活所致。因此，对这些肿瘤的基因突变和异常表达进行检测可以作为肿瘤诊断的重要指标。

Kan等把人食管癌细胞系和人食管组织点到cDNA微阵列上，把KYAZ和OE33（腺癌）从KYSE系（鳞状细胞癌）中区分出来。识别了在肿瘤细胞系中表达增强或减少的一系列基因，以及在KYAZ和OE33中特征性表达的基因。Lossos等在一项独立研究中发现，根据Ig基因超突变的有无，可将弥漫性大B细胞淋巴瘤分为两个亚型。Lopez-crapez等同时运用PNA基因芯片检测法和直接DNA序列分析对75个色素瘤患者的DNA样品送行检测，结果应用芯片法可以精确地确定所有的基因型。Sgroi等利用基因芯片，结合激光捕捉微解剖技术、实时PCR扩增和免疫组化技术，检测了同一名乳腺癌患者的正常乳腺细胞、浸润性乳腺癌细胞及转移性乳腺癌细胞的基因表达水平，得到了较为可信的结果。

（四）耐药株的发现

在感染性疾病中，病原体的耐药性检测可通过表达谱芯片检测药物诱导的基因表达改变来分析其耐药性；也可用寡核苷酸芯片检测基因组序列的亚型或突变位点进而分析其耐药性，找到耐药菌的耐药基因，从而根据这些耐药基因设计新型抗生素，或将耐药菌分成不同的亚型，针对不同的亚型在临床上使用相应的抗生素，达到改善治疗效果的目的。1999 年，Troesch 等人研制了一种 DNA 芯片，针对分枝杆菌属感染的病人进行检测，部分病人对利福平产生耐药，设计研制此种 DNA 芯片可对耐药机制有进一步了解。

三、基因芯片在药物研究中的应用

随着人类基因组学的发展和基因组信息的解密，各种疾病相关基因和药靶基因的确定，为直接在基因水平上筛选新药和进行药理分析成为可能。基因芯片技术适合于复杂的疾病相关基因和药靶基因的分析。在一个高密度芯片上可以点上几百、几千、乃至上万个基因（或基因片段）作为探针。药物（中药）作用前后，这些基因表达的 mRNA 及水平都会有所改变，分别获得作用前后不同的 mRNA，标记后作为靶序列，与芯片上的探针杂交，然后通过分析杂交结果，可以得到 mRNA 的表达情况，哪些基因在中药作用后表达了，哪些表达停止了，以及哪些表达升高，哪些表达下降，使得我们在分子水平上了解药物（中药）作用的靶点、作用方式以及代谢途径。利用基因芯片技术就能实现一种药物对成千上万基因的表达进行分析，获取大量有用的信息，从而大大缩短新药研发过程中的筛选实验，并且节省巨额的研发费用。

现从如下方面说明基因芯片在中药筛选中的应用：①筛选中草药的有效成分以及检测中药的安全性（毒性），结合化学组学，用基因芯片技术研究某种中药或其提取物作用于细胞后基因表达的变化，如果发现一些重要的功能基因表达有明显改变，则提示此物质在研究剂量下可能有一定的有效性或毒性。由于不同成分影响不同的基因表达，应用表达基因芯片可迅速找到有效成分，分析清楚有效成分的化学结构，再利用已成熟的化学合成法即可得到低毒、有效的化学成分。②分析中药炮制前后的成分和药效变化：中草药以根、茎、叶、花、果等部分或全草入药，作为全草用的中药一般不需经过特别的基因芯片技术在新药开发、药物靶标的发现、多靶位药物炮制，而有些中药在使用的过程中为了增加疗效、或减少毒副作用、或利用其某一方面的功效（如酒制升提、姜制则散）往往会进行一些炮制处理。但有时炮制后，中药的某些有效成分已被破坏，从而丧失了该有的一些有效成分，如黄芩中黄芩酶经过煎煮后就不再具有酶的活性。运用中草药基因芯片可以分析出中药炮制前后的药物对基因表达是否发生影响，从而找出炮制对中药成分变化的影响。

四、在环境保护和监测方面的应用

基因芯片在环保方面的应用表现在，可以快速检测污染微生物或有机化合物对环境、人体、动植物的污染和危害；帮助研究人员找到并合成具有解毒和消化污染物功能的天然酶基因。由于环境的变化会引起细胞发生基因表达谱模型的变化，DNA 芯片是高效的监测基因表达谱变化的手段，目前许多实验室在积极探索用 DNA 微阵列技术监测环境污染和提高环境保护技术水平。1998 年，Brown 等研制出一种基因芯片，用它可以比较 T 细胞受不同污染物污染后成千上万个基因表达图谱中的信息资料，并成功地用这种芯片检测 T 细胞的基因表达模式而反映过去接触水银的情况。

五、基因芯片技术存在的问题与展望

目前，基因芯片技术在医学、分子生物学领域应用越来越广泛，受到人们的普遍重视；但要成为实验室研究或临床可以普遍采用的技术仍有一些关键问题急待解决，如研究成本相对较高，无法普及、待测定的靶探针标记方法比较繁琐等基础问题；及提高基因芯片的特异性、简化样品制备、增加信号检测的灵敏度、高度集成化样品制备、基因扩增和检测仪器的研制和开发等。上述问题不仅是当前和今后一段时期内国内外基因芯片技术研究的焦点，同时也是基因芯片能否从实验室研究推向临床应用的关键问题。

虽然基因芯片技术还存在许多不足，但随着研究深入和科研人员不懈的努力终将会很快解决。基因芯片技术的发展，使生物学实验本身大大自动化、灵敏化、快速化，一些原本复杂的工作变的简便。因而它的应用前景非常广阔：它加速了人类基因组计划和后基因组计划的研究进展；通过检测空气及水里的微生物，对环境污染进行监控；可以准确快速地对各种动植物进行检疫；可以筛选新药、鉴别假药、识别中药的有效成分，促进中药现代化的实现。它不但为人们提供从分子水平上认识生命现象提供了革命性的工具，而且有可能为现代医学，尤其是医学诊断学的发展提供强有力的手段，促进医、药学更快地进入“基因和蛋白质的分子层次”；它以可同时、快速、准确地分析数以万计基因组信号的本领，在医学、法医学、微生物学、药理学、环境保护、农业等各个与生命科学密切相关的领域显示出了巨大的威力。

主要参考文献

Bains W, Smith GC. 1988. A novel method for nucleic acid sequence determination. Journal of Theoretical Biology, 7 (12): 303-307

Behr MA, Wilson MA, Gill W P, et al. 1999. Comparative Genomics of BCG Vaccines by Whole-Genome DNA Microarray. Science, 284 (5419): 1520-1523

Bull J, Ellison G, Patel A, et al. 2001. Identification of potential diagnostic markers of prostate cancer and prostatic intraepithelial neoplasia using cDNA microarray. Br J Cancer, 84 (11): 1512-1519

Dessens JT, Margos G, Rodriguez MC, et al. 2000. Identification of Differentially Regulated Genes of Plasmodium by Suppression Subtractive Hybridization. Sciencedirect, 16 (8): 354-356

Fodor SP, Read JL, Pirrung MC, et al. 1991. Light-directed, spatially addressable parallel chemical synthesis. Science, 251 (4995): 767-773

Golub TR, Slonim DK, Tamayo P, et al. 1999. Molecular Classification of Cancer: Class Discovery and Class Prediction by Gene Expression Monitoring. Science, 286 (5439): 531-537

Guo Z, Guilfoyle RA. 1994. Direct hluores-cenceanalysis of genetic polymor-phism by hybridizationwith oligonucletyides arrayon glass support. Nucleic Acids Research, 22 (24): 5456-5465

Hacia JG, Brody LC. 1996. Detection of heterozygous mutaions in BBCAI using density oligonucleotide arrays and two-colour fluorescence analysis. Nature Gengtics, 14: 441-447

Hayes DN, Monti S, Parmigiani G, et al. 2006. Gene expression profiling reveals reproducible human lung adenocarcinma subtypes in multiple independent patient cohorts. J Clin Oncol, 24 (31): 5079-5090

Heller RA, Schena M, Chai A, et al. 1997. Discovery and anaisease-related genes using cDNA microarrays. PNAS, 94 (6): 2150-2155

Schena M, Shalon D, Davis RW, et al. 1995. Quantitative monitoring of gene expression patterns with a complementary DNA microarray. Science, 270 (5235): 467-470

Singh-Gasson S, Green RD, Yue Y, et al. 1999. Maskless fabrication of light-directed oligonucleotide microarrays using a digital micromirror array. Nat Biotechnol, 17 (10): 974-978

Troesch H, Nguyen CG, Miyada S, et al. 1999. Mycobacterium Species Identification and Rifampin Resistance Testing with High-Density DNA Probe Arrays. Journal of Clinical Microbiology, 37 (1): 49-55